高等职业教育"十二五"规划教材

高职高专电子信息类系列教材

电子工艺与实训简明教程

（修订版）

王成安　龙立钦　主　编
王远飞　祝常红　副主编

科学出版社

北　京

内 容 简 介

本书按照现代电子产品的生产工艺顺序进行编写，内容包括电子元器件检测、电子材料选用、电子测量仪器、电子产品装配前的准备、电子元件焊接、印制电路板制作工艺、电子产品安装、电子产品调试、表面元件安装、电子产品的检验与包装等全部生产工艺，在每章后面都安排有相应的实训环节。为了提高生产管理水平和电子工艺操作技能，书中还增加了电子工艺文件的识读和电子产品工艺综合训练两章。

本书在选材上具有先进性和实用性，是现代电子产品实际生产步骤的仿真，可作为高职院校电子信息和应用电子技术专业的教材，对从事电子产品工艺的技术人员也有一定的参考价值。

图书在版编目（CIP）数据

电子工艺与实训简明教程（修订版）/王成安，龙立钦主编. —北京：科学出版社，2007
（高等职业教育"十二五"规划教材·高职高专电子信息类系列教材）
ISBN 978-7-03-019032-1

Ⅰ. 电… Ⅱ.①王…②龙… Ⅲ. 电子技术-高等学校：技术学校-教材
Ⅳ. TN

中国版本图书馆 CIP 数据核字（2007）第 076673 号

责任编辑：赵卫江 孙露露/责任校对：柏连海
责任印制：吕春珉/封面设计：东方人华平面设计部

科学出版社 出版
北京东黄城根北街 16 号
邮政编码：100717
http://www.sciencep.com
百善印刷厂 印刷
科学出版社发行 各地新华书店经销
*
2007 年 6 月第 一 版 开本：787×1092 1/16
2015 年 8 月修 订 版 印张：16 1/2
2016 年 7 月第四次印刷 字数：373 000
定价：33.00 元
（如有印装质量问题，我社负责调换〈百善〉）
销售部电话 010-62136131 编辑部电话 010-62138017（VI01）

前　言

《电子工艺与实训简明教程》是为高职院校电子信息工程技术专业和通信技术专业编写的一本电子技能实训的教材，也可供电类其他专业使用。

电子技术的飞速发展，使得各种新器件、新电路、新技术、新工艺如雨后春笋般涌现，电子工艺实训教材必须及时反映这些新进展，与时俱进，才能胜任现代电子技术对高职教育的要求。特别是在大规模集成电路被广泛应用的今天，电子技术正朝着专用电子集成电路（ASIC）方向、硬件和软件合为一体的电子系统（CPLD 和 FPGA）方向发展，以硬件电路设计为主的传统设计方法，正向着充分利用器件内部资源和外部引脚功能的设计方法转化。电子产品的生产也由传统的手工装配向全自动化装配方向迈进，SMT 技术在大批量电子产品的装配上已经基本普及。正是为了适应社会的实际需要，我们编写了这本教材，力图反映电子技术的新工艺和新技术，介绍电子产品的新器件和新电路，体现电子技术实训教学的新模式和新方法，更好地为高职教育服务。

根据高等教育培养目标的要求，高职层次培养的人才必须具有大学专科的理论基础，并有较强的本专业职业技能。高职教育培养的人才是面向生产第一线的技术型人才。这类人才不同于将学科体系转化为图纸和设计方案的工程技术人员，而主要是如何把方案和图纸转化为实物和产品的实施型高级技术人才。因此电子工艺实训课程的教学内容必须要按照社会生产的实际情况来制定，再也不能只教一些学而无用的知识和已经落后的技能了。

我们编写本书的目标是：

（1）电子工艺与实训是一门专业技能性质的课程，既要有技能的基础性，又要有技能的先进性，所以在实训内容的安排上，除了包含有电子技术技能训练的基本内容，还把先进的电子工艺，如 SMT 技术和计算机制作印刷电路板等工艺作为训练内容，使电子工艺实训教材的内容跟上时代的发展步伐。

（2）在技能的训练上，以"必须"和"够用"为原则。对基本技能进行训练时，不做过于繁杂的理论讲解，重点放在基本技能的训练上；对先进的电子工艺进行训练，重在进行设备的认识和操作上，因为先进的电子工艺已经基本上实现了自动化操作。

（3）在实训内容的安排上，以单项技能训练为主，最后再进行综合技能训练，以便更好地配合教学的进度。配合每项技能训练都精心设计了自测题，以方便教师和学生对该项技能训练的效果进行检查；更有特色的是，结合各项技能训练，精心安排了"技能与技巧"内容，为学生提供了有实用价值的技能技巧训练，相信会对提高学生的电子技术技能和开拓学生的视野有所帮助。

本书自出版以来，深受广大高职高专院校相关专业师生的欢迎，销量持续增长，本次修订主要针对其中的一些错误和疏漏进行修正，以使本书不断完善。

本书由辽宁省 2003 年高等教育专业精品课主讲人——浙江工贸职业技术学院王成安教授和贵州电子信息职业技术学院龙立钦实验师任主编，哈尔滨职业技术学院王远飞和广东科学技术职业学院祝常红任副主编。王成安制定了编写大纲，撰写了前言、绪论、第 5 章、第 7 章、第 10 章和附录，并对全书进行统稿。龙立钦编写了第 6 章和第 8 章，王远飞编写了第 3 章、第 9 章和第 12 章，祝常红编写了第 2 章、第 4 章和第 11 章，山东商业职业技术学院李亚平和沈阳师范大学职业技术学院马岩编写了第 1 章。无锡商业职业技术学院童建华教授从高职教育的角度出发，仔细审阅了全书，对全书提出了很多宝贵的意见和建议。对书后所列的参考书籍的各位作者，编者表示深深的感谢。

尽管我们在电子工艺实训教材的建设方面做了许多努力，但由于编者水平所限，书中不妥之处在所难免，敬请广大师生给予批评和指正。请把对本书的建议告诉我们，以便修订时改进。所有意见和建议请寄往：E-mail：wang-ca420@ sohu. com。

目　　录

绪　论

　　世纪交替，风云际会。世界正在受到新科技革命浪潮的冲击，科学技术正处在历史上最伟大的变革时期。在 20 世纪为人类生产和生活条件的改善做出巨大贡献的电子技术，仍然充当着新世纪高新技术的领头羊。电子技术的发展历史很短，迄今不过百年，却从根本上改变了世界的面貌。纵观电子技术的发展历程，炎黄子孙将感到振兴中华的责任重大而迫切，中国要强大，就必须有先进的科学技术，中国正面临着世界的挑战，面临着 21 世纪的挑战。

　　电子技术的发展大致可分为三个阶段。20 世纪 20 年代到 40 年代为第一阶段，以电子管为标志，由此促使了电子工业的诞生，发展了无线电广播和通信产业。1946 年诞生的世界上第一台电子计算机（美国制造，名为 ENIAC）可以认为是这个阶段的典型代表和终极产品。虽然它的运算速度只有 5000 次/秒，却是一个重为 28 吨、体积为 85 立方米、占地 170 平方米的庞然大物。它由 18000 个电子管组成，耗电 150 千瓦，其内部的连线总长可以绕地球 20 圈。

　　1948 年，第一只半导体三极管的问世，标志着电子技术第二阶段的开始，掀起了电子产品向小型化、大众化和高可靠性、低成本进军的革命风暴，半导体进入电子领域，促进了无线广播电视和移动通信的高度发展，使得计算机的小型化变为现实，导致了人造地球卫星遨游太空。电子产品逐渐由科研和军用领域向民用领域普及，极大地改善了人们的生活质量。

　　到 20 世纪 70 年代，集成电路的使用已经不再新奇，电子技术步入了第三个发展阶段。正是在这个阶段，电子技术飞速发展，各种电子产品如雨后春笋般涌现，世界进入了空前繁荣的电子时代。电子计算机朝着大型化和微型化发展，其使用领域由科研转向工业及各个行业，自动控制、智能控制得以真正实现，航天工业得到从未有过的发展。随着制造工艺的提高，在一块 36 平方毫米的硅片上制造 100 万个三极管已经不是梦想。1999 年美国英特尔公司宣布，其生产的奔腾 4 CPU，在一块芯片上集成了 2975 万个三极管，使微型机的运算速度远远超过以往的大型计算机。掌上电脑已经问世，移动通信已发展到全球通，数字式 CDMA 通信技术已非常成熟，手机已不再是奢侈品。笔记本电脑正在把人们的工作地点从办公室里解放出来。家用电器基本普及，人们的生活质量大幅提高，中国古代传说中的"千里眼"和"顺风耳"都在电子技术的发展过程中变成现实。人们可以"上九天揽月"，能够"下五洋捉鳖"。2003 年，人类将高度智能化的火星探测器送上火星，研制成功了可用于修补大脑的集成电路芯片，量子计算机的基本电路也研制成功。这一切都有赖于电子技术的巨大成就。可以预料，在新的世纪里，电子技术仍将高速发展，其所能达到的水平和发展速度无论怎样想象都不过分。

　　我国的电子工业在解放前基本上是空白。新中国成立后，在一批归国科学家的引领下，于 1956 年自主生产出第一只半导体三极管，1965 年生产出第一块集成电路，1983 年研制出银河Ⅰ型亿次机，标志着中国的计算机业迈入了巨型机的行列。1992 年我国又研制出 10 亿次银河计算机，1995 年研制成功曙光 1000 型并行处理计算机，其运行速度可达 25 亿次/秒。2004 年，曙光超级服务器研制成功，每秒峰值速度达到 12 万亿次。我国自己研制的神州 5 号和神州 6 号载人飞船已经成功地进行了航天飞行，正朝着登陆月球的目标迈进。我国的电子工业从无到有，从小到大，虽然起步晚，但起点高，现在我国家用电器的产量已居世界第一，质量提高也很快。这些成就的取得电子技术功不可没。尽管如此，我国在电子核心元器件的生产和高级电子产品等方面，与发达国家相比还有较大差距。努力缩小差距，赶超世界先进水平，这正是历史赋予我们这一代人的光荣使命。

电子技术的范围很广，其分支也很多，有些分支已发展成为一门独立的学科，如计算机、单片机、晶闸管、可编程控制器等。但这些学科的知识基础仍然是电子技术。

从对信号的处理方式上来分，电子技术可分成模拟电子技术和数字电子技术。模拟电子技术是研究用硅、锗等半导体材料做成的电子器件组成的电子电路，对连续变化的电信号（如正弦波）进行控制、处理的应用科学技术。比如我们日常生活中使用的固定电话、收音机、电视机等都属于模拟电子技术应用的产品。数字电子技术是研究处理二值数值信号的应用科学技术。像 VCD 机、DVD 机、数码照相机、数码摄像机和计算机都是数字电子技术应用的典型产品。现代电子技术的发展，已经将模拟电子技术和数字电子技术融为一体，在一个电路中，甚至是一个芯片中，模拟信号和数字信号将同时进行处理，比如移动通信所使用的手机就是将语音这样的模拟信号进行数字化处理后再发射出去。

从电子技术所包含的内容上来分，电子技术可以分成电子元器件和电子电路两部分。电子元器件主要研究各种电子元器件的结构、特点、主要参数和生产工艺，其设计和制造属于电子技术的一个重要领域，其使用、装配和检测在电子技术工艺中是要着重训练的课题；电子电路是把电子元器件按照对电信号处理的要求进行一定的连接，以实现预定的功能。这是模拟电子技术和数字电子技术理论教材要着重介绍的内容。

高等职业技术学院电类专业的学生都必须学习电子工艺，要进行电子技能方面的训练，这是学习电子技术的必由之路。通过电子技能方面的训练，对电子工艺的基本过程和基本方法进行了解，对电子新电路和电子新器件进行掌握，更要熟练掌握电子技术中的基本技能，以适应就业岗位对高职学生的要求。通过实际技能的学习和训练，了解现代电子工艺的新思想和新方法，掌握现代电子技术的新工艺和新技术，以及新型电子器件的使用和检测，为直接上岗打下良好的基础。

电子技术工艺是一门实践性很强的课程，其实践性充分体现在对电子技术基本技能的训练之中。我们要在学习基本理论的基础上，多参与实践，通过参加电子工艺实训，做到会认识和检测常用电子元器件，会焊接和安装小型电子电器产品，会调试和维护小型电子系统，会操作现代电子工艺设备。通过实践就会发现，电子技术应用在生活中随处可见，从而激起对电子技术的极大兴趣，享受电子技术带来的无穷欢乐。让我们共同遨游在电子世界的海洋里，为社会的发展和进步，为人类生活的更加美好，做一名合格的建设者，当然也会分享到社会进步带给你的幸福。

第 **1** 章

电 子 元 器 件 的 检 测 工 艺

1.1 电阻器的识别与检测

电阻器（简称电阻）是在电子电路中用得最多的元件之一，其在电路中的作用可以简单记为：串联分压，并联分流。即电阻用在串联电路中起着限流和分压的作用，在并联电路中起着分流的作用。电阻的作用还有许多，要根据其在电路中的位置具体分析。

电阻器的文字符号用大写字母 R 表示。电阻的单位是欧姆（Ω），常用的单位还有千欧姆（kΩ）、兆欧姆（MΩ）。它们之间的换算关系是

$$1M\Omega = 10^3 k\Omega = 10^6 \Omega$$

常见电阻器的外形和图形符号如图 1.1 所示。

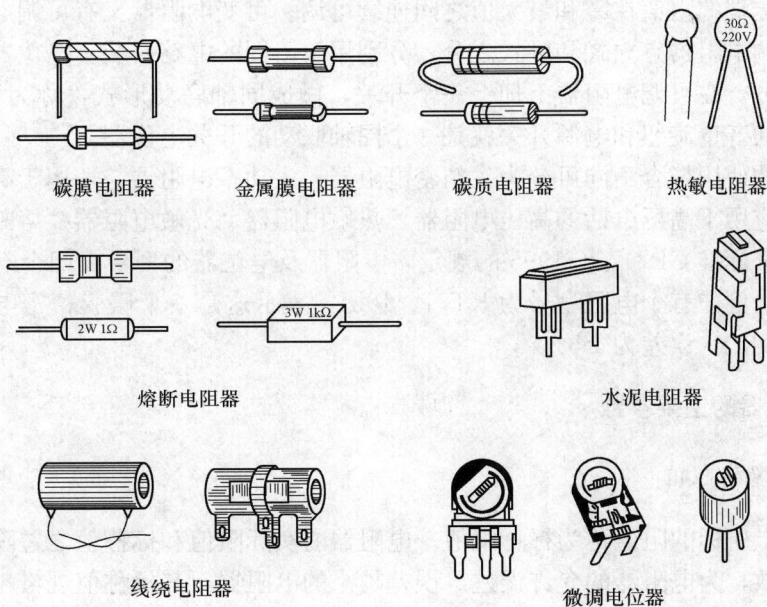

图 1.1 常见电阻器的外形和图形符号

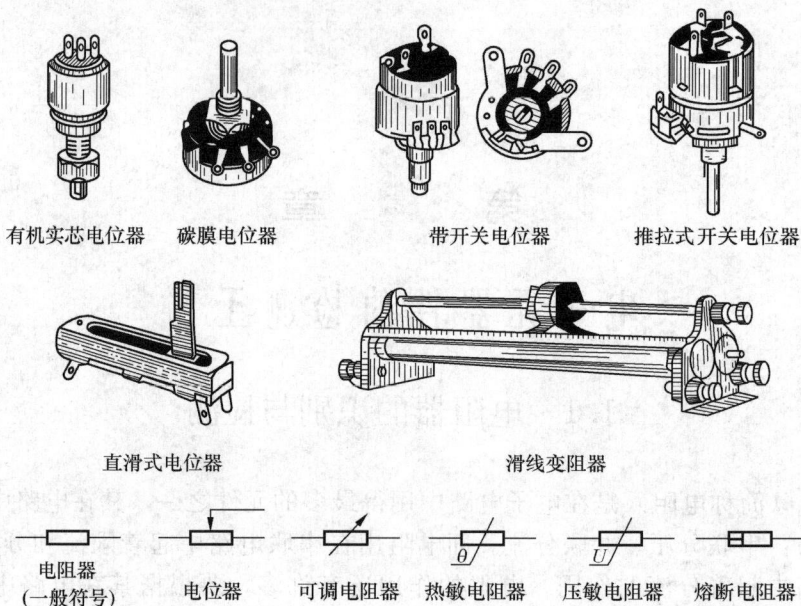

有机实芯电位器　碳膜电位器　　带开关电位器　　推拉式开关电位器

直滑式电位器　　　　　　滑线变阻器

电阻器
（一般符号）　电位器　可调电阻器　热敏电阻器　压敏电阻器　熔断电阻器

图 1.1（续）

　　固定电阻器的阻值是固定不变的，阻值的大小即为它的标称阻值。固定电阻器按其材料的不同可分为碳膜电阻器、金属膜电阻器、线绕电阻器等。

　　可变电阻器的阻值可以在一定的范围内调整，它的标称阻值是最大值，其滑动端到任意一个固定端的阻值在零和最大值之间连续可调。可变电阻器又有可调电阻器和电位器两种。可调电阻器有立式和卧式之分，分别用于不同的电路安装。电位器有带开关和不带开关之分，在可调电阻器上加上一个开关，做成同轴联动形式，称为开关电位器。如收音机中的音量旋钮和电源开关就是一个同轴联动的开关电位器。

　　从电阻的使用场合不同可分为：精密电阻器、大功率电阻器、适用于高频电话的高频电阻器、应用于高压电话的高压电阻器、热敏电阻器、光敏电阻器、熔断电阻器等。

　　根据国家标准 GB2470—1995 的规定，电阻器及电位器的型号由四个部分组成，如表 1.1 所示。例如有个电阻型号为 RT71、10kJ，表示这是一个碳膜精密电阻，序号为1，阻值为 10kΩ，误差为±5%。

1.1.1　电阻器的主要参数

1. 电阻器的阻值

　　电阻器上所标的阻值称为标称阻值。电阻器的实际阻值和标称值之差除以标称值所得到的百分数，为电阻器的允许误差。误差越小的电阻器，其标称值规格越多。常用固定电阻器的标称阻值系列如表 1.2 所示，允许误差等级如表 1.3 所示。电阻器上的标称阻值是按国家规定的阻值系列标注的，因此在选用时必须按阻值系列去选用，使用时将表中的数值乘以 $10^n\Omega$（n 为整数），就成为这一阻值系列。如 E24 系列中的 1.8 就代表

表 1.1　电阻（位）器的型号命名法

第一部分		第二部分		第三部分		第四部分
用字母表示主称		用字母表示材料		用数字或字母表示特征		用数字和字母表示序号
符号	意义	符号	意义	数字或符号	意义	意义
R	电阻器	T	碳膜	1, 2	普通	包括：对主称、材料、特征相同，仅性能指标略有差别，给出同一序号。若相差太大，则给出不同序号或再加字母，以示区别
		H	合成膜	3	超高频	
W	电位器	P	硼碳膜	4	高阻	
		U	硅碳膜	5	高温	
		C	沉积膜	7	精密	
		I	玻璃釉膜	8	电阻器—高压	
		J	金属膜	9	电位器—特殊函数	
		Y	氧化膜	G	高功率	
		S	有机实心	T	可调	
		N	无机实心	X	小型	
		X	线绕	L	测量用	
		R	热敏	W	微调	
		G	光敏	D	多圈	
		M	压敏			

表 1.2　常用固定电阻器的标称阻值系列

系列	允许误差	电阻系列标称值
E24	Ⅰ级	1.0　1.1　1.2　1.3　1.5　1.6　1.8　2.0　2.2　2.4　2.7　3.0　3.3　3.6　3.9 4.3　4.7　5.1　5.6　6.2　6.8　7.5　8.2　9.1
E12	Ⅱ级	1.0　1.1　1.5　1.8　2.2　2.7　3.3　3.9　4.7　5.6　6.8　8.2
E6	Ⅲ级	1.0　1.5　2.2　3.3　4.7　6.8

表 1.3　常用电阻器的允许误差等级

允许误差	±0.5%	±1%	±5%	±10%	±20%
等级	005	01	Ⅰ	Ⅱ	Ⅲ
文字符号	D	F	J	K	M

有 1.8Ω、18Ω、180Ω、$1.8k\Omega$、$180k\Omega$ 等系列电阻值。随着电子技术的发展，器件数值的精密度越来越高，所以近年来国家又相继公布了 E48、E96、E192 系列标准，使电阻的系列值得以增加，阻值误差也越来越小。

阻值和允许误差在电阻器上常用的标识方法有下列三种。

（1）直接标识法

将电阻器的阻值和误差等级直接用数字印在电阻器上。对小于 1000Ω 的阻值只标出数值，不标单位；对 kΩ、MΩ 只标注 k、M。精度等级标Ⅰ或Ⅱ级，Ⅲ级不标明。

（2）文字符号法

将需要标识的主要参数与技术指标用文字和数字符号有规律地标注在产品表面上。如：欧姆用 Ω 表示；千欧（$10^3\,\Omega$）用 k 表示；兆欧（$10^6\,\Omega$）用 M 表示；吉欧（$10^9\,\Omega$）用 G 表示；太欧（$10^{12}\,\Omega$）用 T 表示。

（3）色环标识法

对体积很小的电阻和一些合成电阻器，其阻值和误差常用色环来标注，如图 1.2 所示。色环标识法有四环和五环两种。四环电阻有四道色环，第一道环（靠近最边上的为第一色环）和第二道环分别表示电阻的第一位和第二位有效数字，第三道环表示 10 的乘方数（10^n，n 为颜色所表示的数字），第四道环表示允许误差（若无第四道色环，则误差为±20%）。色环电阻的单位一律为 Ω。

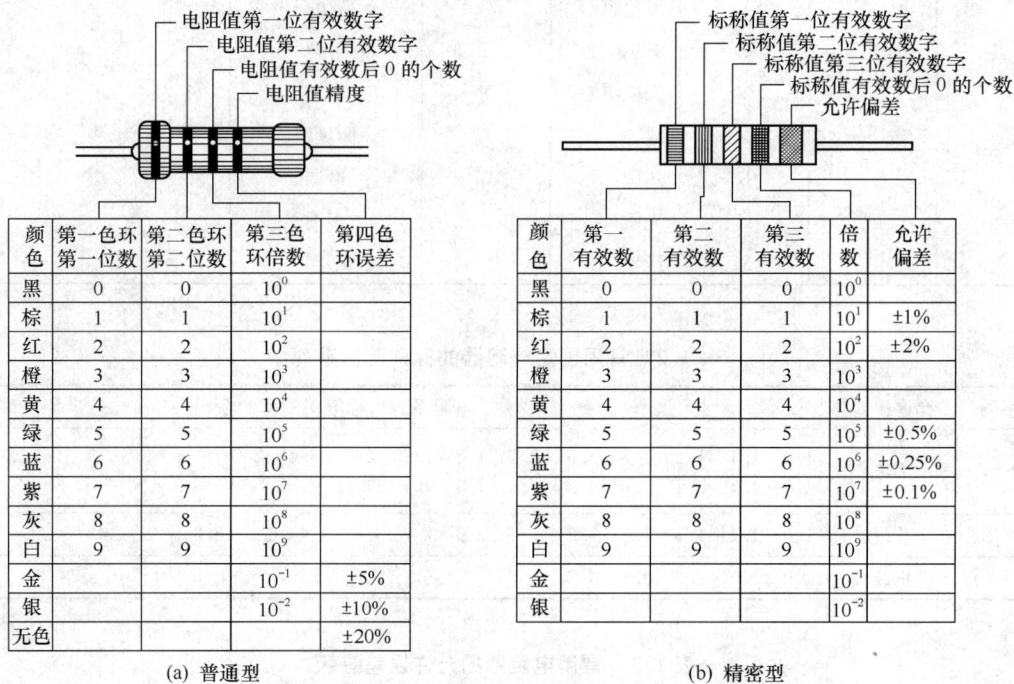

颜色	第一色环第一位数	第二色环第二位数	第三色环倍数	第四色环误差
黑	0	0	10^0	
棕	1	1	10^1	
红	2	2	10^2	
橙	3	3	10^3	
黄	4	4	10^4	
绿	5	5	10^5	
蓝	6	6	10^6	
紫	7	7	10^7	
灰	8	8	10^8	
白	9	9	10^9	
金			10^{-1}	±5%
银			10^{-2}	±10%
无色				±20%

(a) 普通型

颜色	第一有效数	第二有效数	第三有效数	倍数	允许偏差
黑	0	0	0	10^0	
棕	1	1	1	10^1	±1%
红	2	2	2	10^2	±2%
橙	3	3	3	10^3	
黄	4	4	4	10^4	
绿	5	5	5	10^5	±0.5%
蓝	6	6	6	10^6	±0.25%
紫	7	7	7	10^7	±0.1%
灰	8	8	8	10^8	
白	9	9	9	10^9	
金				10^{-1}	
银				10^{-2}	

(b) 精密型

图 1.2　电阻的色环标识法

精密电阻器一般用五道色环标注，它用前三道色环表示三位有效数字，第四道色环表示 10^n（n 为颜色所代表的数字），第五道色环表示阻值的允许误差。

采用色环标识的电阻器，颜色醒目，标注清晰，不易褪色，从不同的角度都能看清阻值和允许偏差。目前在国际上广泛采用色标法。

2. 电阻的额定功率

电阻器在交直流电路中长期连续工作所允许消耗的最大功率，称为电阻器的额定功率。线绕电阻的额定功率系列如表 1.4 所示，共分为 19 个等级，常用的有：1/20W，

1/8W，1/4W，1/2W，1W，2W，5W，10W，25W 等。各种功率的电阻器在电路图中的符号如图 1.3 所示。

表 1.4 电阻器额定功率系列

种类	电阻器额定功率系列/W
线绕电阻	0.05 0.125 0.25 0.5 1 2 3 4 8 10 16 25 40 50 75 100 150 250 500
非线绕电阻	0.05 0.125 0.25 0.5 1 2 5 10 25 50 100

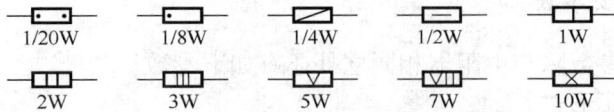

图 1.3 电阻器额定功率的符号表示

1.1.2 电位器

1. 电位器的分类

按电阻体所用的材料可将电位器分为碳膜电位器（WT）、金属膜电位器（WJ）、有机实心电位器（WS）、玻璃釉电位器（WI）和线绕电位器（WX）等。按电位器的结构可将电位器分成单圈电位器、多圈电位器、单联电位器、双联电位器和多联电位器；开关的形式又有旋转式、推拉式、按键式等。按阻值调节的方式又可分为旋转式和直滑式两种。

（1）碳膜电位器

碳膜电位器主要由马蹄形电阻片和滑动臂构成，其结构简单，阻值随滑动触点位置的改变而改变。碳膜电位器的阻值范围较宽（$100\Omega \sim 4.7M\Omega$），工作噪声小，稳定性好、品种多，因此广泛用于无线电电子设备和家用电器中。电位器实物图和符号及连接方法如图 1.4 所示。

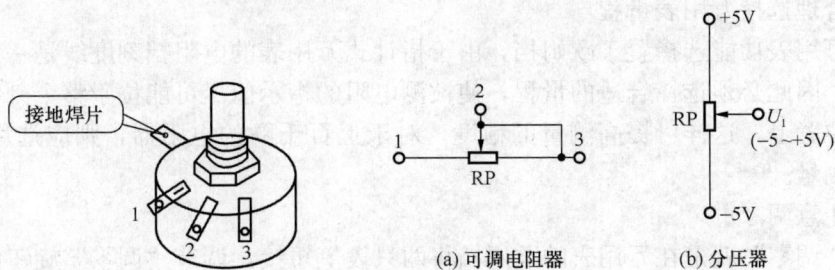

(a) 可调电阻器   (b) 分压器

图 1.4 电位器外形符号及连接方法

（2）线绕电位器

线绕电位器由合金电阻丝绕在环状骨架上制成。其优点是能承受大功率且精度高，电阻的耐热性和耐磨性较好；缺点是分布电容和分布电感较大，影响高频电路的稳定性，故在高频电路中不宜使用。

（3）直滑式电位器

直滑式电位器外形为长方体，电阻体为长条形，通过滑动触头改变阻值。直滑式电位器多用于收录机和电视机中，其功率较小，阻值范围为 $470\Omega\sim2.2$ MΩ。

（4）方形电位器

这是一种新型电位器，采用碳精接点，耐磨性好，装有插入式焊片和插入式支架，能直接插入印制电路板，不用另设支架。常用于电视机的亮度、对比度和色饱和度的调节，阻值范围在 $470\Omega\sim2.2$ MΩ，这种电位器属旋转式电位器。

2. 电位器的主要参数

电位器的主要参数除与电阻器相同之外还有如下参数。

（1）阻值的变化形式

这是指电位器的阻值随转轴旋转角度的变化关系，可分为线性电位器和非线性电位器。常用的有直线式、对数式、指数式，分别用符号 X、D、Z 来表示。

直线式电位器适用于做分压器，常用于示波器的聚焦和万用表的调零等方面；对数式电位器常用于音调控制和电视机的黑白对比度调节，其特点是先粗调后细调；指数式电位器常用于收音机、录音机、电视机等的音量控制，其特点是先细调后粗调。X、D、Z 字母符号一般印在电位器上，使用时应特别注意。

（2）动态噪声

由于电阻体阻值分布的不均匀性和滑动触点接触电阻的存在，电位器的滑动臂在电阻体上移动时会产生噪声，这种噪声对电子设备的工作将产生不良影响。

1.1.3　电阻（位）器的测试

1. 普通电阻器的测试

当电阻的参数标识因某种原因脱落或欲知道其精确阻值时，就需要用仪表对电阻的阻值进行测量。对于常用的碳膜、金属膜电阻器以及线绕电阻器的阻值，可用普通指针式万用表的电阻挡直接测量。具体测量时应注意以下几点：

（1）合理选择万用表量程

先将万用表功能选择置于欧姆挡，由于指针式万用表的电阻挡刻度线是一条非均匀的刻度线，因此必须选择合适的量程，使被测电阻的指示值尽可能位于整个刻度线中间的这一段位置上，这样可提高测量的精度。对于上百千欧的电阻器，则应选用R×10k挡来进行测量。

（2）注意调零

所谓"调零"就是在万用表的欧姆挡将两只表笔短接，调节"调零"旋钮使表针指向表盘上的"0Ω"位置上。

2. 热敏电阻的测试

目前在电路中应用较多的是负温度系数热敏电阻。要判断热敏电阻性能的好坏，可在测量其电阻的同时，用手指捏在热敏电阻上，使其温度升高，或者利用电烙铁对其加热（注意不要让电烙铁接触上电阻器）。若其阻值随温度的变化而变化，说明其性能良好；若不随温度变化或变化很小，说明其性能不好或已损坏。

3. 电位器的测试

（1）测试要求

电位器的总阻值要符合标识数值，电位器的中心滑动端与电阻体之间要接触良好，其动噪声和静噪声应尽量小，其开关应动作准确可靠。

（2）检测方法

先测量电位器的总阻值，即两端片之间的阻值应为标称值，然后再测量它的中心端片与电阻体的接触情况。将一只表笔接电位器的中心焊接片，另一只表笔接其余两端片中的任意一个，慢慢将其转柄从一个极端位置旋转至另一个极端位置，其阻值则应从 0（或标称值）连续变化到标称值（或 0）。

1.2　电容器的识别与检测

电容器（简称电容）是一种能存储电能的元件，其特性可用 12 字口诀来记忆：通交流、隔直流、通高频、阻低频。电容器在电路中常用作交流信号的耦合、交流旁路、电源滤波、谐振选频等。电容的作用还有许多，要根据其在电路中的位置具体分析。

电容器的文字符号用大写字母 C 表示。电容的单位是法拉（F），常用的单位还有毫法（mF）、微法（μF）、纳法（nF）、皮法（pF）。它们之间的换算关系是

$$1F = 10^3 mF = 10^6 \mu F = 10^9 nF = 10^{12} pF$$

电容器按结构可分为固定电容和可变电容，可变电容中又分半可变（微调）电容和全可变电容。电容器按材料介质可分为气体介质电容、纸介电容、有机薄膜电容、瓷介电容、云母电容、玻璃釉电容、电解电容、钽电容等。电容器还可分为有极性和无极性电容器。常见电容器的外形和图形符号如图 1.5 所示。

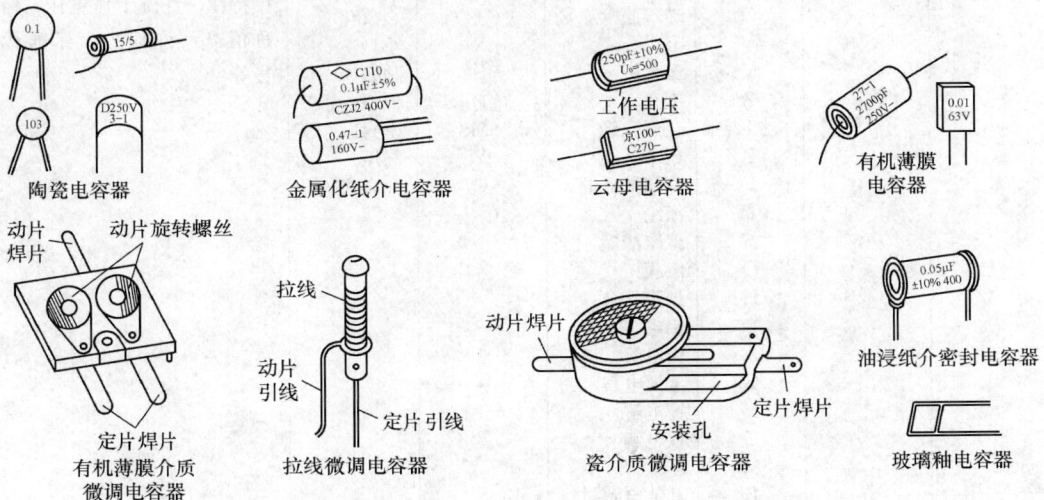

图 1.5　常见电容器的外形和图形符号

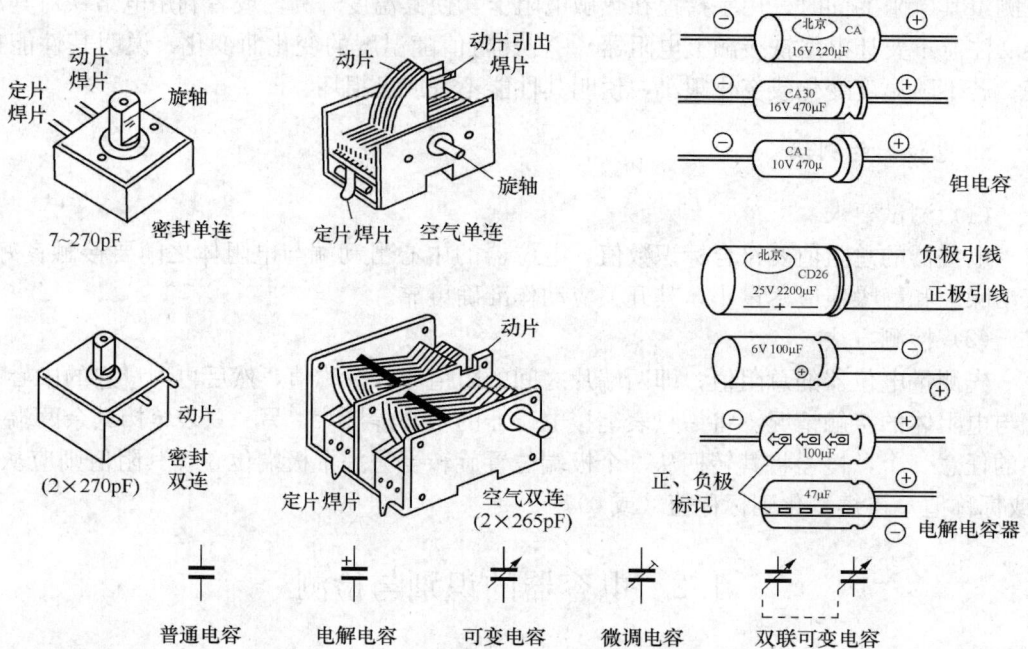

图 1.5（续）

1.2.1　电容器的型号命名法

根据国标 GB2470—1995 的规定，电容器的产品型号一般由四部分组成，各部分含义如表 1.5 所示。

表 1.5　电容器型号命名法

第一部分		第二部分		第三部分		第四部分
用字母表示主体		用字母表示材料		用字母表示特征		用数字或字母表示序号
符号	意义	符号	意义	符号	意义	意义
C	电容器	C	瓷介	T	铁电	包括：品种、尺寸代号、温度特性、直流工作电压、标称值、允许误差、标准代号等
		I	玻璃釉	W	微调	
		O	玻璃膜	J	金属化	
		Y	云母	X	小型	
		V	云母纸	S	独石	
		Z	纸介	D	低压	
		J	金属化纸	M	密封	
		B	聚苯乙烯	Y	高压	
		F	聚四氟乙烯	C	穿心式	
		L	涤纶			
		S	聚碳酸酯			
		Q	漆膜			
		H	纸膜复合			
		D	铝电解			
		A	钽电解			
		G	金属电解			
		N	铌电解			
		T	钛电解			
		M	压敏			
		E	其他电解材料			

1.2.2　电容器的主要参数

1. 电容器的标称容量与允许误差

在电容器上标注的电容量值，称为标称容量。电容器的标称容量与其实际容量之差，再除以标称值所得的百分比，就是允许误差。一般分为八个等级，如表 1.6 所示。

表 1.6　电容器的允许误差等级

级别	01	02	I	II	III	IV	V	VI
允许误差	±1%	±2%	±5%	±10%	±20%	+20%～−30%	+50%～−20%	+100%～−10%

误差的标注方法一般有三种：

① 将容量的允许误差直接标注在电容器上。

② 用罗马数字 I、II、III 分别表示 ±5%、±10%、±20%。

③ 用英文字母表示误差等级。用 J、K、M、N 分别表示 ±5%、±10%、±20%、±30%；用 D、F、G 分别表示 ±0.5%、±1%、±2%；用 P、S、Z 分别表示 ±100%～0、±50%～20%、±80%～20%。

固定电容器的标称容量系列如表 1.7 所示，任何电容器的标称容量都满足表中标称容量系列再乘以 10^n（n 为正或负整数）。

表 1.7　固定电容器容量的标称值系列

电容器类别	允许误差	标称值系列
高频纸介质、云母介质、玻璃釉介质、高频（无极性）有机薄膜介质	±5%	1.0　1.1　1.2　1.3　1.5　1.6　1.8　2.0　2.2　2.4　2.7　3.0　3.3　3.6　3.9　4.3　4.7　5.1　5.6　6.2　6.8　7.5　8.2　9.1
纸介质、金属化纸介质、复合介质、低频（有极性）有机薄膜介质	±10%	1.0　1.5　2.0　2.2　3.3　4.0　4.7　5.0　6.0　6.8　8.2
电解电容器	±20%	1.0　1.5　2.2　3.3　4.7　6.8

2. 电容器容量和误差的标识方法

电容器的容量和误差的标识方法有如下四种。

（1）直标法

在产品的表面上直接标注出产品的主要参数和技术指标的方法。例如在电容器上标注：33μF±5％32V。

（2）文字符号法

将需要标识的主要参数与技术性能用文字、数字符号有规律的组合标注在产品的表面上。采用文字符号法时，将容量的整数部分写在容量单位标识符号前面，小数部分放在单位符号后面。如：3.3pF 标为 3p3，1000pF 标为 1n，6800pF 标为 6n8。

（3）数字表示法

体积较小的电容器常用数字标识法。一般用三位整数，第一位、第二位为有效数字，第三位表示有效数字后面零的个数，单位为皮法（pF），但是当第三位数是 9 时表示 10^{-1}。如："243"表示容量为 24 000 pF，而"339"表示容量为 33×10^{-1} pF（3.3 pF）。

（4）色标法

电容器容量的色标法原则上与电阻器类似，其单位为皮法（pF）。

3. 电容器的额定耐压

电容器的额定耐压是指在规定温度范围内，电容器正常工作时能承受的最大直流电压。固定式电容器的耐压系列值有：1.6、6.3、10、16、25、32*、40、50、63、100、125*、160、250、300*、400、450*、500、1000V 等（带 * 号者只限于电解电容使用）。耐压值一般直接标在电容器上，但有些电解电容器在正极根部用色点来表示耐压等级，如 6.3V 用棕色，10V 用红色，16V 用灰色。电容器在使用时不允许超过这个耐压值，否则电容器就可能损坏或被击穿，甚至爆裂。

1.2.3　常见电容器的类型与选用原则

1. 固定电容器

固定电容器有下列几种类型。

（1）纸介电容器（CZ 型）

纸介电容器的电极用铝箔或锡箔做成，绝缘介质用浸过蜡的纸相叠后卷成圆柱体密封而成。其特点是容量大，构造简单，成本低，但热稳定性差，损耗大，易吸湿。适用于在低频电路中用作旁路电容和隔直电容。金属纸介电容器（CJ 型）的两层电极是将金属蒸发后沾积在纸上形成的金属薄膜，其特点是体积小，被高压击穿后有自愈作用。

（2）有机薄膜电容器（CB 或 CL 型）

有机薄膜电容器是用聚苯乙烯、聚四氟乙烯、聚碳酸酯或涤纶等有机薄膜代替纸介，以铝箔或在薄膜上蒸发金属薄膜作电极卷绕封装而成。其特点是体积小，耐压高，损耗小，绝缘电阻大，稳定性好，但是温度系数较大。适用于在高压电路、谐振回路、滤波电路中。

（3）瓷介电容器（CC 型）

瓷介电容器是以陶瓷材料作介质，在介质表面上烧渗银层作电极，有管状和圆片状。其特点是结构简单，绝缘性能好，稳定性较高，介质损耗小，固有电感小，耐热性好，但其机械强度低、容量不大。适用于在高频高压电路中和温度补偿电路中。

（4）云母电容器（CY 型）

云母电容器是以云母为介质，上面喷覆银层或用金属箔作电极后封装而成。其特点是绝缘性好，耐高温，介质损耗极小，固有电感小，因此其工作频率高，稳定性好，工作耐压高，应用广泛。适用于在高频电路中和高压设备中。

（5）玻璃釉电容器（CI 型）

玻璃釉电容器是用玻璃釉粉加工成的薄片作为介质。其特点是介电常数大，体积也比同容量的瓷片电容器小，损耗更小。与云母和瓷介电容器相比，它更适用于在高温下工作，广泛用于小型电子仪器中的交直流电路、高频电路和脉冲电路中。

（6）电解电容器

电解电容器以附着在金属极板上的氧化膜层作介质，阳极金属极片一般为铝、钽、铌、钛等，阴极是填充的电解液（液体、半液体、胶状），且有修补氧化膜的作用。氧化膜具有单向导电性和较高的介质强度，所以电解电容为有极性电容。新出厂的电解电容的长脚为正极，短脚为负极，在电容器的表面上还印有负极标志。电解电容在使用中一旦极性接反，则通过其内部的电流过大，将导致过热击穿，温度升高产生的气体会引起电容器外壳爆裂。

电解电容器的优点是容量大，在短时间过压击穿后，能自动修补氧化膜并恢复绝缘。其缺点是误差大，体积大，有极性要求，并且其容量随信号频率的变化而变化，稳定性差，绝缘性能低，工作电压不高，寿命较短，长期不用时易变质。电解电容器适用于在整流电路中进行滤波、电源去耦、电路中的耦合和旁路等。

2. 可变电容器

可变电容器有下列几种类型。

（1）空气可变电容器

这种电容器以空气为介质，用一组固定的定片和一组可旋转的动片（两组金属片）为电极，两组金属片互相绝缘，根据动片和定片的组数分为单联、双联、多联等。其特点是稳定性高、损耗小、精确度高，但体积大。这种电容常用于收音机的调谐电路中。

（2）薄膜介质可变电容器

这种电容器的动片和定片之间用云母或塑料薄膜作为介质，外面加以封装。由于动片和定片之间距离极近，因此在相同的容量下，薄膜介质可变电容器比空气电容器的体积小，重量也轻。常用的薄膜介质密封单联和双联电容器广泛应用在便携式收音机的调谐电路中。

（3）微调电容器

微调电容器有云母、瓷介和瓷介拉线等几种类型，其容量的调节范围极小，一般仅为几皮法至几十皮法。常用在补偿和校正电路中。

3. 新型电容器

（1）片状电容器

片状电容是一种新器件，主要有片状陶瓷电容和片状钽电容。片状陶瓷电容是片状电容器中产量最大的一种，有3216型和3215型两种。片状陶瓷电容的容量范围宽（1～47 800pF），耐压为25V、50V，常用于混合集成电路和电子手表电路中。片状钽电容的正极使用钽棒并露出一部分，另一端是负极。片状钽电容的体积小、容量大，其容量范围为$0.1\sim100\mu F$，耐压值常用的是16V和35V。它广泛应用在台式计算机、手机、数码照相机和精密电子仪器等设备的电路中。

（2）独石电容器

独石电容器是以碳酸钡为主材料烧结而成的一种瓷介电容器，其容量比一般瓷介电容大（$10pF\sim10\mu F$），且具有体积小、耐高温、绝缘性好、成本低等优点，因而得到广泛应用。独石电容不仅可替代云母电容器和纸介电容器，还取代了某些钽电容器，广泛应用于小型和超小型电子设备，如液晶手表和微型仪器中。

4. 电容器的选用原则

（1）不同电路应选用不同种类的电容器

在电源滤波和退耦电路中应选用电解电容；在高频电路和高压电路中应选用瓷介和云母电容；在谐振电路中可选用云母、陶瓷和有机薄膜等电容器；用作隔直时可选用纸介、涤纶、云母、电解等电容器；用在谐振回路时可选用空气或小型密封可变电容器。

（2）电容器的耐压选择

电容器的额定电压应高于其实际工作电压的 10%～20%，以确保电容器不被击穿损坏。

（3）电容器允许误差的选择

在业余制作电路时一般不考虑电容的允许误差；对于用在振荡和延时电路中的电容器，其允许误差应尽可能小（一般小于 5%）；在低频耦合电路中的电容误差可以稍大一些（一般为 10%～20%）。

（4）电容器的代用原则

电容器在代用时要与原电容器的容量基本相同（对于旁路和耦合电容，容量可比原电容大一些）；耐压值不低于原电容器的额定电压。在高频电路中，电容器的代换一定要考虑其频率特性应满足电路的频率要求。

1.2.4　电容器的检测

对电容器进行性能检查和容量的测试，应视电容器型号和容量的不同而采取不同方法。

1. 电解电容器的测试

对电解电容器的性能测量，最主要的是容量和漏电流的测量。对正、负极标识脱落的电容器，还应进行极性判别。

用万用表测量电解电容的漏电流时，可用万用表电阻挡测电阻的方法来估测。万用表的黑表笔应接电容器的"＋"极，红表笔接电容器的"－"极，此时表针迅速向右摆动，然后慢慢退回，待指针不动时其指示的电阻值越大表示电容器的漏电流越小；若指针根本不向右摆，说明电容器内部已断路或电解质已干涸而失去容量。

用上述方法还可以鉴别电容器的正、负极。对失掉正、负极标识的电解电容器，或先假定某极为"＋"，让其与万用表的黑表笔相接，另一个电极与万用表的红表笔相接，同时观察并记住表针向右摆动的幅度；将电容放电后，把两只表笔对调重新进行上述测量。哪一次测量中，表针最后停留的摆动幅度较小，说明该次对其正、负极的假设是对的。

2. 小容量无极性电容器的测试

这类电容器的特点是无正、负极之分，绝缘电阻很大，因而其漏电流很小。若用万用表的电阻挡直接测量其绝缘电阻，则表针摆动范围极小不易观察，用此法主要是检查电容器的断路情况。对于 $0.01\mu F$ 以上的电容器，必须根据容量的大小，分别选择万用表的合适量程，才能正确加以判断。如测 $300\mu F$ 以上的电容器可选择 "R×10 k" 或 "R×1k" 挡；测 $0.47\sim10\mu F$ 的电容器可用 "R×1k" 挡；测 $0.01\sim0.47\mu F$ 的电容器可用 "R×10k" 挡等。具体方法是：用两表笔分别接触电容的两根引线（注意双手不能同时接触电容器的两极），若表针不动，将表笔对调再测，表针仍不动说明电容器断路。

对于 $0.01\mu F$ 以下的电容器不能用万用表的欧姆挡判断其是否断路，只能用其他仪表（如 Q 表）进行鉴别。

3. 可变电容器的测试

对可变电容器主要是测其是否发生碰片（短接）现象。选择万用表的电阻（R×1）挡，将表笔分别接在可变电容器的动片和定片的连接片上。旋转电容器动片至某一位置时，若发现有直通（即表针指零）现象，说明可变电容器的动片和定片之间有碰片现象，应分开碰片后再使用。

1.3 电感器的识别与检测

电感器（简称电感）也是构成电路的基本元件，其基本特性也可用 12 字口诀来记忆：通直流、阻交流、通低频、阻高频。电感器在电路中常用作交流信号的扼流、电源滤波、谐振选频等。电感的作用还有许多，要根据其在电路中的位置具体分析。

电感器的文字符号用大写字母 L 表示。电感的单位是亨利（H），常用的单位还有毫亨（mH）、微亨（μH）。它们之间的换算关系是

$$1H=10^3 mH=10^6 \mu H$$

常见电感器的外形和图形符号如图 1.6 所示。

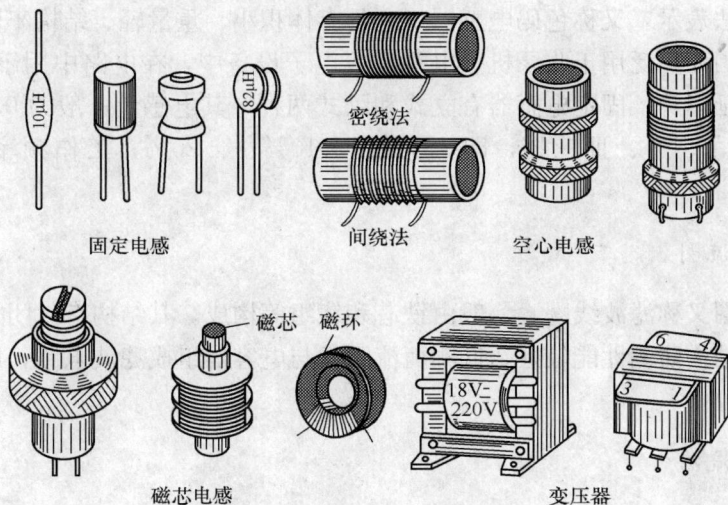

图 1.6 常见电感器的外形和图形符号

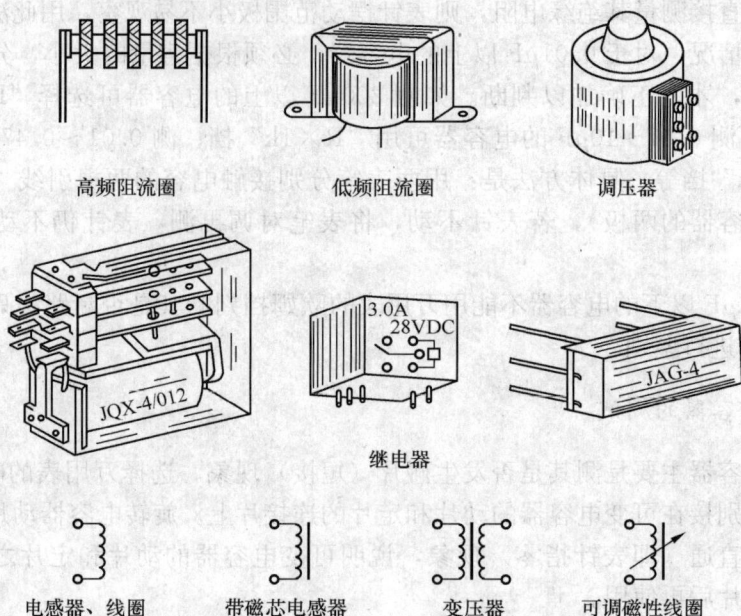

高频阻流圈　　　　低频阻流圈　　　　调压器

继电器

电感器、线圈　　带磁芯电感器　　变压器　　可调磁性线圈

图 1.6（续）

1.3.1　电感器

电感器可分为固定电感和可变电感两大类。按导磁性质可分为空心线圈、磁心线圈和铜心线圈等；按用途可分为高频扼流线圈、低频扼流线圈、调谐线圈、退耦线圈、提升线圈和稳频线圈等；按结构特点可分为单层、多层、蜂房式、磁心式等。

1. 小型固定式电感线圈

这种电感线圈是将铜线绕在磁心上，再用环氧树脂或塑料封装而成。它的电感量用直标法和色标法表示，又称色码电感器。它具有体积小、重量轻、结构牢固和安装使用方便等优点，因而广泛用于收录机、电视机等电子设备中，在电路中用于滤波、陷波、扼流、振荡、延迟等。固定电感器有立式和卧式两种，其电感量一般为 $0.1\sim3000\mu H$，允许误差分为 Ⅰ、Ⅱ、Ⅲ 三挡，即 $\pm5\%$、$\pm10\%$、$\pm20\%$，工作频率在 10kHz～200MHz 之间。

2. 低频扼流圈

低频扼流圈又称滤波线圈，一般由铁芯和绕组等构成。其结构有封闭式和开启式两种，封闭式的结构防潮性能较好。低频扼流圈常与电容器组成滤波电路，以滤除整流后残存的交流成分。

3. 高频扼流圈

高频扼流圈在高频电路中用来阻碍高频电流的通过。在电路中，高频扼流圈常与电容串联组成滤波电路，起到分开高频和低频信号的作用。

4. 可变电感线圈

在线圈中插入磁芯（或铜芯），改变磁芯在线圈中的位置就可以达到改变电感量的目的。如磁棒式天线线圈就是一个可变电感线圈，其电感量可在一定的范围内调节。它还能与可变电容组成调谐器，用于改变谐振回路的谐振频率。

1.3.2　变压器

变压器在电路中被用作变换电路中的电压、电流和阻抗的器件。按变压器工作频率的高低可分为低频变压器、中频变压器和高频变压器。

1. 低频变压器

低频变压器又分为音频变压器和电源变压器两种，它主要用在阻抗变换和交流电压的变换上。音频变压器的主要作用是实现阻抗匹配、耦合信号、将信号倒相等，因为只有在电路阻抗匹配的情况下，音频信号的传输损耗及其失真才能达到最小；电源变压器是将 220V 交流电压升高或降低，变成所需的各种交流电压。

2. 中频变压器

中频变压器是超外差式收音机和电视机中的重要元件，又叫中周。中周的磁芯和磁帽是用高频或低频特性的磁性材料制成的，低频磁芯用于收音机，高频磁芯用于电视机和调频收音机。中周的调谐方式有单调谐和双调谐两种，收音机多采用单调谐电路。常用的中周有：TFF-1、TFF-2、TFF-3 等型号为收音机所用；10TV21、10LV23、10TS22 等型号为电视机所用。中频变压器的适用频率范围从几千赫兹到几十兆赫兹，在电路中起选频和耦合等作用，在很大程度上决定了接收机的灵敏度、选择性和通频带。

3. 高频变压器

高频变压器又分为耦合线圈和调谐线圈两类。调谐线圈与电容可组成串、并联谐振回路，用于选频等作用。天线线圈、振荡线圈等都是高频线圈。

4. 行输出变压器

行输出变压器又称为行逆程变压器，接在电视机行扫描的输出级，将行逆程反峰电压升压后再经过整流、滤波，为显像管提供几万伏的阳极高压和几百伏的加速极电压、聚焦极电压以及其他电路所需的直流电压。近几年生产的行输出变压器将整流和升压合为一体，称为一体化的行输出变压器。

1.3.3　电感线圈和变压器的型号及命名方法

1. 电感线圈的型号和命名方法

电感线圈型号的命名方法如图 1.7 所示，由四部分组成。

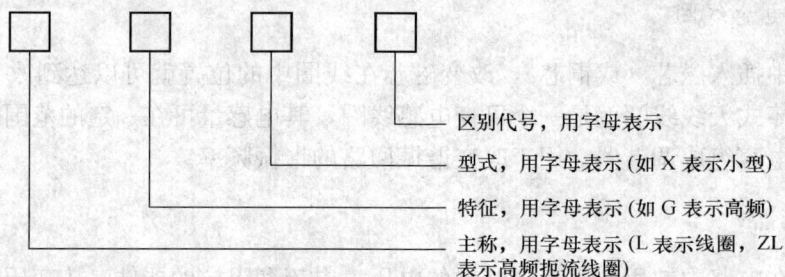

图 1.7　电感线圈的命名方法

右侧标注（自上而下）：
- 区别代号，用字母表示
- 型式，用字母表示（如 X 表示小型）
- 特征，用字母表示（如 G 表示高频）
- 主称，用字母表示（L 表示线圈，ZL 表示高频扼流线圈）

2. 中频变压器的型号命名方法

中频变压器的型号由三部分组成：

第一部分：主称，用字母表示；

第二部分：尺寸，用数字表示；

第三部分：级数，用数字表示。

中频变压器各部分的字母和数字所表示的意义如表 1.8 所示。

表 1.8　中频变压器型号各部分所表示的意义

主称		尺寸		级数	
字母	名称、特征、用途	数字	外形尺寸/mm	数字	用于中波级数
T	中频变压器	1	7×7×12	1	第一级
L	线圈或振荡线圈	2	10×10×14	2	第二级
T	磁性瓷心式	3	12×12×16	3	第三级
F	调幅收音机用	4	20×25×36		
S	短波段	5			

示例：TTF-2-1 型表示调幅收音机用磁性瓷芯式中频变压器，外形尺寸为 10 mm×10 mm×14 mm，用于中波第一级。

3. 变压器型号的命名方法

变压器型号的命名方法由三部分组成：

第一部分：主称，用字母表示；

第二部分：功率，用数字表示，计量单位用伏安（V·A）或瓦（W）表示，但 RB 型变压器除外；

第三部分：序号，用数字表示。

主称部分字母表示的意义如表 1.9 所示。

表 1.9　变压器型号中主称部分字母所表示的意义

字母	意义	字母	意义
DB	电源变压器	HB	灯丝变压器
CB	音频输出变压器	SB 或 ZB	音频（定阻式）变压器
RB	音频输入变压器	SB 或 EB	音频（定压式或自耦式）变压器
GB	高频变压器		

1.3.4　电感器的主要参数

1. 电感器的主要参数

电感器的主要参数有下列几个。

（1）电感量标称值与误差

电感器上标注的电感量称为标称值。电感量的误差是指线圈的实际电感量与标称值的差异。对振荡线圈的要求较高，允许误差为 0.2%～0.5%；对耦合阻流线圈要求则较低，一般在 10%～15% 之间。电感器的标称电感量和误差的常见标识方法有直接法和色标法，类似于电阻器的标识方法。目前大部分国产固定电感器将电感量、误差直接标在电感器上。

（2）品质因数

电感器的品质因数 Q 是线圈质量的一个重要参数。它表示在某一工作频率下，线圈的感抗对其等效直流电阻的比值，Q 值愈高，线圈的铜损耗愈小。在选频电路中，Q 值愈高，电路的选频特性也愈好。

（3）额定电流

额定电流是指在规定的温度下，线圈正常工作时所能承受的最大电流值。对于阻流线圈、电源滤波线圈和大功率的谐振线圈，这是一个很重要的参数。

（4）分布电容

分布电容是指电感线圈匝与匝之间、线圈与地以及屏蔽盒之间存在的寄生电容。分布电容使 Q 值减小、稳定性变差，为此可将导线用多股线或将线圈绕成蜂房式，对天线线圈则采用间绕法，以减少分布电容的数值。

2. 变压器的主要参数

变压器的主要参数有下列几个。

（1）额定功率

额定功率是指在规定的频率和电压下，变压器能长期工作而不超过规定温升的最大输出视在功率，单位为 V·A。

（2）效率

效率是指在额定负载时，变压器的输出功率和输入功率的比值。即

$$\eta = (P_2/P_1) \times 100\%$$

（3）绝缘电阻

绝缘电阻是表征变压器绝缘性能的一个参数，是施加在绝缘层上的电压与漏电流的比值，包括绕组之间、绕组与铁芯及外壳之间的绝缘阻值。由于绝缘电阻很大，一般只

能用兆欧表（或万用表的 R×10k 挡）测量其阻值。如果变压器的绝缘电阻过低，在使用中可能出现机壳带电甚至将变压器绕组击穿烧毁。

1.3.5　电感器和变压器的选用及测量

1. 根据电路的要求选择不同的电感器

首先应明确其使用的频率范围，铁芯线圈只能用于低频，铁氧体线圈、空心线圈可用于高频；其次要搞清线圈的电感量和适用的电压范围。

2. 明确电感的允许电流

在使用时，要注意通过电感器的工作电流要小于它的允许电流。否则，电感器将发热，使其性能变坏甚至烧坏。

3. 明确电感元件的位置

在安装时，要注意电感元件之间的相互位置，因电感线圈是磁感应元件，一般应使相互靠近的电感线圈的轴线互相垂直。

4. 电感器的测量

对电感器进行测量首先要进行外观检查，看线圈有无松散，引脚有无折断、生锈等现象。然后用万用表的欧姆挡测量线圈的直流电阻，若为无穷大，说明线圈（或与引出线间）有断路；若比正常值小很多，说明有局部短路；若为零，则线圈被完全短路。对于有金属屏蔽罩的电感器线圈，还需检查它的线圈与屏蔽罩间是否短路；对于有磁芯的可调电感器，螺纹配合要好。

5. 变压器的测量

对变压器的测量主要是变压器线圈的直流电阻和各绕组之间的绝缘电阻。

（1）线圈直流电阻的测量

由于变压器线圈的直流电阻很小，所以一般用万用表的 R×1 挡来测绕组的电阻值，可判断绕组有无短路或断路现象。对于某些晶体管收音机中使用的输入、输出变压器，由于它们体积相同，外形相似，一旦标识脱落，直观上很难区分，此时可根据其线圈直流电阻值进行区分。一般情况下，输入变压器的直流电阻值较大，初级多为几欧姆，次级多为一二百欧姆；输出变压器的初级多为几十至上百欧姆，次级多为零点几欧姆至几欧姆。

（2）绕组间绝缘电阻的测量

变压器各绕组之间以及绕组和铁芯之间的绝缘电阻可用 500V 或 1000V 兆欧表（摇表）进行测量。根据不同的变压器，选择不同的摇表。一般电源变压器和扼流圈应选用 1000V 摇表，其绝缘电阻应不小于 1000MΩ；晶体管输入变压器和输出变压器用 500V 摇表，其绝缘电阻应不小于 100MΩ。若无摇表，也可用万用表的 R×10k 挡，测量时，表头指针应不动（相当于电阻为∞）。

1.4 半导体分立器件的识别与检测

半导体器件是近 50 年来发展起来的新型电子器件，具有体积小、重量轻、耗电省、寿命长、工作可靠等一系列优点，应用十分广泛。常用的半导体分立器件外形和封装形式如图 1.8 所示。

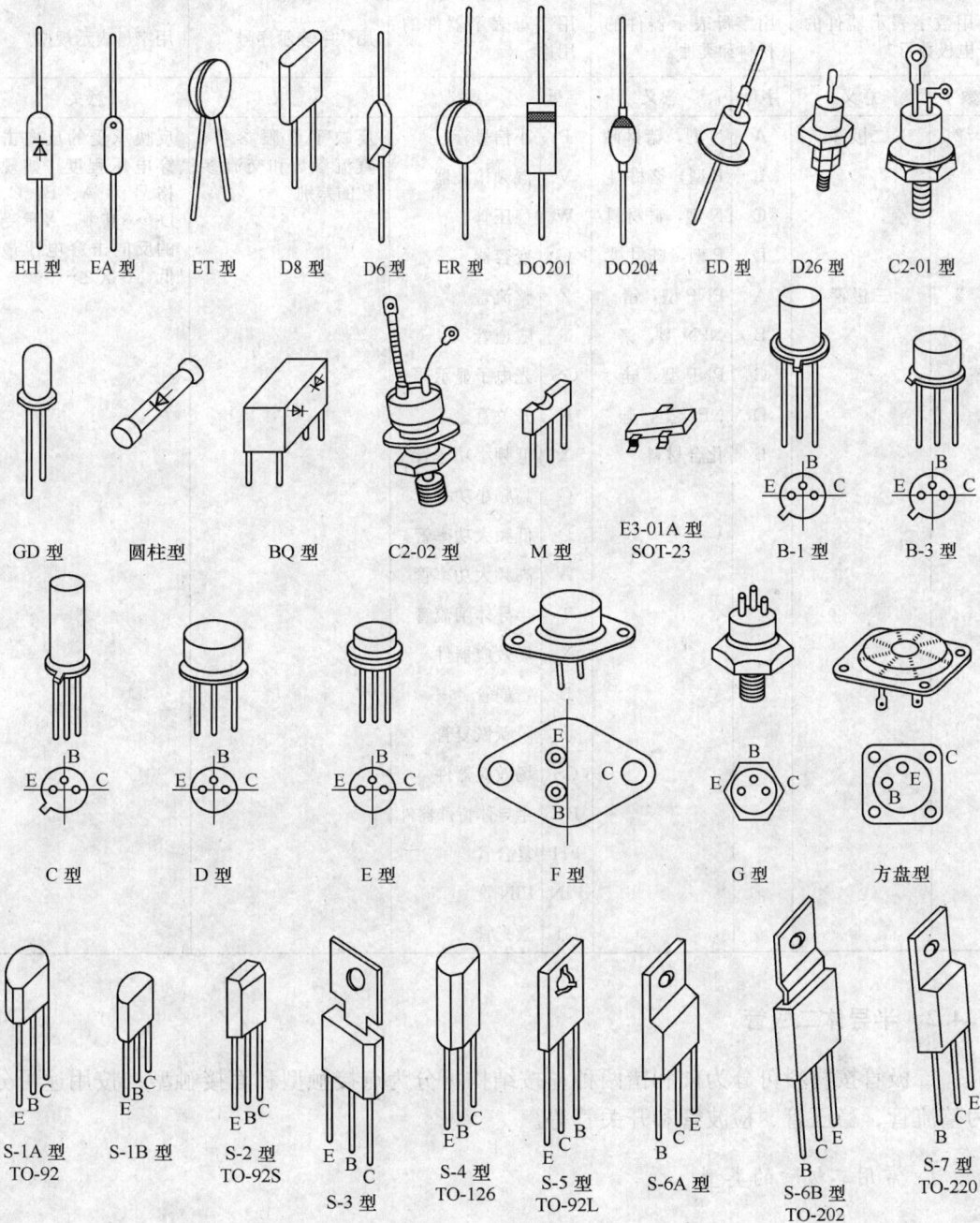

EH 型　　EA 型　　ET 型　　D8 型　　D6 型　　ER 型　　DO201　　DO204　　ED 型　　D26 型　　C2-01 型

GD 型　　圆柱型　　BQ 型　　C2-02 型　　M 型　　E3-01A 型 SOT-23　　B-1 型　　B-3 型

C 型　　D 型　　E 型　　F 型　　G 型　　方盘型

S-1A 型 TO-92　　S-1B 型　　S-2 型 TO-92S　　S-3 型　　S-4 型 TO-126　　S-5 型 TO-92L　　S-6A 型　　S-6B 型 TO-202　　S-7 型 TO-220

图 1.8 常用半导体分立器件的外形和封装形式

1.4.1　国产半导体器件型号命名法

国产半导体器件型号由五部分组成，如表 1.10 所示。

表 1.10　国产半导体器件型号命名法

第一部分		第二部分		第三部分		第四部分	第五部分
用数字表示器件的电极数目		用字母表示器件的材料和类性		用字母表示器件的用途		用数字表示序号	用字母表示规格
数字	意义	字母	意义	字母	意义	意义	意义
2	二极管	A	N 型，锗材料	P	小信号管	反映了极限参数、直流参数和交流参数的差别	反映承受的反向击穿电压程度。如规格号为 A、B、C、D……其中，A 承受的反向击穿电压最低，B 次之……
		B	P 型，锗材料	V	混频检波器		
		C	N 型，硅材料	W	稳压管		
		D	P 型，硅材料	C	变容器		
3	三极管	A	PNP 型，锗	Z	整流管		
		B	NPN 型，锗	S	隧道管		
		C	PNP 型，硅	GS	光电子显示器		
		D	NPN 型，硅	K	开关管		
		E	化合材料	X	低频小功率管		
				G	高频小功率管		
				D	低频大功率管		
				A	高频大功率管		
				T	半导体闸流管		
				Y	场效应器件		
				B	雪崩管		
				J	阶跃恢复管		
				CS	场效应器件		
				BT	半导体特殊器件		
				FH	复合管		
				PIN	PIN 管		
				GJ	激光管		

1.4.2　半导体二极管

二极管按材料可分为硅和锗两种；按结构可分为点接触型和面接触型；按用途可分为整流管、稳压管、检波管和开关管等。

1. 常用二极管的类型

（1）整流二极管

主要用于整流电路，即把交流电变换成脉动的直流电。整流二极管为面接触型，其结电容较大，因此工作频率范围较窄（3kHz 以内），常用的型号有 2CZ 型、2DZ 型等。还有用于高压和高频整流电路的高压整流堆，如 2CGL 型、DH26 型、2CL51 型等。

（2）检波二极管

其主要作用是把高频信号中的低频信号检出，为点接触型，其结电容小，一般为锗管。检波二极管常采用玻璃外壳封装，主要型号有 2AP 型和 1N4148（国外型号）等。

（3）稳压二极管

稳压二极管也叫稳压管，它是用特殊工艺制造的面结型硅半导体二极管，其特点是工作在反向击穿区，实现稳压；稳压管被反向击穿后，当外加电压减小或消失，PN 结能自动恢复而不会损坏。稳压管主要用于直流电源电路中的稳压环节，常用的型号有 2CW 型和 2DW 型。

（4）变容二极管

变容二极管是利用 PN 结加反向电压时，PN 结相当于一个结电容的特性制成。当反偏电压越大，PN 结的绝缘层加宽，其结电容越小，反之结电容越大。如 2CB14 型变容二极管，当反向电压在 3～25V 区间变化时，其结电容在 20～30pF 之间变化。它主要用在高频电路中作自动调谐、调频、调相等，如在彩色电视机的高频头中作电视频道的选择。

2. 常用二极管的选用常识

应根据用途和电路的具体要求来选择二极管的种类、型号及参数。

选用检波管时，主要使其工作频率符合要求。常用的有锗 2AP 系列，还可用锗开关管 2AK 型代用。用锗高频三极管的发射结进行检波的效果也较好，因其发射结结电容很小，即工作频率高。

选择整流二极管时主要考虑其最大整流电流、最高反向工作电压是否满足要求，常用的硅桥（硅整流组合管）为 QL 型。

在修理电子电路时，当损坏的二极管型号一时找不到，可考虑用其他二极管代用。代换的原则是弄清原二极管的性质和主要参数，然后换上与其参数相当的其他型号二极管。如检波二极管，只要工作频率不低于原型号的就可以使用。

3. 二极管的测试

（1）普通二极管的测试

普通二极管外壳上均印有型号和标记。标记方法有箭头、色点、色环三种。箭头所指方向或靠近色环的一端为二极管的负极，有色点的一端为正极。若型号和标记脱落时，可用万用表的欧姆挡进行判别。主要原理是根据二极管的单向导电性，其反向电阻远远大于正向电阻这一特点判定。具体过程如下：

① 判别极性。将万用表选在 R×100 或 R×1k 挡，两表笔分别接二极管的两个电极。若测出的电阻值较小（硅管为几百～几千欧姆，锗管为 100～1kΩ），说明是正向导通，此时黑表笔接的是二极管的正极，红表笔接的则是负极；若测出的电阻值较大（几十～几百千欧姆），为反向截止，此时红表笔接的是二极管的正极，黑表笔为负极。

② 检查好坏。可通过测量正、反向电阻来判断二极管的好坏。一般小功率硅二极

管正向电阻为几百～几千欧姆，锗管约为 $100\Omega\sim1k\Omega$。

③ 判别硅、锗管。若不知被测的二极管是硅管还是锗管，可根据硅、锗管的导通压降不同的原理来判别。将二极管接在电路中，当其导通时，用万用表测其正向压降，硅管一般为 $0.6\sim0.7V$，锗管为 $0.1\sim0.3V$。

（2）稳压管的测试

① 极性的判别。与普通二极管的判别方法相同。

② 检查好坏。万用表置于 $R\times10k$ 挡，黑表笔接稳压管的负极，红笔接正极，若此时的反向电阻很小（与使用 $R\times1k$ 挡时的测试值相比较），说明该稳压管正常。因为万用表 $R\times10k$ 挡的内部电压都在 9V 以上，可达到被测稳压管的击穿电压，使其阻值大大减小。

1.4.3　半导体三极管

半导体三极管又称双极型晶体管，简称三极管，是一种电流控制型器件，最基本的作用是放大。它具有体积小、结构牢固、寿命长、耗电省等优点，被广泛应用于各种电子设备中。

1. 三极管的种类

三极管的种类按材料与工艺可分为硅平面管和锗合金管；按结构可分为 NPN 型与 PNP 型；按工作频率可分为低频管和高频管；按用途可分为电压放大管、功率管和开关管等。

有些三极管的壳顶上标有色点，作为 β 值的标记，为选用三极管带来了很大的方便。其分挡标记如下：

$$0\sim15\sim25\sim40\sim55\sim80\sim120\sim180\sim270\sim400\sim600$$

棕　红　橙　黄　绿　蓝　紫　灰　白　黑

2. 三极管的测试

常用的小功率管有金属外壳封装和塑料封装两种，可直接观测出三个电极 e、b、c。但不能只看出三个电极就说明管子的一切问题，仍需进一步判断管型和管子的好坏。一般可用万用表的 $R\times100$ 和 $R\times1k$ 挡来进行判别。

（1）基极和管型的判断

将黑表笔任接一极，红表笔分别依次接另外二极。若在两次测量中表针均偏转很大（说明管子的 PN 结已通，电阻较小），则黑笔接的电极为 b 极，同时该管为 NPN 型；反之，将表笔对调（红表笔任接一极），重复以上操作，则也可确定管子的 b 极，其管型为 PNP 型。

（2）管子好坏的判断

若在以上操作中无一电极满足上述现象，则说明管子已坏。也可用万用表的 hFE 挡来进行判别。当管型确定后，将三极管插入"NPN"或"PNP"插孔，将万用表置于 hFE 挡，若 hFE（$\bar{\beta}$）值不正常（如为零或大于 300），则说明管子已坏。

3. 场效应管

场效应晶体管简称场效应管（FET），又称单极型晶体管，它属于电压控制型半导体器件。其特点是输入电阻很高（$10^7 \sim 10^{15}\,\Omega$），噪声小，功耗低，无二次击穿现象，受温度和辐射影响小，特别适用于要求高灵敏度和低噪声的电路。场效应管和三极管一样都能实现信号的控制和放大，但由于它们的构造和工作原理截然不同，所以二者的差别很大。在某些特殊应用方面，场效应管优于三极管，是三极管所无法替代的。

（1）场效应管的分类

场效应管分为结型（JEET）和绝缘栅型（MOS）。结型场效应管又分为 N 沟道和 P 沟道两种；绝缘栅型场效应管除有 N 沟道和 P 沟道之分外，还有增强型与耗尽型之分。

（2）场效应管和三极管的比较

场效应管和三极管的比较情况如表 1.11 所示。

表 1.11　三极管与场效应管的比较

器件 项目	三极管	场效应管
导电机构	既用多子，又用少子	只用多子
导电方式	载流子浓度扩散及电场漂移	电场漂移
控制方式	电流控制	电压控制
类型	PNP、NPN	P 沟道，N 沟道
放大倍数	$\beta = 50 \sim 100$ 或更大	$G_m =$（$1 \sim 6$）mS
输入电阻	$10^2 \sim 10^4\,\Omega$	$10^7 \sim 10^{15}\,\Omega$
抗辐射能力	差	在宇宙射线辐射下，仍能正常工作
噪声	较大	小
热稳定性	差	好
制造工艺	较复杂	简单，成本低，便于集成化

① 场效应管靠多子导电，管中运动的只是一种极性的载流子；三极管既用多子，又用少子。由于多子浓度不易受外因的影响，因此在环境变化较强烈的场合，采用场效应管比较稳定。

② 场效应管的输入阻抗高，适用于高输入电阻的场合。场效应管的噪声系数小，适用于低噪声放大器的前置级。

③ 一般结型场效应管的源极和漏极可互换使用，灵活性比三极管强。

（3）场效应管的主要参数

直流参数主要有夹断电压 U_{GS}(Off)、开启电压 U_{GS}(th) 和饱和漏极电流 I_{DSS}；交流参数主要有低频跨导 G_m 和极间电容等；极限参数包括最大耗散功率 P_{DM}、漏源击穿电压 U(BR)$_{DS}$ 和栅源击穿电压 U(BR)$_{GS}$ 等，可查阅有关晶体管手册。

（4）场效应管的选择和使用

① 选择场效应管要适应电路的要求。当信号源内阻高，希望得到好的放大作用和较低的噪声系数时；当信号为超高频和要求低噪声时；当信号为弱信号且要求低电流运行时；当要求作为双向导电的开关等场合，都可以优先选用场效应管。

② 使用场效应管注意事项：结型场效应管的栅源电压不能反接，但可以在开路状态下保存。MOS 场效应管在不使用时，必须将各极引线短路。焊接时，应将电烙铁外壳接地，以防止由于烙铁带电而损坏管子。不允许在电源接通的情况下拆装场效应管。

结型场效应管可用万用表定性检查管子的质量，而绝缘栅型场效应管则不能用万用表检查，必须用测试仪，测试仪需有良好的接地装置，以防止绝缘栅击穿。

在输入电阻较高的场合使用时应采取防潮措施，以免输入电阻降低。陶瓷封装的"芝麻管"具有光敏特性，使用中应注意。

（5）场效应管的测试

下面以结型场效应管（JFET）为例说明有关测试方法。

① 电极的判别。根据 PN 结的正、反向电阻值不同的现象可以很方便地判别出结型场效应管的 G、D、S 极。

方法一：将万用表置于 R×1k 挡，任选两电极，分别测出它们之间的正、反向电阻。若正、反向的电阻相等（约几千欧），则该两极为漏极 D 和源极 S（结型场效应管的 D、S 极可互换），余下的则为栅极 G。

方法二：用万用表的黑笔任接一个电极，另一表笔依次接触其余两个电极，测其阻值。若两次测得的阻值近似相等，则该黑笔接的为栅极 G，余下的两个为 D 极和 S 极。

② 放大倍数的测量。将万用表置于 R×1k 或 R×100 挡，两只表笔分别接触 D 极和 S 极，用手靠近或接触 G 极，此时表针右摆，且摆动幅度越大，放大倍数越大。

对 MOS 管来说，为防止栅极击穿，一般测量前先在其 G-S 极间接一只几兆欧的大电阻，然后按上述方法测量。

③ 判别 JEET 的好坏。检查两个 PN 结的单向导电性，PN 结正常，管子是好的，否则为坏的。测漏、源间的电阻 R_{DS}，应约为几千欧；若 R_{DS} 为 0 或 R_{DS} 为 ∞，则说明管子已损坏。测 R_{DS} 时，用手靠近栅极 G，表针应有明显摆动，摆幅越大，说明管子的性能越好。

1.5　集成电路的测量

集成电路是近几十年随半导体器件发展起来的高科技产品，其发展速度异常迅猛，从小规模集成电路（含有几十个晶体管）发展到今天的超大规模集成电路（含有几千万个晶体管或上千万个门电路）。集成电路的体积小，耗电低，稳定性好，从某种意义上讲，集成电路是衡量一个电子产品是否先进的主要标志。常见集成电路的外形和封装形式如图 1.9 所示。

集成电路按功能可分为数字集成电路和模拟集成电路两大类；按其制作工艺可分为半导体集成电路、薄膜集成电路、厚膜集成电路和混合集成电路等；按其集成度可分为小规模集成电路（SSI）、中规模集成电路（MSI）、大规模集成电路（LSI）和超大规模

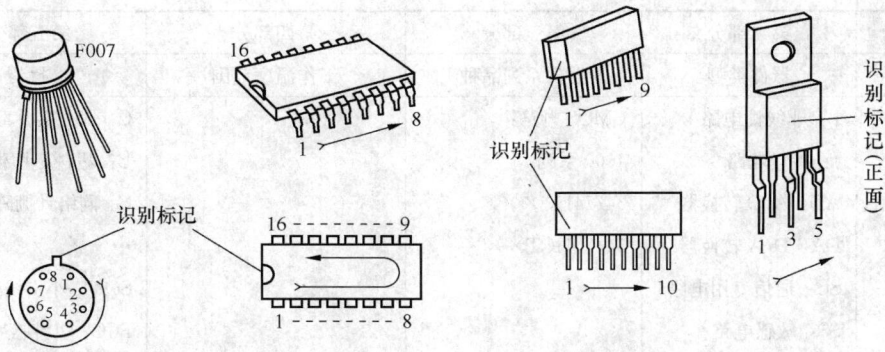

图 1.9　常见集成电路的外形和封装形式

集成电路（XLSI），它表示了在一个硅基片上所制造的元器件的数目。

集成电路的封装形式有晶体管式封装、扁平封装和直插式封装。集成电路的管脚排列次序有一定的规律，一般是从外壳顶部向下看，从左下脚按逆时针方向读数，其中第一脚附近一般有参考标志，如凹槽、色点等。

1.5.1　数字集成电路

1. 数字集成电路的分类

数字集成电路按结构的不同可分为双极型和单极型电路。其中双极型电路有 DTL、TTL、ECL、HTL 等多种形式；单极型电路有 JFET、NMOS、PMOS、CMOS 等四种形式。

2. 数字集成电路的型号命名法

国产半导体集成电路的型号一般由五部分组成，各部分的符号及含义如表 1.12 所示。

表 1.12　国产半导体集成电路型号命名法

第一部分	第二部分	第三部分	第四部分	第五部分
中国制造	器件类型	器件系列品种	工作温度范围	封装
C	T：TTL	TTL 电路：	C：0～70℃　⑤	D：多层陶瓷双列直插
	H：HTL	54/74×××　①	G：−25～70℃	F：多层陶瓷扁平
	E：ECL	54/74H×××　②	L：−25～85℃	B：塑料扁平
	C：CMOS	54/74L×××　③	E：−40～85℃	H：黑瓷扁平
	M：存储器	54/74S×××	R：−55～85℃	J：黑瓷双列直插
	μ：微型机电路	54/74LS×××　④	M：−55～125℃　⑥	P：塑料双列直插
	F：线性放大器	54/74AS×××		S：塑料单列直插
	W：稳压器	54/74ALS×××		T：金属圆壳
	D：音响电视电路	54/74F×××		K：金属菱形

续表

第一部分	第二部分	第三部分	第四部分	第五部分
中国制造	器件类型	器件系列品种	工作温度范围	封装
	B：非线性电路 J：接口电路 AD：A/D转换器 DA：D/A转换器 SC：通信专用电路 SS：敏感电路 SW：钟表电路 SJ：机电仪电路 SF：复印机电路 ……	CMOS电路： 4000系列 54/74HC××× 54/74HCT×××		C：陶瓷芯片载体 E：塑料芯片载体 G：网络针栅阵列封装 …… SOIC：小引线封装 PCC：塑料芯片载体 LCC：陶瓷芯片载体

注：①74表示国际通用74系列（民用）；54表示国际通用54系列（军用）。②H表示高速。③L表示低速。④LS表示低功耗。⑤C表示只出现在74系列。⑥M表示只出现在54系列。

3. TTL数字集成电路

在实际工程中，最常用的数字集成电路主要有TTL和CMOS两大系列。

TTL集成电路是用双极型晶体管作为基本元件集成在一块硅片上制成的，其品种、产量最多，应用也最广泛。国产的TTL集成电路有T1000～T4000系列，T1000系列与国标CT54/74系列及国际SN54/74通用系列相同。

54系列与74系列TTL集成电路的主要区别是在其工作环境的温度上。54系列的工作环境温度为$-55\sim+125℃$；74系列的工作环境温度为$0\sim70℃$。

4. CMOS集成电路

CMOS集成电路以单极型晶体管为基本元件制成，其发展迅速，主要是因为它具有功耗低、速度快、工作电源电压范围宽（如CC4000系列的工作电源电压为$3\sim18V$）、抗干扰能力强、输入阻抗高、输出能力强、温度稳定性好及成本低等优点，尤其是它的制造工艺非常简单，为大批量生产提供了方便。

1.5.2　模拟集成电路

1. 模拟集成电路的分类

模拟集成电路按用途可分为运算放大器、直流稳压器、功率放大器和电压比较器等。模拟集成电路与数字集成电路的差别不但在信号的处理方式上，而且在电源电压上的差别更大。模拟集成电路的电源电压根据型号的不同可以不相同，而且数值相差较大，视具体用途而定。

2. 集成运算放大器

自从 1964 年美国仙童公司制造出第一个单片集成运放 μA702 以来，集成运放得到了广泛的应用，目前它已成为线性集成电路中品种和数量最多的一类。

国标统一命名法规定，集成运放各个品种的型号由字母和阿拉伯数字二部分组成。字母在首部，统一采用 CF 两个字母，C 表示国标，F 表示线性放大器，其后的数字表示集成运放的类型。

3. 集成直流稳压器

直流稳压电源是电子设备中不可缺少的单元，集成稳压器是构成直流稳压电源的核心，它体积小、精度高、使用方便，因而被广泛应用。

（1）集成稳压器的型号命名法

集成稳压器的型号由两部分组成。第一部分是字母，国标用"CW"表示，其中"C"代表中国，"W"代表稳压器。国外产品有 LM（美国 NC 公司）、A（美国仙童公司）、MC（美国摩托罗拉公司）、TA（日本东芝）、PC（日本日电）、HA（日本日立）、L（意大利 SGS 公司）等。第二部分是数字，表示不同的型号规格，国内外同类产品的数字意义完全一样。

（2）CW78XX 系列的典型用法

三端集成稳压器具有较完善的过流、过压和过热保护装置，其典型应用电路如图 1.10 所示。工作过程如下：从变压器输出的交流电压经过整流滤波后加至 CW78XX 的输入端，在 CW78XX 的输出端就可以得到直流稳压电压输出。电容器 C_I 用于减小纹波，对输入端过压也有抑制作用，电容器 C_O 可改善负载的瞬态响应（C_I、C_O 均取 $0.33\sim1\mu$F）。

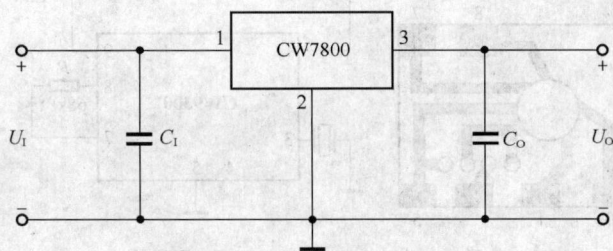

图 1.10　CW7800 系列稳压器的典型应用电路

4. 集成功率放大器

集成功率放大器分为小、中、大功率放大器，其输出功率从几百毫瓦到几百瓦不等。常用的小功率集成功放型号有 CD4100、CD4101、CD4102 系列，该系列产品的特点是功率体积比大、使用单电源，主要用于收音机、录音机等小功率放大电路中。

5. 片状集成电路

片状集成电路具有引脚间距小、集成度高等优点，广泛用于彩色电视机、笔记本计算机、移动电话、DVD 等高新技术电子产品中。

片状集成电路的封装有小型封装和矩形封装两种形式。小型封装有 SOP 和 SOJ 两种封装形式，这两种封装电路的引脚间距大多为 1.27mm、1.0mm 和 0.76mm。其中 SOJ 占用印制板的面积更小，应用较为广泛。矩形封装有 QFP 和 PLCC 两种封装形式，PLCC 比 QFP 更节省电路板的面积，但其焊点的检测较为困难，维修时拆焊更困难。此外，还有 COB 封装，即通常所称的"软黑胶"封装。它是将 IC 芯片直接粘在印制电路板上，通过芯片的引脚实现与印制板的连接，最后用黑色的塑胶包封。

1.5.3　音乐集成电路

音乐集成电路是一种乐曲发生器，它可以向外发送固定存储的乐曲，它具有声音悦耳、外接元件少、价格低、功能全和使用方便等特点，因而音乐集成电路在家用电器、时钟、电子玩具等领域得到了广泛的应用。

目前，音乐集成电路已发展成许多系列，在一片音乐集成电路内，有的存储一首乐曲，还有的存储有多首乐曲，而且在控制功能上也各不相同。近几年还有各种中文语音集成电路问世，例如在汽车中安装的语音告警电路就是这种音乐集成电路。

常用的音乐集成电路有以下几种。

（1）CW9300 型音乐集成电路

CW9300 型音乐集成电路的外形和引脚功能如图 1.11 所示。

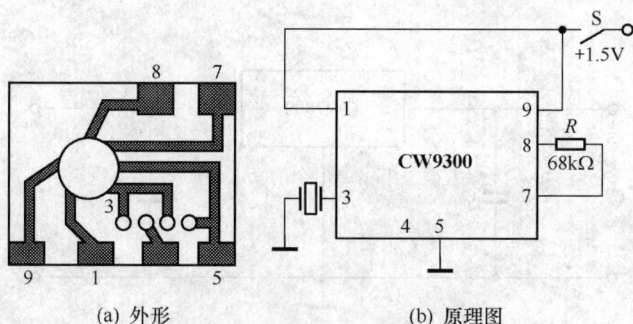

(a) 外形　　(b) 原理图

图 1.11　CW9300 型音乐集成电路的外形和引脚功能

CW9300 是最常用的音乐集成电路之一，它的乐曲种类很多，相同型号的音乐集成电路，不同的音乐片内部的音乐各不相同。该系列音乐集成电路用法灵活，用途极广，广泛应用在电子玩具、电话、门铃、钟表及各种仪器仪表中作发声装置。

（2）HY-100 型音乐集成电路

HY-100 型音乐集成电路的外形和引脚功能如图 1.12 所示。

HY-100 型音乐集成电路是一个可以用作门铃的电路，可直接驱动 2.5in 的动圈式

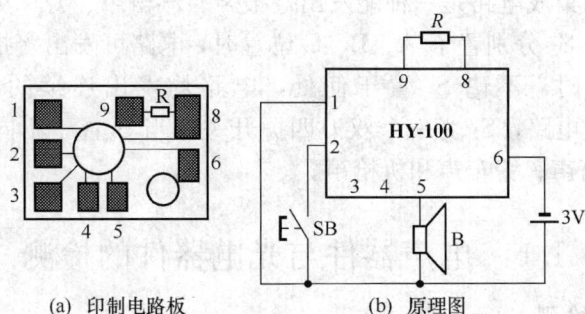

(a) 印制电路板　　　　　　(b) 原理图

图 1.12　HY-100 型音乐集成电路

扬声器发声。当 HY-100 型音乐集成电路受到脉冲信号触发时，就会自动演奏长约 20s 的乐曲。如果要改变演奏乐曲的速度，则只需要改变电阻 R 的阻值即可。

（3）CH-105 型音乐集成电路

CH-105 型音乐集成电路的外形和引脚功能如图 1.13 所示。

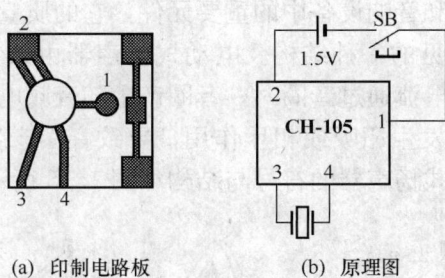

(a) 印制电路板　　　　　　(b) 原理图

图 1.13　CH-105 型音乐集成电路的外形和引脚功能

CH-105 型音乐集成电路的接法简单，合上电源开关电路就可以工作，进行乐曲的演奏，无需有外触发信号。发声元件采用 HTD-20 或 HTD-27 型压电陶瓷片。

（4）CW9561 型音乐集成电路

CW9561 型音乐集成电路的外形和引脚功能如图 1.14 所示。

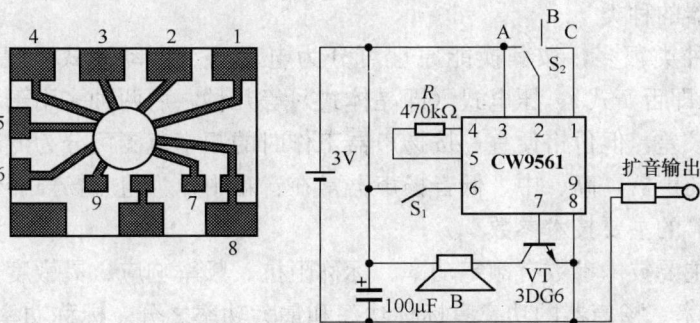

图 1.14　CW9561 型音乐集成电路

CW9561 型音乐集成电路是一种能发出警报声、汽笛声、警车声、机枪声的四声音乐集成电路。当开关 S_2 分别置于 A、B、C 位置时，电路可发出警报声、汽笛声、警车声；当开关 S_1 闭合时，不论 S_2 置于何处，电路均发出连续的机枪声。还有一种 CW9561 型音乐集成电路，S_2 为一个双刀四掷开关，当 S_2 置于不同的挡位时，电路就会发出警报声、汽笛声、警车声和机枪声。

1.6　电声器件与光电器件的检测

1.6.1　电声器件的检测

电声器件是将电信号转换为声音信号或将声音信号转换成电信号的换能元件。在家用电器和测量仪器等电子设备中得到了广泛的应用。

1. 扬声器

（1）扬声器的特性

扬声器又称为喇叭，是一种电声转换器件，它将模拟的话音电信号转化成声波，是收音机、录音机、电视机和音响设备中的重要元件，它的质量直接影响着音质和音响效果。电动式扬声器是最常见的一种结构。电动式扬声器由纸盆、音圈、音圈支架、磁铁、盆架等组成，当音频电流通过音圈时，音圈产生随音频电流而变化的磁场，这一变化磁场与永久磁铁的磁场发生相吸或相斥作用，导致音圈产生机械运动并带动纸盆振动，从而发出声音。电动式扬声器的符号与结构如图 1.15 所示。

图 1.15　扬声器的符号及电动式扬声器结构

（2）扬声器的种类

扬声器的种类很多，按其换能原理可分为电动式（即动圈式）、静电式（即电容式）、电磁式（即舌簧式）、压电式（即晶体式）等几种，后两种多用于农村的有线广播网中，其音质较差，但价格便宜。按扬声器工作时的频率范围可分为低音扬声器、中音扬声器、高音扬声器，高、中、低音扬声器常在音箱中作为组合扬声器使用。

（3）扬声器的主要技术参数

扬声器的主要技术参数有额定功率、标称阻抗、频率响应、灵敏度等。

① 额定功率。扬声器的功率有标称功率和最大功率之分。标称功率又称额定功率、不失真功率。它是指扬声器在不失真范围内容许的最大输入功率，在扬声器的标牌和技术说明书上标注的功率即为该功率值。扬声器的最大功率是指扬声器在某一瞬间所能承

受的峰值功率。为保证扬声器工作的可靠性，要求扬声器的最大功率为标称功率的 2～3 倍。常用扬声器的功率有 0.1W、0.25W、1W、2 W、3W、5W、10W、60W、120W 等。

② 标称阻抗。扬声器的标称阻抗又称额定阻抗，是制造厂商规定的扬声器交流阻抗值。在这个阻抗上，扬声器可获得最大的输出功率。通常，口径小于 90mm 的扬声器的标称阻抗是用 1000Hz 的测试信号测出的，大于 90mm 的扬声器的标称阻抗则是用 400Hz 的测试频率测量出的。选用扬声器时，标称阻抗是一项重要指标，其标称阻抗一般应与音频功放器的输出阻抗相符。

③ 频率响应。频率响应又称有效频率范围，是指扬声器重放声音的有效工作频率范围。扬声器的频率响应范围显然是越宽越好，但受到结构、工艺和价格等因素的限制，一般不可能很宽，国产普通纸盆扬声器（小于 130mm 或 5in）的频率响应大多为 120～10000Hz，相同尺寸的橡皮边或泡沫边扬声器的频率响应可达 55Hz～21kHz。

（4）扬声器的检测

① 估测阻抗和判断好坏。一般在扬声器磁体的标牌上都标有阻抗值。但有时也可能遇到标记不清或标记脱落的情况。因为一般电动扬声器的实测电阻值约为其标称阻抗的 80%～90%，一只 8Ω 的扬声器，其实测阻值约为 6.5～7.2Ω，所以可用下述方法进行估测。

将万用表置 R×1 挡，调零后，测出扬声器音圈的直流铜阻 R，然后用估算公式 $Z=1.17R$ 即可估算出扬声器的阻抗。例如，测得一只无标记扬声器的直流电阻为 6.8Ω，则阻抗 $Z=1.17×6.8Ω=8Ω$。

扬声器是否正常，除可用以上方法测其阻抗外，还可用以下方法进行简易判断。方法是：将万用表置 R×1 挡，把任意一只表笔与扬声器的任一引出端相接，用另一只表笔断续触碰扬声器另一引出端，此时，扬声器应发出"喀喀"声，指针亦相应摆动。如触碰时扬声器不发声，指针也不摆动，说明扬声器内部音圈断路或引线断裂。

② 判断相位。就一只扬声器而言，其两个引线是无所谓相位之分的，但在安装组合音箱或用来播放立体声信号时，扬声器的相位是不能接反的。有的扬声器在出厂时，厂家已在相应的引出端上注明了相位，但有许多扬声器的引线上没注明相位，所以正确判断出扬声器的相位是很有用处的。判断扬声器引线相位的方法是：将万用表置于最低的直流电流挡，例如 50μA 或 100μA 挡，用左手持红、黑表笔分别跨接在扬声器的两引出端，用右手食指尖快速地弹一下纸盆，同时仔细观察指针的摆动方向。若指针向右摆动，说明红表笔所接的一端为正端，而黑表笔所接的一端则为负端；若指针向左摆，则红表笔所接的为负端，而黑表笔所接的为正端。在测试时应注意，弹纸盆时不要用力过猛，切勿使纸盆破裂或变形将扬声器损坏，而且千万不要弹音圈上面的防尘保护罩，以防使之凹陷影响美观。

（5）扬声器的选用

选配扬声器，要求其失真度小、频率特性好和灵敏度高。当扬声器损坏后，除简单故障可修复外，一般应进行更换，在选用和替换扬声器时，应注意下面几点：

① 新、旧扬声器的口径要相同。

② 新、旧扬声器的阻抗要相同。

③ 新、旧扬声器的额定功率要接近。

④ 新、旧扬声器的电性能指标要相近。

2. 耳机

耳机也是一种电声转换器件，它们的结构与电动式扬声器相似，也是由磁铁、音圈和振动膜片等组成，但耳机的音圈大多是固定的。耳机的外形及电路符号如图 1.16 所示。

图 1.16　耳机的外形
及电路符号

（1）耳机的主要技术参数

耳机的主要技术参数有频率响应、阻抗、灵敏度、谐波失真等。随着音响技术的不断发展，耳机的发展也十分迅速。现代音响设备如高级随身听、高音质立体声放音机等，都广泛采用了平膜动圈式耳机，其结构更类似于扬声器，且具有频率响应好、失真小等突出优点。平膜动圈式耳机多数为低阻抗型，如 $20\Omega\times2$ 和 $30\Omega\times2$ 等。

（2）耳机的检测

用万用表可方便地检测耳机的通断情况。对双声道耳机而言，其插头上有三个引出端，插头最后端为公共端，前端和中间端分别为左、右声道引出端。检测时，将万用表置 R×1 挡，将任一表笔接在耳机插头的公共端上，然后用另一表笔分别触碰耳机插头的另外两个引出端，相应的左或右声道的耳机应发出"喀喀"声，指针应偏转，指示值分别为 20Ω 或 30Ω 左右，而且左、右声道的耳机阻值应对称。如果在测量时耳机无声，万用表指针也不偏转，说明相应的耳机有引线断裂或内部焊点脱开的故障。若指针摆至零位附近，说明相应耳机内部引线或耳机插头处有短路的地方。若指针指示阻值正常，但发声很轻，一般是耳机振膜片与磁铁间的间隙不当造成的。

3. 压电陶瓷蜂鸣片

蜂鸣片通常是用锆钛酸铅或铌镁酸铅压电陶瓷材料制成。在陶瓷片的两面制备上银电极，经极化、老化后，用环氧树脂把它跟黄铜片（或不锈钢片）粘贴在一起成为发声元件。当沿极化方向的两面施加振荡电压时，交变的电信号使压电陶瓷带动金属片一起产生机械振动，并发出响亮的声音。

（1）压电陶瓷蜂鸣片的特点

压电陶瓷蜂鸣片的特点是体积小、重量轻、厚度薄、耗电省、可靠性高；声响可达 120dB，且造价低廉，因此它适用于在手机、电子手表、袖珍计算器、玩具、门铃等电子产品上作发声器。若配上各种传感元件和电子电路，还可做成水沸点报警、煤气检测报警等各种温度、湿度、嗅敏报警器。在工业自动控制设备或仪表中，还可作限位、定位、危险等发声装置。

压电陶瓷蜂鸣片的外形结构及电路符号如图 1.17 所示。

（2）压电陶瓷蜂鸣片的检测

将万用表拨至直流 2.5V 挡，将待测压电蜂鸣片平放于木制桌面上，带压电陶瓷片的一面朝上。然后将万用表的一只表笔与蜂鸣片的金属片相接触，用另一表笔在压电蜂鸣片的陶瓷片上轻轻碰触，可观察到万用表指针随表笔的触、离而摆动，摆动幅度越大，则说明压电陶瓷蜂鸣片的灵敏度越高；若万用表指针不动，则说明被测压电陶瓷蜂鸣片已损坏。

将一个多谐振荡器和压电陶瓷蜂鸣片做成一体化结构，外部采用塑料壳封装，就是一个压电陶瓷蜂鸣器。多谐振荡器一般是由集成电路构成，接通电源后，多谐振荡器起振，输出音频信号（一般为1.5～2.5kHz），经阻抗匹配器推动压电蜂鸣片发声。国产压电蜂鸣器的工作电压一般为直流3～15V，有正负极两个引出线。压电陶瓷蜂鸣器的组成方框图如图1.18所示。

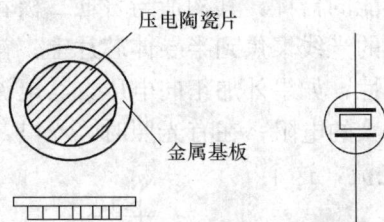

图1.17　压电陶瓷蜂鸣片的外形　　　　图1.18　压电陶瓷蜂鸣器组成方框图
　　　　　结构及电路符号

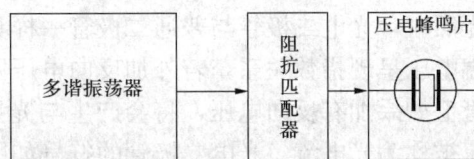

1.6.2　光电器件

常用的光电器件有光敏电阻器、光电二极管、光电三极管、发光二极管和光电耦合器等。

1. 光敏电阻器

光敏电阻器是应用半导体光电效应原理制成的一种器件。当半导体受光照时，产生大量的空穴和电子，空穴和电子在复合之前由一个电极到达另一个电极，从而使光电导体的电阻率发生变化。光敏电阻器在无光线照射时呈高阻态，当有光线照射时，其电阻迅速减小。现在广泛应用在楼房走廊内的声光两控节能灯，就使用了光敏电阻器。

光敏电阻的检测方法很简单，用指针式万用表检测光敏电阻的阻值，同时改变光敏电阻的受光情况，会看到万用表指针随光照度的变化而摆动，若摆动很小或基本不动，则可判定该光敏电阻器失效。

2. 发光二极管

发光二极管（LED）是一种将电能转化为光能的半导体器件，有发出可见光、不可见光、激光等类型。发光二极管与普通二极管一样具有单向导电性，但它的开启电压比普通二极管大，一般为1.7～2.4V。用不同半导体材料做成的发光二极管，可发出不同颜色的光，比如磷化镓LED发出绿色或黄色光，砷化镓LED发出红色光。发光二极管因其驱动电压低、功耗小、寿命长、可靠性高等优点广泛用于显示电路中。近年来，用高亮度发光二极管做成的节能灯泡，已经应用于汽车照明和家庭室内照明，有广泛的应用前景。发光二极管的符号如图1.19所示。

图 1.19 发光二极管的符号

发光二极管正负极的检测，可根据其管脚引线的长度来判断，管脚引线较长的一端为管子的正极，较短的一端为管子的负极；当然也可用万用表测量来进行判断，测量方法与普通二极管的测试方法相同，但因发光二极管的正向导通电压较高，不能用 R×1 挡测试，只能用万用表的 R×10k 挡，或是用数字式万用表进行测量。

3. 光电二极管

光电二极管又叫做光敏二极管，是将光能转换成电能的器件，其构造与普通二极管相似，不同点是在管壳上有个入射光窗口，可将接收到的光线聚焦到半导体芯片上。在无光照时，光电二极管与普通二极管一样具有单向导电性，如果外加正向电压，其电流与端电压呈现指数关系，若外加反向电压则会呈现出较大的电阻；在有光照时，光电二极管上如果加有反向电压，将会产生与光照成正比的电流，这个电流被称为光电流。光电二极管的符号如图 1.20 所示。

图 1.20 光电二极管的符号

光电二极管的检测，可用万用表的 R×1k 挡测量，光电二极管的正向电阻约 $10k\Omega$。无光照射时，反向电阻为∞，说明管子是好的；有光照射时，反向电阻随光的强度增加而减小，阻值可减小到几千欧或 $1k\Omega$ 以下，则管子是好的；若反向电阻为∞或 0，则管子是坏的。

4. 光敏三极管

光敏三极管是一种相当于在基极和集电极接入光电二极管的三极管。为了对光有良好的响应，其基区面积比发射区面积大得多，以扩大光照面积。光敏三极管的管脚有三个的也有两个的，在两个管脚的管子中，光窗口即为基极。其等效电路和符号如图 1.21 所示。

5. 光电耦合器

光电耦合器是把发光二极管和光敏三极管组装在一起而成的光—电转换器件，其主要原理是以光为媒介，实现了电—光—电的传递与转换。其等效电路和符号如图 1.22 所示。在光电隔离电路中，为了切断干扰的传输途径，电路的输入回路和输出回路必须各自独立，不能共地。由于光电耦合器是一种以光为媒体传送信号的器件，实现了输出

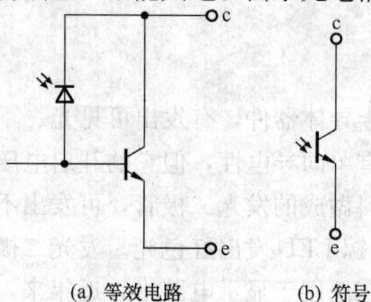

(a) 等效电路   (b) 符号

图 1.21 光敏三极管的等效电路及符号

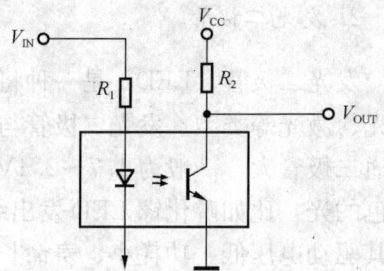

图 1.22 光电耦合器

端与输入端的电气绝缘（绝缘电阻大于 $10^{19}\,\Omega$），耐压在 $1\mathrm{kV}$ 以上；光电耦合器为单向传输，无内部反馈，抗干扰能力强，尤其是抗电磁干扰强，所以是一种广泛应用于微机检测和控制系统中光电隔离方面的新型器件。

1.7 开关、接插件和继电器的检测

开关、接插件和继电器都是通过一定的动作完成电气连接和断开的元件，一般串接在电路中，实现信号和电能的传输和控制，其质量和性能的好坏直接影响到电子系统和设备的工作可靠性。

1.7.1 开关器件

1. 开关器件的种类

开关按驱动方式的不同，可分为手动和自动两大类；按应用场合的不同，可分为电源开关、控制开关、转换开关和行程开关等；按机械动作的方式不同，可分为旋转式开关、按动式开关、拨动式开关等。

2. 开关器件的作用

开关器件的主要作用是接通、断开和转换电路。

3. 常用的开关器件

（1）机械开关

① 机械开关的主要参数。机械开关的主要参数包括：额定电压、额定电流、接触电阻等。额定电压是指在正常工作状态下开关两端能容许施加的最大电压。额定电流是指在正常工作状态下开关所容许通过的最大电流。接触电阻是指开关接通时两个触点导体间的电阻值，该阻值要求越小越好，一般的开关多在 $20\mathrm{m}\Omega$ 以下，某些开关及使用时间长的开关其导通电阻可达 $0.1\sim0.8\Omega$。

② 常见的机械开关及其检测：

拨动开关及其检测。拨动开关是一种水平滑动换位式开关，采用切入式咬合接触。拨动开关的检测方法：将万用表置于 $R\times1$ 挡，可测量各引脚之间的通断情况。将万用表拨至 $R\times10k$ 挡，测量各引脚与铁制外壳之间的漏电情况，其电阻值都应为无穷大。

直键开关及其检测。直键开关常在电子设备中用作波段开关、声道转换、响度控制和电源开关。直键开关的外壳为塑料结构，内部每组触点的接触方式为单刀双掷式，即每组开关有三个触点，中间为刀位，两头触点为掷位。直键开关又分为自复位式和自锁式两种。自复位式开关在工作时必须压下开关柄，当不压开关柄时，因开关上的弹簧作用而能自动复位。自锁式开关设置了一个锁簧，当开关压下后，开关柄被锁簧卡住实现了自锁。要想开关复位，必须再次压下开关柄。这种直键开关也有多只联动的形式。当按下其中一只开关时，其余的开关均复位。

直键开关的两排引脚是互相独立的，且对应排列，每三个引脚为一组。其检测方法与拨动开关一样，但需要进行分组检测。

（2）导电橡胶开关

导电橡胶是一种特殊的导电材料，主要用在电视机的遥控器和电子计算器中用作按键开关。每个按键就是一小块导电橡胶，再用绝缘性能好的橡胶把它们连成一片。导电橡胶的特点是各个方向的导电性能基本相同，所以用万用表 R×10 挡在导电橡胶的任意两点间测量时均应该呈现导通状态。如测得的阻值很大或为无穷大，则说明该导电橡胶已经失效。

（3）薄膜按键开关

① 薄膜按键开关的特性。薄膜按键开关又称薄膜开关、平面开关或轻触开关，它是近年来流行的一种集装饰与功能为一体的新型开关。与传统的机械开关相比，它具有结构简单、外形美观、密闭性好、性能稳定、寿命长等优点，被广泛使用于用单片机进行控制的电子设备中。薄膜开关分为软性薄膜开关和硬性薄膜开关两种类型。

② 薄膜按键开关的检测。薄膜按键开关采用 16 键标准键盘，为矩阵排列方式，有 8 根引出线，分成行线和列线。检测时，将万用表置于 R×10 挡，两支表笔分别接一个行线和一个列线，当用手指按下该行线和列线的交点键时，测得的电阻值应为零。当松开手指时，测得的电阻值应为无穷大。

再将万用表置于 R×10k 挡，不按薄膜开关上的任何键，保持全部按键均处于抬起状态。先把一支表笔接在任意一根线上，用另一支表笔依次去接触其他的线，循环检测，可测量各个引线之间的绝缘情况。在整个检测过程中，万用表的指针都应停在无穷大位置上不动。如果发现某对引出线之间的电阻不是无穷大，则说明该对引出线之间有漏电故障。

1.7.2　接插件

1. 接插件的种类

接插件又称连接器，按其工作的频率不同可分为低频接插件和高频接插件。低频接插件通常是指工作频率在 100MHz 以下的连接器，高频连接器是指工作频率在 100 MHz 以上的连接器。对高频连接器在结构上要考虑到高频电场的泄漏和反射等问题。高频接插件一般都采用同轴结构与同轴电缆相连接，所以也常称为同轴连接器。同轴连接器按其外形结构可分为圆形接插件、矩形接插件、印制板接插件、带状扁平排线接插件等。

2. 接插件的作用

接插件主要用于在电子设备的主机和各部件之间进行电气连接，或在大功率的分立元器件与印制电路板之间进行电气连接，这样便于整机的组装和维修。

3. 常用接插件

（1）圆形接插件

圆形接插件也称航空插头插座，它有一个标准的螺旋锁紧机构，接触点的数目从两个到上百个不等。其插拔力较大，连接方便，抗震性好，容易实现防水密封及电磁屏蔽等特殊要求。该元件适用于大电流连接，额定电流可以从 1A 到数百安，一般用于不需要经常插拔的电路板之间或整机设备之间实现电气连接。

（2）矩形接插件

矩形排列能充分利用空间，所以被广泛用于机内互连。当其带有外壳或锁紧装置时，也可用于机外电缆与面板之间的连接。

（3）印制板接插件

为了便于印制板电路的更换和维修，在几块印制电路板之间或在印制电路板与其他部件之间的互连经常采用此接插件，其结构形式有簧片式和针孔式。簧片式插座的基体用高强度酚醛塑料压制而成，孔内有弹性金属片，这种结构比较简单，使用方便。针孔式接插件可分为单排和双排两种，插座装焊在印制板上，引线数目可从两根到一百根不等，在小型仪器中常用于印制电路板的对外连接。

（4）带状扁平排线接插件

带状扁平排线接插件常用于低电压、小电流的场合，适用于微弱信号的连接，多用于计算机中实现主板与其他设备之间的连接。带状扁平排线接插件是由几十根以聚氯乙烯为绝缘层的导线并排粘合在一起的，它占用空间小，轻巧柔韧，布线方便，不易混淆。带状电缆的插头是电缆两端的连接器，它与电缆的连接是靠压力使连接端上的刀口刺破电缆的绝缘层实现电气连接，其工艺简单可靠。电缆的插座部分直接焊接在印制电路板上。

4. 接插件及开关的选用

选用接插件及开关最重要的问题是接触是否良好。接触不可靠影响电路的正常工作，会引起很多故障，合理选择和正确使用开关和接插件，将会大大降低电路的故障率。

选用接插件和开关时，除了应根据产品技术要求所规定的电气、机械、环境条件外，还要考虑元件动作的次数、镀层的磨损等因素。因此，选用接插件和开关时应注意以下几个方面的问题：

① 首先应根据使用条件和功能来选择合适类型的开关及接插件。

② 开关、接插件的额定电压、电流要留有一定的余量。为了接触可靠，开关的触点和接插件的线数要留有一定的余量，以便并联使用或备用。

③ 尽量选用带定位的接插件，以免因插错而造成故障。

④ 触点的接线和焊接可靠，为防止断线和短路，在焊接处应加上套管保护。

1.7.3 继电器

1. 普通电磁继电器

电磁继电器实质上是一种用小电流来控制大电流的自动开关，广泛使用在自动控制电路中。电磁继电器主要分为交流继电器和直流继电器两大类，根据接点的形式又可分为常开式、常闭式和转换式。

（1）普通电磁继电器的结构

电磁继电器是由铁芯、线圈、衔铁、触点以及底座等构成的。当线圈中通过电流时，线圈中间的铁芯被磁化而产生磁力，从而将衔铁吸下，衔铁通过杠杆的作用推动簧片动作，使触点闭合；当切断继电器线圈的电流时，铁芯失去磁力，衔铁在簧片的作用下恢复原位，触点断开。在电路中表示继电器时，要画出它的线圈与控制电路的有关触点。电磁继电器的常用符号如图 1.23 所示。

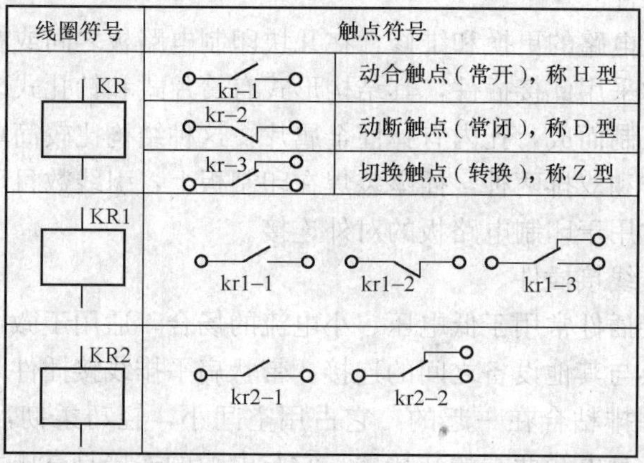

线圈符号	触点符号		
KR	○—kr-1—○	动合触点（常开），称 H 型	
	○—kr-2—○	动断触点（常闭），称 D 型	
	○—kr-3—○	切换触点（转换），称 Z 型	
KR1	kr1-1	kr1-2	kr1-3
KR2	kr2-1	kr2-2	

图 1.23　电磁继电器的常用符号

（2）普通电磁继电器的检测

① 判别交流或直流电磁继电器。在交流继电器的线圈上常标有"AC"字样，并且在其铁芯顶端，都嵌有一个铜制的短路环；在直流继电器上则标有"DC"字样，且在其铁芯顶端没有铜环。

② 判别触点的数量和类别。只要仔细观察一下继电器的触点结构，即可知道该继电器有几对触点。

③ 测量触点接触电阻。用万用表 R×1 挡，先测量一下常闭触点间的电阻，阻值应为零。然后测量一下常开触点之间的电阻，阻值应为无穷大。接着，按下衔铁，这时常开触点闭合而常闭触点打开，常闭触点之间的电阻变为无穷大而常开触点之间的电阻变为零。如果动静触点转换不正常，可轻轻拨动相应的簧片，使其充分闭合或打开。如果触点闭合后接触电阻极大，看上去触点已经熔化，那么被测继电器则不能再继续使用。若触点闭合后接触电阻时大时小不稳定，看上去触点完整无损，只是表面颜色发黑，这时，可用细砂纸轻擦触点表面，使其接触良好，然后在触点空载情况下给继电器线圈加上额定工作电压，使其吸合、释放几次，然后再测一下接触电阻是否恢复正常。

④ 测量线圈电阻。根据继电器标称的直流电阻值，将万用表置于适当的电阻挡，可直接测出继电器线圈的电阻值。例如，继电器标明 R＝1000Ω，则将万用表拨至 R×100 挡，然后将两表笔接到继电器线圈的两引脚，万用表指示应基本符合继电器标称的直流电阻值。如果线圈有开路现象，可查一下线圈的引出端，看看是否线头开焊。如果断头在线圈的内部或看上去线包已烧焦，那么只有更换一个相同的线圈或将继电器整个更换。

2. 固态继电器

（1）固态继电器的特性

固态继电器（SSR）是一种由集成电路和分立元件组合而成的一体化无触点电子开关器件，其功能与电磁继电器相似，但固体继电器是没有机械触点的开关，可以以很高的频率实现电路的通断，这是机械式开关所无法比拟的。固态继电器的种类很多，常用的有直流型固态继电器和交流型固态继电器两种。不论是直流型还是交流型 SSR，都采用光电耦合方式作为控制端与输出端之间的信号传输，既可以完成控制又实现了控制端与输出端的电气隔离。

（2）固态继电器的检测

输入、输出端引脚及好坏的判别。在交流固态继电器的输入端一般标有"＋"、"－"字样，而在输出端则不分正、负。在直流固态继电器的输入和输出端上均标有"＋"、"－"，并注有"DC 输入"、"DC 输出"的字样，以示区别。用万用表判别时，可使用 R×10k 挡，分别测量四个引脚间的正、反向电阻值。其中必能测出一对管脚间的电阻值符合正向导通、反向截止，据此便可判定这两个管脚为输入端。对于其他各管脚间的电阻值，则无论怎样测量均应为无穷大。对于直流固态继电器，找到其输入端后，一般与其横向两两相对的便是输出端的正极和负极。

另外，有些固态继电器的输出端带有保护二极管，如直流五端器件，测试时，可先找出输入端的两个引脚，然后采用测量其余三个引脚间正、反向电阻值的方法，将公共地、输出正端和输出负端加以区别。

3. 干簧管

干簧管的全称叫做干式舌簧开关管，是一种具有干式接点的密封式开关。干簧管具有结构简单、体积小、寿命长、防腐、防尘以及便于控制等优点，可广泛用于接近开关、防盗报警等控制电路中。

（1）干簧管的特性

干簧管把既导磁又导电的材料做成簧片平行地封入充有惰性气体（如氮气、氩气等）的玻璃管中组成开关元件。簧片的端部重叠并留有一定间隙以构成接点。当外加的永久磁铁靠近干簧管使簧片磁化时，簧片的接点部分就感应出极性相反的磁极，当磁极之间的吸引力超过簧片的弹力时，接点就会吸合；当磁极之间的磁力减小到一定值时，接点又会被簧片的弹力所打开。

干簧管按接点形式可分为常开接点（H 型）与转换接点（Z 型）两种。常开式干簧管的接点一般有两个，当簧片被磁化时，接点就闭合；转换式干簧管的接点一般有三个，一个簧片用导电但不导磁的材料做成，另外两个簧片用既导电又导磁的材料制成。平时，依靠弹性使簧片之间一对闭合而另一对断开。当永久磁铁靠近干簧管时，簧片之间的闭合与断开便相互转换，这样就构成了一个转换开关。干簧管的簧片接点间隙一般约 1~2mm，两簧片的吸合时间非常短，通常小于 0.15ms。

（2）干簧管的检测

常开式干簧管的检测。先将万用表置 R×1 挡，两表笔分别任意接干簧管的两个引脚，阻值应为无穷大。再用一块小磁铁靠近干簧管，此时万用表指针应向右摆至零，说明两簧片已接通，然后将小磁铁移开干簧管，万用表指针向左回摆至无穷大。测试时，若磁铁靠近干簧管时，万用表指针不动或摆不到零位，说明其内部簧片不能很好吸合，说明簧片间隙过大或已发生位移；若移开磁铁后，簧片不能断开，说明簧片弹性已经减弱，这样的干簧管就不能使用。

三端转换式干簧管的检测方法与常开式相同，但应注意三个接点之间的关系，以便在测量时得出正确的结论。

1.8　半导体传感器

半导体传感器是一种新型半导体器件，它能够实现电、光、温度、声、位移、压力等物理量之间的相互转换，并且易于实现集成化、多功能化，更适合于计算机的要求，所以被广泛应用于自动化检测系统中。由于实际的被测量大多数是非电量，因而传感器的主要工作就是将非电信号转换成电信号。

半导体传感器的种类很多，常用的有光敏传感器、声敏传感器、热敏传感器、磁敏传感器、力敏传感器、气敏传感器等。

1.8.1　热敏传感器

热敏传感器是将温度信号转换成电量信号的一种器件。热敏器件广泛用于卫星、气象、深海探测、医疗卫生、节能和能源开发、工业自动控制等方面，实现测温和控温。在电子电路中常用作自动增益控制、过热和过载保护等。常用的热敏器件有：铂测温电阻、热电偶和热敏电阻等。

（1）铂测温电阻

由于铂材料的物理化学性能极为稳定，耐氧化能力强，并且具有良好的工艺性。所以常把 ø0.05mm 左右的高纯度铂丝缠在绕线管或云母框架上，作为在 $-200 \sim +500$℃ 范围的温度测量器，即铂测温电阻。通常将该电阻组成电桥形式作为测量电路，铂测温电阻的缺点是价格较贵。

（2）热电偶

热电偶是一种能将温度转换成电动势的传感器，它的工作原理是利用物体的热电效应。实验发现，不同的材料对电子的束缚能力不同，而且还受温度的影响，所以在材料里实际导电的电荷的浓度差别较大。由两种不同材料的导体组成一个闭合回路，于是得到了两个结合面，称为两个结点。当两个结点的温度不同时，回路中将产生电动势，这种现象称为热电效应。组成热电偶的导体称为热电极，热电偶所产生的电动势称为热电动势。在热电偶的两个结点中，置于温度为 T 的被测对象中的结点称为测量端，又称工作端或热端，而另一结点称为参考端，又称自由端或冷端。

热电偶是一种特殊的传感器，它工作时相当于一个电源，并且具有一定的带负载能力。当热电偶的两个结点有足够大的温差时，它甚至能驱动某些制造精密的电动部件。例如：在燃气热水器中，用常明火种一直加热热电偶，由它驱动一个电磁阀门，使其处于吸合状态，保持进气阀门开启，如果火种熄灭，则电磁阀门断开，使进气阀门关闭，从而完成了熄火保护功能。

(3) 热敏电阻

热敏电阻是一种半导体测温元件。它是利用测温元件的电阻值随温度变化而变化的特性来测量温度。热敏电阻按温度系数可分为负温度系数热敏电阻（NTC）、正温度系数热敏电阻（PTC）和临界温度系数热敏电阻（CTR）。热敏电阻的外形有片状、杆状、垫圈状和管状等，如图 1.24 所示。

NTC 热敏电阻主要由 Mn、Co、Hi、Fe 等金属的氧化物烧结而成。通过不同的材质组合，能得到不同的电阻值及不同的温度特性；PTC 热敏电阻是在以 $BaTiO_3$ 和 $SrTiO_3$ 为主的成分中加入少量的 Mn_2O_3 构成的烧结体；CTR 热敏电阻是用 V、Ge、W、P 等金属的氧化物在弱还原环境中形成烧结体。在家用电器中，应用最广泛的是 PTC 器件，用它作为温控元件或电热元件。

PTC 是一种正温度系数的热敏电阻，外形有方的和圆的多种，其尺寸也有多种，通常是在面积较大的两个相对的表面上镀有银层，作为供电的电极。PTC 有着十分特殊的电阻温度特性：当温度低于居里点时，PTC 近似为一个阻值较小的电阻，可以小到十几欧姆，但当温度高于居里点时，PTC 的阻值随温度升高而急剧增大，增加量可达 $10^3 \sim 10^5$ 倍，这时可以认为 PTC 已处于开路状态，如图 1.25 所示。居里点是一个特殊的温度值，由材料的配合比例与生产工艺决定。常见 PTC 产品的居里点从几十度到几百度都有，可以按照实际需要选用。

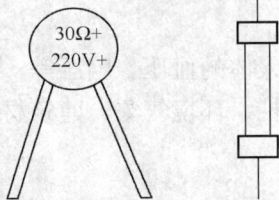

图 1.24　部分热敏电阻的外形

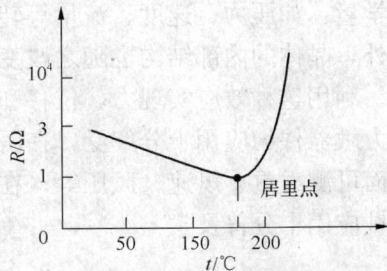

图 1.25　PTC 的温度特性

用 PTC 做成的器件在通电之后会发热，在经过一段时间后温度上升到居里点以上时，流过 PTC 的电流就几乎减小到零，这一现象获得了延时断电的实际效果，它的电路功能相当于延时断开的开关。

利用 PTC 这种电阻值的突变特性可以把 PTC 器件作为特殊的开关使用，例如将 PTC 器件用在电冰箱的压缩机中作为启动器，在彩色电视机中用作消磁线圈的自动开关。

PTC 器件还具有温度自动调节功能。在 PTC 两端施加电压，则经过 PTC 的电流会使 PTC 发热，当温度上升到居里点时，电流达到最大值。当温度高于居里点，PTC 的电阻值会急剧增大，使发热功率减小。当温度降低到居里点以下时，PTC 的电阻值减小，使发热功率又增大，从而使 PTC 恒温于稍高于居里点的温度上，不受外界条件的影响。利用 PTC 器件的温度自动控制功能，可制造各种恒温器、限流保护元件和温控开关等。由 PTC 组成发热元件，单片功率一般为几瓦至数百瓦，可以用于保温杯中的发热体，还可以将 PTC 组合使用以获得更大的发热功率，例如用于暖风机中的发热体。在这些应用中，可以不必另外使用温度控制电路，发热元件自身就能将温度稳定在居里点附近。

（4）热敏三极管

热敏三极管也叫热敏晶体管，是一种新型的半导体热敏器件，是利用基极与发射极之间的电压来检测温度，可用于电冰箱、空调器、电饭锅、洗碗机等家用电器中。在摩托罗拉公司生产的 MTS 系列中有 MTS102、MTS103、MTS105 三种型号，都是典型的热敏三极管产品。它们在电路中工作时，集电极电流一般稳定在 0.1mA，对温度检测后的输出值是以热敏三极管的基极与发射极之间电压的变化量来反映的。

1.8.2　磁敏传感器

将磁场加在半导体固体器件上，就会产生磁电效应，它包括霍尔效应和磁阻效应。现在利用这些效应制成的固体霍尔元件和磁阻元件已经作为磁敏传感器使用。利用霍尔元件可进行磁场测量、大电流测量，还可制成无触点开关和位移、转速、位置、速度等传感器，在汽车中用它来测量发动机的转速，可实现无接触测量。

1.8.3　力敏传感器

力敏器件是利用半导体材料的压阻效应而制成的一种半导体器件，它能将被测的各种力学量，如压力、速度、流量等转换成电量。当半导体材料受到外力作用时，除产生形变外，晶体的内部结构也随之改变，使材料的电阻率发生变化，这就是半导体的压阻效应。利用这种效应实现力、位移和扭矩等量的电转换。

力敏器件的应用十分广泛，在医学方面，用于测量人体的血压、脑压等；在交通运输方面可测载重、风速、风压等；在科学研究、工业自控、环境气象、建筑材料及工程等领域应用十分普及。

1.8.4　气敏传感器

半导体气敏元件是由非化学配比的金属氧化物半导体材料烧结而成的，遇到还原性气体或氧化性气体时，其阻值会发生变化，从而把气体信号（浓度或成分）转变为电信号，实现对可燃和有害气体的检测和报警。

半导体气敏元件可以根据材料的不同，制成对某种气体有一定选择性的专用传感器，如 MQ31 型对一氧化碳气体有很高的灵敏度，Pb-MOS 则对氢气特别敏感。

为了使感应体的固相与被测气体的气相相互作用高度活性化，以提高响应速度和增大灵敏度，气敏传感器的感应体需要加热到 300℃以上的高温使用。

气敏传感器主要用于煤气、液化气、煤矿瓦斯气体的泄漏以及火灾的报警，对环境大气的监测，在石化、轻工、电子、电力、冶金等部门对可燃气体的检测、检漏报警。被检测的煤气等气体常常比空气轻，所以气敏传感器应安装在位置比较高的地方。

1.8.5　湿敏传感器

湿敏传感器是能将湿度信号转换成电信号的一种新型器件。在家电产品中，常使用湿敏器件进行湿度检测。湿敏器件主要由金属氧化物半导体制成，它有半导体陶瓷湿敏电阻、高分子薄膜式湿敏电容和聚合物磺酸锂离子交换型湿敏元件等几种。湿敏传感器的主要特点是响应速度快，当相对湿度变化 10％RH 时，在几秒钟内湿敏传感器就可以反映出来。

典型的湿敏传感器是多孔陶瓷湿敏器件，它具有测量湿度范围大、响应迅速、工作稳定的特点。它的另一个优点是电阻率能在很大范围内随湿度的变化而变化，是目前应用比较广泛的一种湿度传感器。

1.9　压电元件和霍尔元件的检测

1.9.1　压电元件

压电元件是指利用"压电"效应制成的一系列器件。目前应用比较广泛的压电器件有石英晶体、声表面波滤波器、陶瓷谐振元件等，这些元件的运用使电子产品的整体性能得到大幅度的提高。

1. 石英晶体

石英晶体又称为石英谐振器，它是利用石英的压电特性而按特殊切割方式制成的一种电谐振元件。石英晶体元件具有性能稳定、品质因数高、体积小等优点。其电路符号及外形如图 1.26 所示。

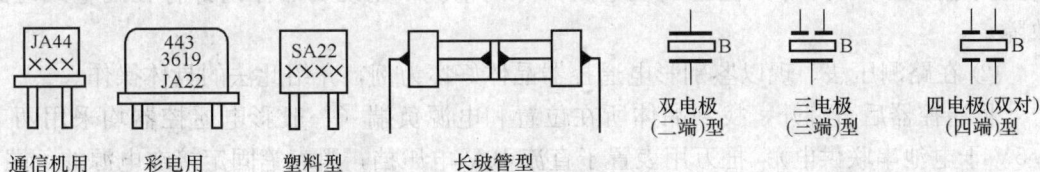

图 1.26　石英晶体的电路符号及外形

（1）石英晶体元件的结构及性能

石英晶体元件由石英晶片、晶片支架和外壳等构成。石英晶体元件在电路中的作用相当于一个高 Q 值的 LC 谐振元件。因切割石英晶体时的方位不同，切割出来的石英晶片形状也不相同，常见的切型有 AT、BT、DT、X、Y 等数种。不同切型的石英晶片其性能不同，特别是对频率的温度特性差别较大。晶片支架用于固定晶片及引出电极，晶片支架有焊线式和夹紧式两种。石英晶体元件的封装外壳有玻璃真空密封型、金属壳封装型、陶瓷外壳封装型及塑料外壳封装型等。石英晶体元件一般有两个电极，但也有多电极式的封装。

（2）石英晶体元件的种类

石英晶体元件按封装外形有金属壳、玻壳、胶木壳和塑封等几种，按石英晶体元件的频率稳定度分，有普通型和高精度型，被广泛应用于彩电、手机、手表、电台、DVD 机等。尽管石英晶体元件的分类形式较多，但彼此间的性能差别不大，只要体积及性能参数基本一致，许多石英晶体元件都可以互换使用。

（3）石英晶体元件的主要参数

石英晶体元件的主要参数有：标称频率、工作温度、频率偏移、温度系数、负载电容、激励电平等。

① 标称频率。在石英晶体上标有一个标称频率，当电路工作在这个标称频率时，其频率稳定度最高。这个标称频率通常是在成品出厂前，在石英晶体上并接一定的负载电容条件下测定的。

② 负载电容。所谓石英晶体的负载电容，是指从晶振的插脚两端向振荡电路的方向看进去的等效电容，即指与晶振插脚两端相关联的集成电路内部及外围的全部有效电容之和。

（4）石英晶体元件的命名

国产石英晶体元件的型号由三部分组成。第一部分用字母表示外壳材料及形状，如用 J 表示金属外壳，S 表示塑料外壳，B 表示玻璃外壳等。第二部分用字母表示晶体片的切割方式，如 A 表示晶体切型为 AT 型，B 表示晶体切型为 BT 型等。第三部分用数字表示石英晶体元件的主要参数性能及外形尺寸，如用 4.433 618 75 表示石英晶体元件的标称工作频率。

（5）石英晶体元件的检测

检测石英晶体通常采用以下几种方法，但在实际维修中更为常用的是用代换法来判断石英晶体的好坏。

① 电阻法。用万用表 R×10k 挡测量石英晶体两引脚之间的电阻值，应为无穷大。若实测电阻值不为无穷大甚至出现电阻为零的情况，则说明晶体内部存在漏电或短路故障。

② 在路测压法。现以鉴别彩电遥控器晶体好坏为例，介绍此法的具体操作。

将遥控器后盖打开，找到晶体所在位置和电源负端（一般彩电遥控器均采用两节 1.5V 干电池串联供电）；把万用表置于直流 10V 电压挡，黑表笔固定接在电源的负端。

先在不按遥控键的状态下，用红表笔分别测出晶体两引脚的电压值，正常情况下，一只脚为 0V，一只脚为 3V（供电电压）左右；然后按下遥控器上的任一功能键，再用红表笔分别测出晶体两引脚的电压值，正常情况下，两脚电压均为 1.5V（供电电压的一半）左右。若所得数值与正常值差异较大，则说明晶体工作不正常。

③ 电笔测试法。用一只试电笔，将其刀头插入交流市电的火线孔内，用手捏住晶体的任一只引脚，将另一只引脚触碰试电笔顶端的金属部分，若试电笔氖管发光，说明晶体是好的，否则，说明晶体已损坏。

2. 陶瓷元件

陶瓷元件与石英晶体元件一样，也是利用压电效应制成的一种元件，在无线电接收设备中运用非常广泛，如在彩色电视机的中频放大电路中都采用了不同类型的陶瓷元件。

（1）陶瓷元件的结构及特点

陶瓷元件是在由锆钛酸铝陶瓷材料制成的薄片两边镀上金属银层，然后在银层上做出电极引线，最后用塑料等材料封装而成。陶瓷元件的基本结构、工作原理、特性、等效电路等与石英晶体元件相似，但其频率精度、频率稳定性等指标比石英晶体元件要差一些。

（2）陶瓷元件的分类及命名方式

陶瓷元件按用途和功能，可分为陶瓷陷波器、陶瓷滤波器、陶瓷鉴频器和陶瓷谐振器等；按其引出的电极数目分为两电极陶瓷元件、三电极陶瓷元件和四电极以上的多电极陶瓷元件。陶瓷元件一般采用塑料壳封装或复合材料封装形式，也有的采用金属壳封装形式。国产陶瓷元件的型号命名由五部分组成，其各部分符号及意义见表1.13。

表1.13　国产陶瓷元件的型号命名表

第一部分元件功能		第二部分材料性质		第三部分		第四部分		第五部分	
字母	意义	字母	意义	字母	意义	字母	意义	字母	意义
L	滤波器	T	压电陶瓷	W 或 B	形状	数字和 k	频率和单位（kHz）	字母	产品系列
X	陷波器								
J	鉴频器					数字和 M	频率和单位（MHz）		
Z	谐振器								

（3）陶瓷元件的主要参数及更换

陶瓷元件的主要参数有：标称频率、插入损耗、陷波深度、失真度、鉴频输出电压、通频带宽度、谐振阻抗等。选用和更换陶瓷元件时只要其型号和标称频率一致即可。

3. 声表面波滤波器（SAWF）

声表面波滤波器（SAWF）是一种集成滤波器，它利用"压电"和"反压电"的原理进行信号的传播。不同频率的信号，在 SAWF 中换能的能力不同，从而形成了对不同频率信号的滤波作用。

（1）声表面波滤波器（SAWF）结构

声表面波滤波器由压电晶体基片及输入换能器、输出换能器组成。压电晶体通常由铌酸锂材料制成，换能器呈叉指形，它将电压信号转换成机械波，再将机械波转换成电压信号。叉指形换能器的几何尺寸和形状，决定了滤波器的通频带特性。

声表面波滤波器（SAWF）的特点为，选择性好，吸收深度可达 $-35 \sim -40\text{dB}$；幅频特性及相频特性好，且无需调整；温度稳定性好，不易老化；过载能力强，不会因为输入信号的大小而引起频率特性的变化。但它也存在插入损耗大、传输效率低和有三次反射等缺点。

（2）声表面波滤波器（SAWF）的主要参数

声表面波滤波器（SAWF）的主要参数有：中心频率、带宽、矩形系数、插入损耗、最大带外抑制、幅度波动、线性相位偏移等。

1.9.2　霍尔元件

1. 霍尔元件的特性

利用霍尔效应制成的半导体元件叫霍尔元件。所谓霍尔效应是指当半导体上通过电流且电流的方向与外界磁场方向相垂直时，在垂直于电流和磁场的方向上产生霍尔电动势的现象。

2. 霍尔元件的种类

霍尔器件所用的材料有锗、硅、锑化铟、砷化铟、砷化镓等。霍尔器件按制作工艺可分为两大类：一类是用半导体单晶加工而成，称为体型霍尔器件；另一类是利用真空蒸发或外延、扩散等工艺在适当的衬底上制成半导体单晶或多晶薄膜，称为薄膜型霍尔器件。薄膜型霍尔器件可制作在集成电路中。

霍尔元件的工作原理和外形如图 1.27 所示。

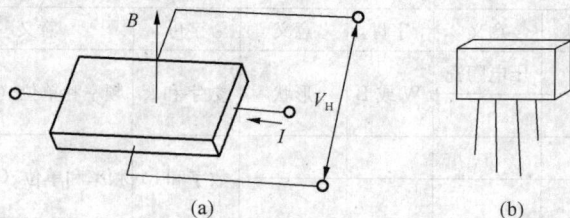

图 1.27　霍尔元件的工作原理和外形

由原理图可见，在半导体的薄片两端通以控制电流，在薄片的垂直方向施加感应强度为 B 的磁场，则在垂直于电流和磁场的方向上产生霍尔电势 V_H，它们之间的关系为

$$V_H = K_H IB$$

式中，K_H 为霍尔灵敏度，它是一个与材料和几何尺寸有关的系数。

霍尔元件通常有四个引脚，即两个电源端和两个输出端。它的电路符号和典型应用电路如图 1.28 所示。E 为直流供电电源，RP 为控制电流 I 大小的电位器。I 通常为几十至几百毫安；R_L 是 V_H 的负载。霍尔元件具有结构简单、频率特性优良（从直流到微波）、灵敏度高、体积小、寿命长等突出特点，因此被广泛用于位移量测量、磁场测量、接近开关以及限位开关电路中。

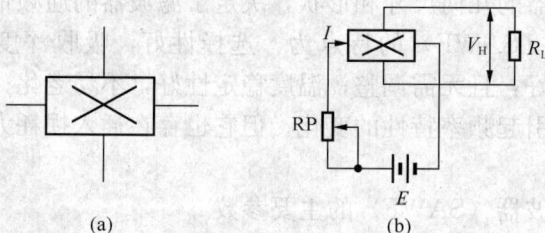

图 1.28　霍尔元件电路符号和典型应用电路

3. 霍尔元件的检测

（1）测量输入电阻和输出电阻

测量时要注意正确选择万用表的电阻挡量程，以保证测量的准确度。对于 HZ 系列

产品应选择万用表 R×10 挡测量；对于 HT 与 HS 系列产品应采用万用表的 R×1 挡测量，测量结果应与手册的参数值相符。如果测出的阻值为无穷大或为零，说明被测霍尔元件已经损坏。

（2）检测灵敏度（K_H）

一般采用双表法，将一只表置于 R×1 或 R×10 挡（根据控制电流 I 大小而定），为霍尔元件提供控制电流，将另一只万用表置于直流 2.5V 挡，用来测量霍尔元件输出的电动势 V_H。用一块条形磁铁垂直靠近霍尔元件表面，此时，电压表的指针应明显向右偏转。在测试条件相同的情况下，电压表的指针向右偏转的角度越大，表明被测霍尔元件的灵敏度（K_H）越高。测试时要注意不要将霍尔元件的输入、输出端引线接反，否则，将测不出正确结果。

【技能与技巧】用目测法判别发光二极管的引脚极性

发光二极管的管壳一般都是用透明塑料制成的，所以可以用眼睛观察来区分发光二极管的正、负电极：将管子拿起置于光线较明亮处，从侧面仔细观察两条引出线在管体内所焊接的电极的形状，电极较小的引线就是发光二极管的正极，电极较大的一端是发光二极管的负极。

自　测　题

1. 电阻器有何作用？如何分类？其型号是如何命名的？有哪些性能参数？
2. 电位器有何作用？有哪些类型？如何用万用表测量电位器的性能？
3. 电容器有何作用？有哪些类别？如何命名？标识方法有哪些？如何用万用表测量电容器的好坏？
4. 电感器有何作用？有何种类？如何用万用表测量电感器的好坏？
5. 变压器有何作用？有何种类？如何用万用表测量变压器的好坏？
6. 二极管有何特点？有何种类？如何命名？
7. 如何用万用表测量二极管的好坏和电极？
8. 三极管有何作用和种类？如何用万用表测量三极管的电极、类型、放大能力和好坏？
9. 模拟集成电路的种类有哪些？如何命名？

实训 1　电子元器件的识别与检测

一、实训目的

（1）熟悉常用电子元器件的形状规格。
（2）掌握常用电子元器件的基本检测方法。
（3）学习半导体器件手册的查阅。

二、实训器材

（1）不同类型、规格的电子元器件若干。

（2）半导体和集成电路器件手册。

（3）模拟万用表和数字万用表各一只。

三、实训步骤

（1）观看样品，熟悉各种电子元器件的外形、结构和标识。

（2）练习用万用表对各种电子元器件进行识别与检测，重点对三极管进行检测，会判断各个电极和管型。

（3）查阅半导体器件手册，找出三种常用半导体二极管和三极管的型号及主要参数。

（4）查阅数字集成电路和模拟集成电路手册，找出四种常用集成电路器件的型号及主要参数。

四、实训报告

实训报告内容应包括实训目的、实训器材、实训步骤和测量数据，总结查阅半导体手册和集成电路手册的体会。

第 2 章

电子材料的选择与使用工艺

几乎所有的电子产品都离不开电子材料。根据产品的要求，正确选取电子材料的品种规格，是保证产品质量和性能的重要环节。

2.1　一般安装导线的选择与使用

导线除裸线以外，主要由导体和绝缘体两部分构成。

电子产品所用导线的导体基本上是铜线。纯铜的表面容易氧化，所以有的导线在铜线表面电镀一层抗氧化金属，如镀锌、镀锡、镀银等。

绝缘体除了具有电绝缘功能外，还有保护导线不受外界环境腐蚀和增强导线机械强度的作用。

绝缘材料有塑料类（聚氯乙烯、聚四氯乙烯等）、橡胶类、纤维（棉、化纤等）和涂料类（聚酯、聚乙烯漆等），它们可以单独使用，也可组合使用。常见的电线如塑料导线、橡皮导线、纱包线、漆包线等就是以外皮的绝缘材料来命名的。

在电子产品中常用的线材有各种安装导线，如图 2.1 所示。还有屏蔽线、同轴电缆、扁平电缆等。选用导线时要考虑的因素如下。

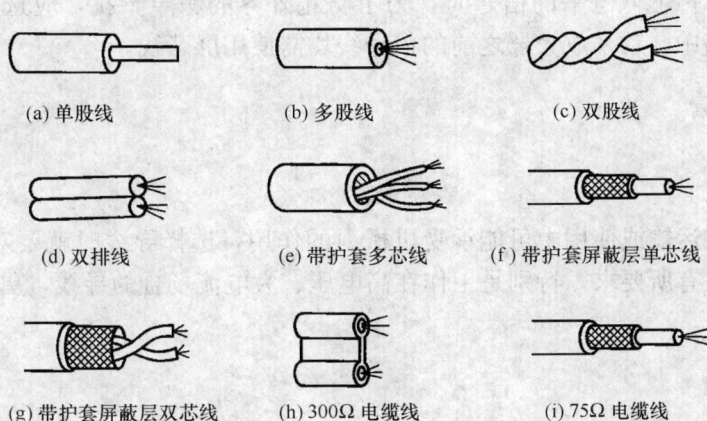

(a) 单股线　　(b) 多股线　　(c) 双股线

(d) 双排线　　(e) 带护套多芯线　　(f) 带护套屏蔽层单芯线

(g) 带护套屏蔽层双芯线　　(h) 300Ω 电缆线　　(i) 75Ω 电缆线

图 2.1　常用的安装导线

2.1.1　电气因素

1. 允许电流与安全电流

导线通过电流时会产生温升，在一定温度限制下的电流值称为允许电流。对于不同的绝缘材料、不同导线截面的电线，其允许电流也不同。实际选择导线时要使导线中的最大电流小于允许电流并取适当的安全系数。根据产品的级别和使用要求，安全系数可取 0.5～0.8（安全系数＝工作电流/允许电流）。

安装导线常用的电源线，因其使用条件复杂，经常被人体触及，一般要求安全系数更大一些，通常规定截面不得小于 $0.4mm^2$，而且安全系数不得超过 0.5。作为粗略的估算，可按 $3A/mm^2$ 的截流量选取导线截面，在通常条件下是安全的。

2. 导线的电压降

当导线较短时，可以忽略导线上的电压降，但当导线较长时就必须考虑这个问题。为了减小导线上的压降，常选取较大截面积的电线。

3. 导线的额定电压

导线绝缘层的绝缘电阻是随电压的升高而下降的，如果超过一定的电压值，则会发生导线间击穿放电现象。

4. 频率及阻抗特性

如果通过电线的信号频率较高，则必须考虑电线的阻抗、介质损耗和集肤效应等因素。射频电缆的阻抗必须与电路的阻抗特性相匹配，否则电路就不能正常工作。

5. 信号线的屏蔽

当导线用于传输低电平的信号时，为了防止外界的噪声干扰，应选用屏蔽线。例如，在音响电路中，功率放大器之前的信号线均需使用屏蔽线。

2.1.2　环境因素

1. 机械强度

如果导线在运输或使用中可能承受机械力的作用，选择导线时就要对导线的强度、耐磨性、柔软性有所要求，特别是工作在高电压、大电流场合的导线，更需要注意这个问题。

2. 环境温度

环境温度对导线的影响很大，高温会使导线变软，低温会使导线变硬甚至变形开裂，造成事故。选择导线要能适应产品的工作温度。

3. 耐老化腐蚀性

各种绝缘材料都会老化腐蚀。例如，在长期日光照射下，橡胶绝缘层的老化会加速，接触化学溶剂可能会腐蚀导线的绝缘外皮。要根据产品工作的环境选择相应的导线。

2.1.3 装配工艺因素

选择导线时要尽可能考虑装配工艺的优化。例如，同一组导线应选择相同芯线数的电缆而避免用单根线组合，既省事又增加导线的可靠性；再如带织物层的导线用普通的剥线方法很难剥除端头，如果不考虑强度的需要，则不宜选用这种导线当普通连接导线。

2.2 绝缘材料的选择与使用

在电工器材中使带电体与其他部分实现电隔离的材料，称为绝缘材料。绝缘材料除隔离带电体的作用外，往往还起到机械支承、保护导体及防止电晕和灭弧等作用。

2.2.1 绝缘材料的分类

绝缘材料的品种很多，按其形态可分为气体、液体和固体；按其化学性质可分为无机、有机和混合绝缘材料。

气体绝缘材料：常用的有空气、氮、氢、二氧化碳等。

液体绝缘材料：常用的有变压器油、开关油等。

固体绝缘材料：常用的有云母、玻璃、瓷漆、胶、塑料、橡胶等。

2.2.2 绝缘材料的性能指标

为了防止绝缘性能损坏造成事故，绝缘材料应符合规定的性能指标。绝缘性能主要表现在电阻率、击穿强度和耐热性能等方面。

1. 电阻率

电阻率是最基本的绝缘性能指标。足够的绝缘电阻能把电气设备的泄露电压限制在很小的范围以内，电工绝缘材料的电阻率一般在 $10^9 \Omega/cm$ 以上。

2. 电击穿强度、击穿电压

这个指标描述了绝缘材料抵抗电击穿的能力。当外施电压增高到某一极限值时，材料会丧失绝缘特性而被击穿。通常以 1mm 厚的绝缘材料所能承受的 kV 电压值表示。一般的电工工具，例如，一般电工钳的绝缘柄可耐压 500V，使用时必须注意不要在超过此电压的场合使用。

3. 机械强度

凡是绝缘零件或绝缘结构，都要承受拉伸、重压、扭曲、振动等机械负荷，因此，要求绝缘材料本身具有一定的机械强度。

4. 耐热性能

这个指标描述了当温度升高时，材料的绝缘性能仍旧保持可靠。绝缘材料有 Y、A、E、B、F、H、C 七个耐热等级，它们的最高允许工作温度分别为 80℃、105℃、120℃、130℃、155℃、180℃ 和 180℃以上。

绝缘材料除了以上的性能指标外，还有吸湿性能、理化性能等。

绝缘材料在使用过程中，受各种因素的长期作用，会由于电击穿、腐蚀、自然老化、机械损坏等原因，使绝缘性能下降甚至失去绝缘性能。

2.2.3　常用电工绝缘材料的选择

常用电工绝缘材料的性能、用途及选择如表 2.1 所示。

表 2.1　常用绝缘材料性能和用途一览表

名称	颜色	厚度/mm	击穿电压/V	极限工作温度/℃	特点	用途	备注
电话纸	白色	0.04 0.05	400	90	坚实，不易破裂	∅<0.4mm 的漆包线的层间绝缘	类似品：相同厚度的打字纸/描图纸或胶版纸
电缆纸	土黄色	0.08 0.12	400 800	90	柔顺，耐拉力强	∅>0.4mm 漆包线的层间绝缘，低压绕组间的绝缘	类似品：牛皮纸
青壳纸	青褐色	0.25	1500	90	坚实，耐磨	纸包外层绝缘，简易骨架	
电容器纸	白/黄色	0.03	500	90	薄，耐压较高	∅<0.3mm 漆包线的层间绝缘	
聚酯薄膜	透明	0.04 0.05 0.10	3000 4000 9000	120～140	耐热，耐高压	高压绕组层、组间等的绝缘	
聚酯薄膜粘带	透明	0.055～0.17	5000～17000	120	耐热，耐高压，强度高	同上。便于低压绝缘密封	
聚氯乙烯薄膜粘带	透明略黄	0.14～0.19	1000～1700	60～80	柔软，黏性强，耐热差	低压和高压线头包扎(低温场合)	
油性玻璃漆布	黄色	0.15 0.17	2000～3000	120	耐热，耐压较高	线圈、电器绝缘衬垫等	
沥青醇酸玻璃漆布	黑色	0.15 0.17	2000 3000	130	耐热，耐潮，耐压较高，耐油差	同上。但不太适用于在油中工作的线圈及电器等	
油性漆布(黄蜡布)	黄色	0.14 0.17	2000～3000	90	耐高压，但耐热性较差	高压线圈层/组间绝缘	
油性漆绸(黄蜡绸)	黄色	0.08	4000	90	耐压高，较薄，耐油较好	高压线圈层/组间绝缘	一般适用于需减小绝缘物体积的场合

续表

名称	颜色	厚度/mm	击穿电压/V	极限工作温度/℃	特点	用途	备注
聚四氟乙烯薄膜	透明	0.03	6000	280	耐压及耐温性能极好	高压、高温或有酸碱性的场合	价格昂贵
压制板	土黄色	1.0 1.5		90(坚实,易弯折)	线包骨架		
高频漆	黄色			90(干涸后)	粘剂	粘合绝缘纸、压制板、黄蜡布等,浸渍	代品:洋干漆
清喷漆	透明略黄				粘剂	粘合绝缘纸、压制版、黄蜡布等,线圈浸渍	又名:蜡壳
云母纸	透明	0.10 0.13 0.16	1600	130以上	耐热,耐压较高,但较易碎,不耐潮	各类绝缘衬垫等	
环氧树脂灌封剂	白色				常用配方:6101环氧树脂70%,乙二胺9%,磷苯二甲酸二丁酯21%	电视高压包等高压线圈的灌封、粘合等	宜慢慢灌入(或滴入)高压包骨架内,以防空气进入
硅橡胶灌封剂	白色					电视高压包等高压线圈的灌封、粘合等	同上。生产厂:南京大学化工厂
地蜡	糖浆色					用于各类变压器浸渍处理	石蜡70%,松香30%

2.3　印制电路板的使用

在覆铜板上,按照预定的设计制成导电线路,元件可直接焊在板上,称为印制电路。完成印制电路或印制线路工艺加工的成品板,称为印制电路板(Printed Circuit Board)或印制线路板,通常简称印制板或 PCB,如图 2.2 所示。人们熟知的计算机主机板、显卡等,它们最重要的部分就是印制电路板。

用于各类电子设备和系统中的电子器材以印制电路板为主要装配方式,它是电子产品中电路元件和器件的支撑件,提供了电路元件和器件之间的电气连接;为自动锡焊提供阻焊图形,为元器件插装、检查、维修提供识别字符和图形;可以从板上测得各项实际的规格以及测试数据。所以 PCB 是电子工业重要的电子部件之一。

随着电子技术的飞速发展,印制板从单面板发展到双面板、多层板、挠性板;印制板技术也由手工设计和传统制作工艺发展到计算机辅助设计与制作。现在 PCB 的布线密度、精度和可靠性越来越高,并相应缩小体积,减轻重量,从而保证了未来电子设备向大规模集成化和微型化的发展。目前,应用最广的是单面板与双面板。

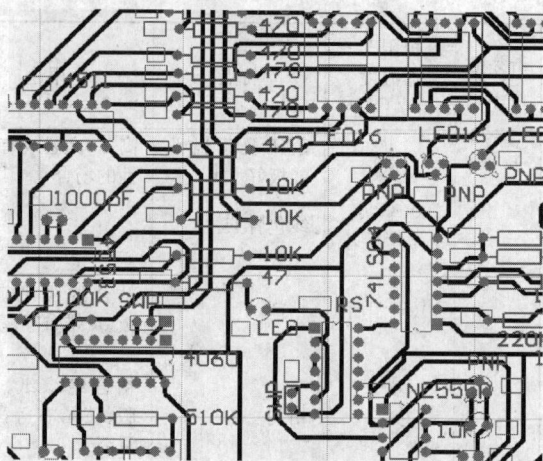

图 2.2　印制电路板

2.3.1　PCB 基本知识

PCB 几乎会出现在每一种电子设备当中。如果在某种设备中有电子元器件，那么它们也都是镶在大小各异的 PCB 上。

1. PCB 常用名词

① 印制。采用某种方法，在一个表面上再现图形和符号的工艺，通常称为"印制"。
② 印制线路。采用印制法在基板上制成的导电图形，包括印制导线、焊盘等。
③ 印制元件采。用印制法在基板上制成的电路元件，如电阻、电容等。
④ 印制电路采。用印制法得到的电路，它包括印制线路和印制元件或由二者组合的电路。
⑤ 覆铜板。由绝缘板和黏敷在上面的铜箔构成，是制造 PCB 上电气连线的原料。
⑥ 印制电路板。印制电路或印制线路加工后的板子，简称印制板或 PCB。板上所有安装、焊接、涂敷均已完成的，习惯上按其功能或用途称为"某某板"或"某某卡"，例如计算机的主板、声卡等。

2. 导线或布线

PCB 本身的基板是由绝缘隔热并且不易弯曲的材料所制成。在表面可以看到的细小线路材料是铜箔，原本铜箔是覆盖在整个板子上的，也就是覆铜板，但在制造过程中，一部分被蚀刻处理掉，剩下来的部分就变成所需要的线路了。这些线路被称为导线或布线，用来提供 PCB 上元器件的电路连接，如图 2.3 所示。

3. 元器件面与焊接面

为了将元器件固定在 PCB 上面，需要将它们的引线端子直接焊在布线上。在最基本的 PCB（单面板）上，元器件都集中在一面，导线则都集中在另一面，这就需要在板子上钻孔,使元件引线能穿过板子焊在另一面上。所以 PCB 的两面分别被称为元器件面与焊接面。

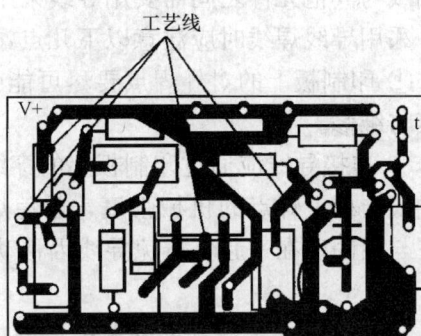

图 2.3　导线布线

2.3.2　PCB 的分类

习惯上按印制电路的分布把 PCB 划分为单面板、双面板和多层板;按机械性能又可分为刚性板和柔性板两种。

1. 单面板

仅在一面上有导电图形的 PCB 叫做单面板。单面板在设计线路上有许多严格的限制,因为只有一面,所以布线间不能交叉。

2. 双面板

两面都有导电图形的 PCB 叫做双面板。这种电路板的两面都有布线,要用上两面的导线,必须在两面间有适当的电路连接。起到这种连接的桥梁就是导孔或过孔。导孔是在 PCB 上充满或涂上金属的小洞,它用于两面的导线相连接。因为双面板的面积比单面板大了一倍,而且布线可以互相交错,适合用在更复杂的电路上。

3. 多层板

有三层或三层以上导电图形和绝缘材料分层压在一起的 PCB 叫做多层板。为了增加可以布线的面积,多层板使用数片双面板并在板间放进一层绝缘层后粘牢。通常层数都是偶数,并且包含最外侧的两层。

2.3.3　导线的印制

印制导线的布线原则:
① 导线走向尽可能取直,以近为佳,不要绕远。
② 导线走线要平滑自然,连接处要用圆角,避免用直角。
③ 当采用双面板布线时,两面的导线要避免相互平行,以减小寄生耦合;作为电路输入及输出用的印制导线应尽量避免相邻平行,在这些导线之间最好加上一个接地线。
④ 印制导线的公共地线应尽量布置在印制线路的边缘,并尽可能多地保留铜箔作公共地线。
⑤ 尽量避免使用大面积铜箔,必须用时,最好镂空成栅格,有利于排除铜箔与基板间的黏合剂受热产生的挥发性气体;当导线宽度超过 3mm 时可在中间留槽,以利于焊接。

2.3.4　PCB 的对外连接

通常一块印制板只是整机的一个组成部分,不能构成一个电子产品,因此在印制板之间或与其他元件之间需要用导线采用焊接的方法进行连接。

采用导线焊线时应注意以下几点：

① 印制板上的对外焊点要尽可能引到整板的边缘，并按一定的尺寸排列，以利于焊接与维修。

② 连接导线应通过印制板上的穿线孔，从 PCB 的元件面穿过，焊在焊盘上，以提高导线与板上焊点的机械强度，避免焊盘或印制导线直接受力；要将导线排列或捆整齐，与板固定在一起，避免导线因移动而折断，如图 2.4 所示。

图 2.4　导线焊接 PCB

2.4　焊接材料的选择与使用

2.4.1　焊料的种类

焊料是指易熔的金属及其合金，它的作用是将被焊物连接在一起。焊料的熔点要比被焊物的熔点低，而且要易于和被焊物连成一体。

焊料按其组成成分，可分为锡铅焊料、银焊料、铜焊料。按照使用的环境温度又可分为高温焊锡（在高温环境下使用的焊锡）和低温焊锡（在低温环境下使用的焊料）。锡铅焊料中，熔点在 450℃ 以下的称为软焊料。抗氧化焊锡是在工业生产中自动化生产线上使用的焊锡，如波峰焊等。这种液体焊料暴露在大气层中时，焊料极易氧化，这样将产生虚焊，会影响焊接质量。为此，在锡铅焊料中加入少量的活性金属，能形成覆盖层以保护焊料不再继续氧化，从而提高了焊接质量。

2.4.2　焊接电子产品时焊料的选择

为使焊接质量得到保障，视被焊物的不同，选用不同的焊料是重要的。在电子产品装配中，一般都选用锡铅系列焊料，也称焊锡。焊锡有如下的特点：

① 熔点低。它在 180℃ 时便可熔化，使用 25W 外热式或 20W 内热式电烙铁便可进行焊接。

② 具有一定的机械强度。因锡铅合金的强度比纯锡、纯铅的强度要高。又因电子元器件本身的重量较轻，对焊点的强度要求不是很高，故能满足其焊点的强度要求。

③ 具有良好的导电性。因锡、铅焊料均属良导体，故它的电阻很小。

④ 抗腐蚀性能好。焊接好的印制电路板不必涂抹任何保护层就能抵抗大气的腐蚀，从而减少了工艺流程，降低了成本。

⑤ 对元器件引线和其他导线的附着力强，不易脱落。

因锡铅焊料具有以上的优点，所以在焊接技术中得到了极其广泛的应用。

由于锡铅焊料是由两种以上金属按照不同比例组成的。因此，锡铅合金的性能，就要随着锡铅的配比变化而变化。在市场上出售的焊锡，由于生产厂家的不同，其配置比例有很大的差别，为使焊锡配比能满足焊接的需要，选择配比最佳的锡铅焊料是很重要的。

常用的焊锡配比是：

- 锡 60%、铅 40%，熔点 182℃；
- 锡 50%、铅 32%、镉 18%，熔点为 150℃；
- 锡 35%、铅 42%、铋 23%，熔点为 150℃。

焊料的形状有圆片、带状、球状、焊锡丝等几种。常用的焊锡丝，在其内部夹有固体助焊剂松香。焊锡丝的直径种类很多，常用有的 4mm、3mm、2mm、1.5mm 等。

常用的锡铅材料的配比及用途见表 2.2 所示。

表 2.2　锡铅焊料配比与用途

名称	牌号	主要成分			杂质/%	熔点/℃	抗拉强度/N·mm^{-2}	用途
		锡	锑	铅				
10 锡铅焊料	HlSnPb10	89～91	≤0.15			220	4.3	钎焊食品器皿及医药卫生方面物品
39 锡铅焊料	HlSnPb39	59～61	≤0.8	余量	>0.1	183	4.7	钎焊电子、电气制品
50 锡铅焊料	HlSnPb50	49～51				210	3.8	钎焊散热器、计算机、黄铜制件
58-2 锡铅焊料	HlSnPb58-2	39～41				235		钎焊工业及物理仪表等
68-2 锡铅焊料	HlSnPb68-2	29～31	1.5～2			256	3.3	钎焊电缆护套、铅管等
80-2 锡铅焊料	HlSnPb80-2	17～19				277	2.8	钎焊油壶、容器、散热器
90-6 锡铅焊料	HlSnPb90-6	3～4	5～6		>0.6	265	5.9	钎焊黄铜和铜
73-2 锡铅焊料	HlSnPb73-2	24～26	1.5～2				2.8	钎焊铅管
45 锡铅焊料	HlSnPb45	53～57	—			200	—	

2.4.3　助焊剂的种类

1. 助焊剂的作用

在进行焊接时，为能使被焊物与焊料连接牢靠，就必须要求金属表面无氧化物和杂质，这样才能保证焊锡与被焊物的金属表面发生合金反应。因此，在焊接开始之前，必须采取各种有效措施将氧化物和杂质除去。

除去氧化物与杂质通常有两种方法，即机械方法和化学方法。机械方法是用沙子和刀子将氧化物与杂质除掉，化学方法则是用助焊剂将氧化物与杂质清除，用助焊剂具有不损坏被焊物及效率高等特点，因此在焊接时，一般都采用这种方法。

助焊剂除了有去除氧化物的功能外，还具有加热时防止氧化的作用。由于焊接时必须把被焊金属加热到使焊料发生润湿并产生扩散的温度，但是随着温度的升高，金属表面的氧化就会加速，而助焊剂此时就在整个金属表面上形成一层薄膜，包住金属使其和空气隔绝，从而起到防止氧化的作用。

另外助焊剂还有帮助焊料流动、减少表面张力的作用，当焊料熔化后，应该贴附于金属表面，但由于焊料本身表面张力的作用，焊料力图变成球状，从而减少了焊料的附着力，而助焊剂则有减少焊料表面张力、增加焊料流动性的功能，故使焊料附着力增强，使焊接质量得到提高。

2. 助焊剂的种类

助焊剂可分为无机系列、有机系列和树脂系列。

（1）无机系列助焊剂

这种类型的助焊剂其主要成分是氯化锌或氯化铵及它们的混合物。这种助焊剂最大的特点是具有很好的助焊作用，但是具有强烈的腐蚀性。因此，多数用在可清洗的金属制品焊接中。如果对残留焊剂清洗不干净，就会造成被焊物的损坏。如果将无机系列助焊剂用于印制板的焊接，将破坏印制版的绝缘功能。市场上出售的各种焊油多数属于这类助焊剂。

（2）有机系列助焊剂

有机系列助焊剂主要是由有机酸卤化物组成。这种助焊剂的特点是助焊性能好、可焊性高。不足之处是也有一定的腐蚀性，且热稳定性差，即一经加热，便迅速分解，然后留下无活性残留物。

（3）树脂活性系列焊料

这种焊料系列中最常用的是在松香中加入活性剂。松香是一种天然产物，它的成分与产地有关。用作助焊剂的松香是从各种松树分泌出来的汁液中提取的，一般采用蒸馏法加工取出固态松香。松香酒精助焊剂是指用无水乙醇溶解纯松香配制成 25%～30% 的乙醇溶液。这种助焊剂的优点是没有腐蚀性，并且绝缘性能高，稳定性和耐湿性也好。焊接后清洗容易，并形成膜层覆盖焊点，使焊点不被氧化腐蚀。

2.4.4　助焊剂的选用

电子线路的焊接通常都采用松香或松香酒精助焊剂，这样可保证电路元件不被腐蚀，电路板的绝缘性能也不至于下降。

由于纯松香助焊剂活性较弱，只有在被焊的金属表面是清洁的、无氧化层时，可焊性才比较好。有时为清除焊接点的锈渍，保证焊点的质量也可用少量的氯化铵焊剂，但焊接后一定要用酒精将焊接处擦洗干净，以防残留焊剂对电路的腐蚀。

另外，电子元器件的引线多数是镀了锡金属的，也有的镀了金、银或镍的，这些金属的焊接情况各有不同，可按金属的不同选用不同的助焊剂。对于铂、金、铜、银、镀锡等金属，可选用松香焊剂，因这些金属都比较容易焊接。对于铅、黄铜、青铜、镀镍等金属可选用有机焊剂中的中性焊剂，因为这些金属比上述金属的焊接性能差，如用松香助焊剂将影响焊接质量。对于镀锌、铁、锡镍合金等金属，因焊接较困难，可选用酸性焊剂。当焊接完毕后，必须对残留焊剂进行清洗。

表 2.3 给出了常用助焊剂的配料比例。

表 2.3　助焊剂的配比及主要性能

品种	配方/g		酸值	漫流面积/mm²	绝缘电阻/MΩ	可焊程度
松香酒精助焊剂	特级松香 无水乙醇	23 67	43.84	390	8.5×10	中
盐酸二乙胺助焊剂	盐酸二乙胺 三乙醇胺 特级松香 正丁醇 无水乙醇	4 6 20 10 60	47.66	749	1.4×10	好
盐酸苯胺助焊剂	盐酸苯胺 三乙醇胺 特级松香 无水乙醇 溴化水杨酸	4.5 2.5 23 70 10	53.4	418	2×10	中
201 助焊剂	树脂 溴化水杨酸 特级松香 无水乙醇	20 10 20 50	57.97	681	1.8×10	好
201-1 助焊剂	溴化水杨酸 丙烯酸树脂 101 特级松香 无水乙醇	7.9 3.5 20.5 48.1		551		好
SD 助焊剂	溴化水杨酸 特级松香 无水乙醇	6.9 3.4 12.7 77	38.19	529	4.5×10	好
201-2 助焊剂	甘油 特级松香 无水乙醇	0.5 29.5 60	59.35	638	5×10	中
202-A 助焊剂	溴化肼甘油 蒸馏水 无水乙醇	10 5 25 60	46.11	1037	—	好
202-B 助焊剂	溴化肼甘油 蒸馏水 无水 乙醇	8 4 20 20 48	44.76	670	—	好

2.5　磁性材料的选择与使用

2.5.1　常用磁性材料的分类及特点

　　磁性材料分为软磁材料和硬磁材料两类，前者主要用作电机、变压器、电磁线圈的铁芯，后者主要用在电工仪器内作磁场源。

　　软磁材料的主要特点是磁导率高、矫顽力低，在外磁场的作用下，磁感应强度能很快达到饱和，当外磁场去除后，磁性就基本消失，剩磁小。

硬磁材料的主要特点是矫顽力高，经饱和磁化后，即使去掉外磁场，也将保持长时间而稳定的磁性。如铝镍钴、稀土钴、硬磁铁氧体等。

1. 电工用纯铁

电工用纯铁的代号为 DT，其含碳量在 0.04% 以下，冷加工性能好，多制成块状或柱状。但它的铁损高，主要用于直流磁场中。

2. 硅钢片

在铁中加入 0.8%～4.5% 的硅，就是硅钢。硅钢比纯铁的硬度高、脆性大，多加工成片状（如电机、变压器铁芯选用 0.3～0.5mm 厚的硅钢叠成）。硅钢片分热轧和冷轧两种，冷轧硅钢片又分有取向和无取向两种。有取向硅钢片沿轧制方向的导磁率最高，与轧制方向垂直时导磁率最小。无取向硅钢片的导磁率与轧制方向无关。在叠制不同电工产品的铁芯时，应根据其具体要求，选用不同特性的硅钢片。如电力变压器，为减少损耗，要选用低铁损和高磁感应强度的硅钢片；小型电机应选用高磁感应强度的硅钢片；大型电机，因铁芯体积大，铁损比较大，要选低铁损的硅钢片。

3. 铁镍合金

铁镍合金工作频率在 1MHz 以下。在电子技术中，为满足弱信号的要求，常选用磁导率和磁感应强度高的铁镍合金。型号为 IJ51 铁镍合金，因其电阻率高，饱和磁感应强度和剩磁高，适宜用作磁放大器线圈的铁芯。电源变压器的铁芯用磁导率高的 IJ50 铁镍合金。IJ79 铁镍合金和 IJ16 铁镍合金，常用作小功率音频变压器的铁芯，可以减小非线性失真。

4. 软磁铁氧体

软磁铁氧体广泛用于高频或较高频率范围内的电磁元件中。其电阻率低、饱和磁感应强度低、温度稳定性较差。在无线电技术中最常用的镍锌和锰锌铁氧体，被用来制作滤波线圈、脉冲变压器、可调电感器、高频扼流圈及天线铁芯。

2.5.2　磁性材料的应用范围

磁性材料的应用范围如表 2.4 和表 2.5 所示。

表 2.4　软磁材料的品种、主要特点和应用范围

品种	主要特点	应用范围
电工用纯铁	含碳量在 0.04% 以下，饱和磁感应强度高，冷加工性好，但电阻率低，铁损高，有磁滞效应	一般用于直流磁场
硅钢片	铁中加入 0.8%～4.5% 的硅而成为硅钢；与电工用纯铁比，电阻率高，铁损低，导热系数低，硬度提高，脆性增大	电机、变电器、继电器、互感器、开关等产品的铁芯
铁镍合金	在低磁场作用下，磁导率高，矫顽力低，但对应力比较敏感	频率在 1MHz 以下，低磁场中工作的器件

续表

品种	主要特点	应用范围
铁铝合金	与镍合金相比，电阻率高，比重小，但磁导率低，随着含铝量的增加，硬度和脆性增大，塑性变差	低磁场和高磁场下工作的器件
软磁铁氧体	烧结体，电阻率非常高，但饱和磁感应强度低，温度稳定性也较差	高频或较高频范围内的电磁元件
其他磁材料　铁钴合金	饱和磁感应强度特高，饱和磁致伸缩系数和居里温度高，但电阻率低	航空器件的铁芯，电磁铁磁极，换能器元件
其他磁材料　恒导磁合金	在一定的磁感应强度、温度和频率范围内，磁导率基本不变	恒电感和脉冲变压器的铁芯
其他磁材料　磁温度补偿合金	居里温度低，在环境温度范围内，磁感应强度随温度升高，急剧地近似线性的减少	磁温度补偿元件

表 2.5　常用永磁材料性能和主要用途

种类	系别	性能	主要用途
铸造铝镍钴系永磁材料	各向同性	制造工艺简单，可做成体积大或多对永磁体，但性能是该系列永磁材料中最低的	普通磁电式仪表、永磁电机、磁分离器、微电机、里程表
铸造铝镍钴系永磁材料	热磁处理各向异性	剩磁和最大磁能积大，制造工艺复杂	精密磁电仪器表、永磁电机、流量计、微电机、磁性支座、传感器、微波器件、扬声器
铸造铝镍钴系永磁材料	定向结晶各向异性	性能是该系列永磁材料中最高的，制造工艺复杂，脆性大，容易折断	精密磁电仪器表、永磁电机、流量计、微电机、磁性支座、传感器、扬声器、微波器件
粉末烧结镍钴系永磁材料		永磁体表面光洁，密度小，原料消耗少，磁性能较低，宜作体积小或要求工作磁通均匀性高的永磁体	微电机、永磁电机、继电器、小型仪表
铁氧体永磁材料		矫顽力高，回复磁导率小，密度小，电阻率大	永磁点火电机，永磁电机，永磁选矿机，永磁吊头，磁推轴承，磁分离器，扬声器，微波器件，磁医疗片
稀土钴永磁材料		矫顽力和最大磁能积是永磁材料中最高的，适用于微型或薄片状永磁体	低速转矩马达，启动马达，力矩马达，传感器，磁推轴承，助听器，电子聚焦装置
塑性变性永磁材料		剩磁大，矫顽力低	里程表，罗盘仪

2.6　粘接材料的选择与使用

粘接也称胶接，是近几年来发展起来的一种新的连接工艺。特别是对异型材料的连接，例如金属、陶瓷、玻璃等之间的连接是焊接和铆接所不能达到的。在一些不能承受机械力和热影响的地方（例如应变片），粘接更有独到之处。在电子仪器和设备维修过程中也常常用到粘接。

形成良好粘接的三要素是：选择适宜的粘剂、处理好粘接表面和选择正确的固化方法。

2.6.1 粘合剂简介

粘合剂品种较多，在商品粘合剂中往往只注明粘合剂的可用范围。但在具体工程中，粘接部位往往要考虑到具体条件，如受力情况、工作温度、工作环境等。要根据这些条件选用合适的粘合剂。例如，金属与金属的粘接可用的粘合剂，在市场上约有数十种。

1. 常用粘合剂

（1）快速粘合剂

快速粘合剂即常用的 501、502 胶，成分是聚丙烯酸酯胶。其渗透性好，粘接快（几秒钟至几分钟即可固化，24 小时可达到最高强度），可以粘接除聚乙烯、氟塑料以及某些合成橡胶以外的几乎所有材料。缺点是接头的韧性差，不耐热。

（2）环氧类粘合剂

这种粘合剂的品种多，如常用的 911、914、913、J-11、JW-1 等，其粘接范围广，且有耐热、耐碱、耐潮、耐冲击等优良性能。但不同的产品各有特点，需要根据产品的条件合理选择。这类粘合剂大多是双组分胶，要随用随配，并且要求有一定的温度与时间作为固化条件。

（3）酚醛-聚乙烯醇缩水醇类

这种粘合剂的品种有 201、205、JSF-4 等，可粘接铝、铜、钢、玻璃等，且耐热、耐油。酚醛-有机硅（JS-12），使用温度可达 350℃。

酚醛—橡胶类：J-03、705、JX-7、JX-9、FN303 等，可粘接金属、橡胶、玻璃等，剪切强度高。

（4）耐低温胶-聚氨酯粘合剂

这种粘合剂有很多牌号商品，如 JQ-1、101、202、405、717 等。粘接范围也很广泛，各种纸、木材、织物、塑料、金属、陶瓷等都可以获得良好粘接，其最大特点是低温性能好。

这类胶在固化时需要有一定的压力，并经过很长时间才能达到最高强度，适当提高温度可缩短固化时间。

（5）耐高温胶-聚酸亚胺粘合剂

这种粘合剂的常用牌号有 14♯～30♯。可粘接铝合金、不锈钢、陶瓷等。其工作温度可达 300℃，胶膜的绝缘性能也很好。

2. 电子工业专用胶

（1）导电胶

这种胶有结构型和添加型两种。结构型指树脂本身具有导电性；添加型则是指在绝缘的树脂中加入金属导电粉末，例如加入银粉、铜粉等配制而成。这种胶的电阻率各不相同，可用于陶瓷、金属、玻璃、石墨等制品的机械-电气连接。成品有 701、711、DAD3-DAD6、三乙醇胺导电胶等。

（2）导磁胶

这种胶是在胶粘剂中加入一定的磁性材料，使粘接层具有导磁作用。聚苯乙烯、酚醛树脂、环氧树脂等粘合剂加入铁氧体磁粉或羰基铁粉等可组成不同导磁性能和工艺性导磁胶。主要用于铁氧体零件、变压器等粘接加工。

（3）热熔胶

这种胶有点类似焊锡的物理特性，即在室温下为固态，加热到一定温度后成为熔融态，即可进行粘接工件，待温度冷却到室温时就能将工件粘合在一起。这种胶存放方便并可长期反复使用，其绝缘、耐水、耐酸性也很好，是一种很有发展前景的粘合剂。可粘范围包括金属、木材、塑料、皮革、纺织品等。

（4）光敏胶

光敏胶是由光引发而固化（如紫外线固化）的一种新型粘合剂，由树脂类胶粘剂中加入光敏剂、稳定剂等配制而成。光敏胶具有固化速度快、操作简单、适于流水线生产的特点。它可以用在印制电路板和电子元器件的连接。在光敏胶中加入适当的焊料配制成焊膏，可用于集成电路的安装技术中。

2.6.2　粘合机理与粘合面表面的处理

1. 粘合机理

由于物体之间存在分子、原子间作用力，种类不同的两种材料紧密靠在一起时，可以产生粘合（或称粘附）作用，这种粘合作用可分为本征粘合和机械粘合两种。本征粘合表现为粘合剂与被粘工件表面之间分子的吸引力；机械粘合则表现为粘合剂渗入被粘工件表面孔隙内，粘合剂固化后被机械地镶嵌在孔隙中，从而实现被粘工件的连接。作为对粘合作用的理解，也可以认为机械粘合是扩大了本征粘合接触面的粘合作用，这种作用类似于锡焊的作用。为了实现粘合剂与工件表面的充分接触，必须要求粘合面清洁。因此，粘接的质量与粘合面的表面处理紧密相关。

2. 粘合表面的处理

一般看来是很干净的粘合面，由于各种原因，不可避免地存在着杂质、氧化物、水分等污染物质，粘合前粘合表面的处理是获得牢固连接的关键工序之一。任何高性能的粘合剂，只有在干净的表面才能形成良好的粘接层。

一般处理方法：对一般要求不高或较干净的表面，用酒精、丙酮等溶剂清洗去除油污，待清洗剂挥发后即行粘接。

化学处理：有些金属在粘接前应进行酸洗，如铝合金必须进行氧化处理，使表面形成牢固的氧化层再施行粘接。

机械处理：有些接头为增大接触面积需用机械方式形成粗糙表面，然后再施行粘接。

3. 接头的设计

虽然不少粘合剂都可以达到或超过粘接材料本身的强度，但接头毕竟是一个薄弱点，设计接头时应考虑到一定的裕度。图 2.5 是几个接头设计的例子。

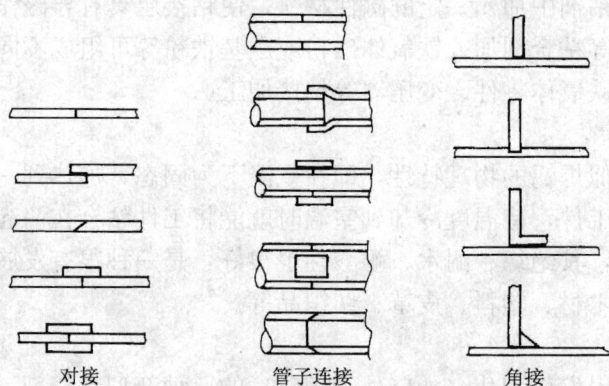

対接   管子连接   角接

图 2.5　几种粘接接头的设计

【技能与技巧】家庭照明电路的安装技巧

  近年来在家庭装修中，电路的设计和安装是一个重要环节，尤其是照明电路的安装有一些技巧。现在家庭的电路配电盘上一般有两个漏电保护开关，分别对室内的照明电路和插座电路进行保护控制，但这种设计有个缺点，一旦室内的某盏灯具因短路而损坏，就会造成整个房间的照明电路全部瘫痪，给夜间维修和更换灯具造成不便。如果在安装照明灯具时，将每个房间都安排有一盏灯接在插座电路上，则可以在照明电路发生故障时仍然有可以照明的灯具为你服务。

自 测 题

1. 单芯导线和多芯导线分别适用于什么电路？
2. 屏蔽线有几种类型？分别适用于什么电路？
3. 磁性材料分为几种？分别适用于什么场合？
4. 粘接有什么特点？形成良好粘接的三要素是什么？

实训 2　电子材料的认识与检测

一、实训目的

（1）熟悉常用电子材料的形状规格。

（2）掌握常用电子材料的基本检测方法。

二、实训器材

（1）不同类型、规格的电子材料若干。

（2）模拟万用表和数字万用表各一只。

三、实训步骤

（1）观看电子材料样品，熟悉各种电子材料的外形、结构和标识。

（2）练习用万用表对各种电子材料进行检测。

四、实训报告

实训报告内容应包括实训目的、实训器材、实训步骤和测量数据，总结检测电子材料的方法和体会。

第 **3** 章

电子测量仪器的使用

电子测量仪器是电子产品生产过程中不可缺少的工具，必须掌握常用仪器仪表的使用方法，才能胜任电子产品的生产、检测和调试。

3.1 指针万用表和数字万用表的使用

万用表是一种应用最广泛的测量仪器，用它可以测量直流电流、直流电压、交流电流、交流电压、电阻和晶体管直流电流放大系数等物理量。根据测量原理及测量结果显示方式的不同，万用表分为两大类：模拟式（指针）万用表和数字式万用表。本节分别以 MF-47 和 DT-830 型万用表为例介绍指针万用表和数字万用表的使用。

3.1.1 MF-47 型万用表

MF-47 型万用表的表盘如图 3.1 所示。

图 3.1 MF-47 型万用表的面板图

1. 主要功能及指标

直流电压：$0 \sim 0.25V \sim 1V \sim 10V \sim 50V \sim 250V \sim 500V \sim 1000V$。

交流电压：$0 \sim 10V \sim 50V \sim 250V \sim 500V \sim 1000V$，$2500V$。

直流电流：$0 \sim 50\mu A \sim 0.5mA \sim 5mA \sim 50mA \sim 500mA \sim 5A$。

电阻：$0 \sim 2k\Omega \sim 20k\Omega \sim 200k\Omega \sim 2M\Omega \sim 40M\Omega$。

音频电平：$-10 \sim +22dB$。

晶体管直流放大倍数 h_{FE}：$0 \sim 300$。

电感：$20 \sim 1000H$（$50Hz$）。

电容：$0.001 \sim 0.3\mu F$。

2. 使用方法

（1）机械调零

使用前必须调节表盘上的机械调零螺丝，使表针指准零位。

（2）插孔选择

红表笔插入标有"＋"符号的插孔，黑表笔插入标有"－"符号的插孔。

（3）物理量及量程选择

物理量选择就是根据不同的被测物理量将转换开关旋至相应的位置。

合理选择量程的标准是：测量电流和电压时，应使表针偏转至满刻度的 1/2 或 2/3 以上；测量电阻时，应使表针偏转至中心刻度值的 1/10～3/10 之间。

（4）各种物理量的测量

①电压测量：将万用表与被测电路并联测量；测量直流电压时，应将红表笔接高电位、黑表笔接低电位，若无法区分高低电位，应先将一支表笔接稳一端，另一支表笔触碰另一端，若表针反偏，则说明表笔接反；测量高电压（500～2500V）时应戴绝缘手套，站在绝缘垫上进行，并使用高压测试表笔。

②电流测量：将万用表串联接入被测回路中；测量直流电流时，应使电流由红表笔流入、由黑表笔流出万用表；在测量中不允许带电换挡，测量较大电流时应断开电源后再撤表笔。

③电阻测量：首先应进行欧姆调零，即将两表笔短接，同时调节面板上的欧姆调零旋钮，使表针指在电阻刻度的零点，若调不到零点，说明万用表内电池不足，需要更换电池；测量时需断开被测电阻的电源及连接导线；测量过程中每变换一次量程挡位应重新进行欧姆调零；测量过程中表笔应与被测电阻接触良好，手不得触及表笔的金属部分，以减少不必要的测量误差；被测电阻不能有并联支路。

④音频电平测量：该功能主要用于测量电信号的增益或衰减。测量方法与交流电压的测量方法相同，读数是表面最下边一条刻度线，该刻度数值是量程选择开关在交流"10V"挡时的直接读数值。当交流电压为"50V"、"250V"、"500V"各挡时，测量结果应在表面读数值上分别加上＋14dB、＋28dB 和＋34dB。

⑤晶体管直流放大倍数 h_{FE} 测量：先将转换开关旋至晶体管调节 ADJ 位置进行电气调零，使表针对准 $300h_{FE}$ 刻度线；然后将转换开关旋至 h_{FE} 位置，把被测晶体管插入专用插孔进行测量。N 型管孔插 NPN 型晶体管，P 型管孔插 PNP 型晶体管。

⑥电感和电容的测量：将量程选择开关旋至交流 10V 挡，将被测电容或电感串接于任一测试棒，而后跨接于 10V 交流电压电路中进行测量。

（5）读数

读数时应根据不同的测量物理量及量程在相应的刻度尺上读出指针指示的数值。另外，读数时应尽量使视线与表面垂直，以减小由于视线偏差所引起的测量误差。

3.1.2 DT-830 型数字万用表

DT-830 型数字万用表的表盘如图 3.2 所示。

1. 主要功能及指标

直流电压 DCV：200mV，2V，20V，200V，1000V。
交流电压 ACV：200mV，2V，20V，200V，750V。

图 3.2 DT-830 型数字式
万用表的面板图

直流电流 DCA：$200\mu A$，2mA，20mA，200mA。

交流电流 ACA：$200\mu A$，2mA，20mA，200mA。

电阻 Ω：200Ω，$2k\Omega$，$20k\Omega$，$200k\Omega$，$2M\Omega$，$20M\Omega$。

晶体管放大倍数 h_{FE}：$0\sim300$。

二极管：鉴别好坏。

线路通断：蜂鸣器提示线路的通断。

附加挡：DCA：10A；ACA：10A。

2. 使用方法

（1）电压测量

将红表笔插入"V·Ω"插孔，根据所测电压选择合适量程后，将两表笔与被测电路并联即可进行测量。但要注意，不同的量程测量精度也不同，不能用高量程挡去测小电压。

（2）电流测量

将红表笔插入"10A"或"mA"插孔（根据测量值的大小选择），合理选择量程，将两表笔串联接入被测电路即可进行测量。

（3）电阻测量

将红表笔插入"V·Ω"插孔，合理选择量程即可进行测量。

（4）二极管测量

将量程开关拨至二极管挡，红表笔插入"V·Ω"插孔并接二极管正极，黑表笔接二极管负极，若管子正常，测锗管时应显示 $0.150\sim0.300V$，测硅管时应显示 $0.550\sim0.700V$，此为正向测量；反向测量时，将二极管反接，若管子正常将显示"1"，若管子不正常将显示"000"。

（5）h_{FE} 值测量

根据被测管的类型选择量程开关的"PNP"挡或"NPN"挡，将被测管的三个管脚 e、b、c 插入相应的插孔，显示屏上将显示出 h_{FE} 值的大小。

（6）电路通、断检查

将红表笔插入"V·Ω"插孔，量程开关旋至蜂鸣器挡，让表笔触及被测电路，若表内蜂鸣器发出叫声，则说明电路是通的，反之则不通。

3.2 双踪示波器和信号发生器的使用

3.2.1 示波器

示波器是一种常用的电子测量仪器，用它可以观测各种不同电信号的幅度随时间变化的波形曲线，还可以测定各种电量，如电压、电流、频率、周期、相位、失真度等。另外，若配以传感器，用示波器还可以对压力、温度、密度、速度、声、光、磁等非电量进行测量。

示波器的种类繁多，根据其用途及特点的不同，可以分为通用示波器、取样示波器、逻辑示波器、记忆与存储示波器等。YB-4320 双踪示波器的面板图如图 3.3 所示。

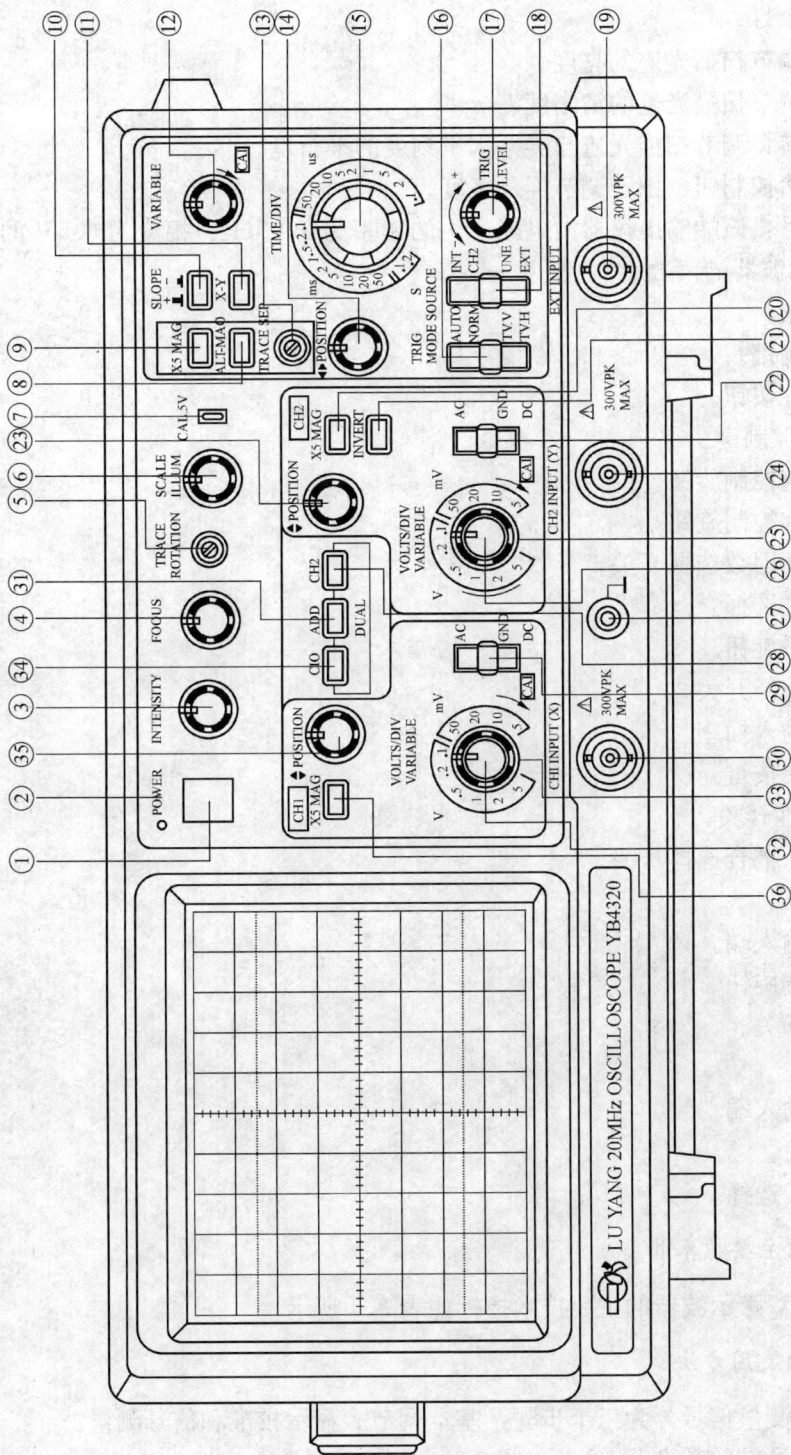

图 3.3　YB-4320 双踪四线示波器的面板图

YB-4320 型双踪示波器面板上的主要控制旋钮及其作用如下：

① 电源开关：控制电源的通断。

② 电源指示灯。

③ 辉度：调节扫描光迹的亮度。

④ 聚焦：调节扫描光迹的清晰度。

⑤ 光迹旋转：调节扫描光迹与屏幕水平刻度的平行度。

⑥ 刻度照明控制钮：用于调节屏幕亮度。

⑦ 校正信号：该端输出仪器内电路产生的频率为 1000Hz、幅度为 0.5V 的方波信号，用于校准示波器的读数。

⑧ 扩展旋钮。

⑨ 扩展控制键。

⑩ 触发极性按钮。

⑪ "X-Y" 控制键。

⑫ 光迹分离控制旋钮。

⑬ 水平位移控制旋钮。

⑭ 扫描时间因数选择开关。

⑮ 触发方式选择。

⑯ 触发电平旋钮。

⑰ 触发源选择开关。

⑱ 外触发输入插座。

⑲ 垂直扩展按键。

⑳ CH2 极性开关。

㉑ 垂直输入耦合选择开关。

㉒ 垂直位移。

㉓ 通道 2 输入端。

㉔ 垂直微调旋钮。

㉕ 衰减器开关。

㉖ 接地端。

㉗ 通道 1 输入端。

㉘ 交替触发。

㉙ 工作方式选择。

1. 示波器的主要技术指标

YB-4320 型双踪示波器的主要技术指标如表 3.1 所示。

2. 示波器的使用方法

使用示波器测量信号分为三个步骤：基本调节、显示校准和信号测量。

（1）测量信号前的基本调节

这个步骤是要使示波器出现良好的扫描基准线。

表 3.1　YB-4320 型双踪示波器的主要技术指标

项　　目	技术指标
频率响应	DC：0～20Hz（—3dB）
	AC：20Hz～20MHz（—3dB）
输入阻抗	1MΩ/30pF±5%
输入耦合方式	AC、GND、DC
可输入最高电压	直接：250V（直流＋交流峰值）；探头×1 位置：250V（直流＋交流峰值）；探头×10 位置：2500V（直流＋交流峰值）
校正方波信号	频率：1kHz±2%，幅度：0.5V±2%
Y轴输入方式	Y1、Y2、交替、断续、相加
触发方式	常态、自动、峰值
触发源选择	内、外、电源、极性
电源电压	AC：220V±10%，频率：50Hz±5%

　　开启电源，经过约 15s 的预热后，调节"辉度"和"聚焦"旋钮，使扫描基线亮度适中，聚焦良好。再调节"水平位移"和"垂直位移"旋钮使基线位于屏幕的中间位置。若基线与水平刻度线不平行而是有夹角，可以用螺丝刀调节"光迹旋转"电位器，使基线与水平刻度线重合。

　　（2）测量信号前的显示校准

　　这个步骤的目的是要使扫描线的长度代表准确的时间值，使扫描线的高度代表准确的电压值。利用示波器内的标准信号源可以完成校准工作。

　　将输入信号的探头（如 Y1）接到"校准"的输出端，"电压幅度"旋钮调至"0.5V/div"，"扫描时间"旋钮调至"0.5ms/div"，幅度"微调"至"校准"位置，时间"微调"至"校准"位置，屏幕上应出现高 1div、水平为 2div（此时周期为 1ms）的方波信号。若方波所占的格数不符，就应调节垂直和水平增益旋钮，完成校准工作。

　　（3）信号的测量

　　仪器上附带的探头上有衰减开关。将信号以 1∶1（×1）或 10∶1（×10）进行衰减，以便于对不同信号进行测量。

　　将衰减开关置于"×10"位置，适合测量来自高输出阻抗源和较高频的信号，由于"×10"位置将信号衰减到 1/10，因此读出的电压值再乘以 10 才是被测量的实际电压值。将衰减开关置于"×1"位置适合测量低输出阻抗源的低频信号。

　　① 直流电压的测量。在被测信号中有直流电压时，可用仪器的地电位作为基准电位进行测量，步骤如下：

　　置"扫描方式"开关于"自动"挡位，选择"扫描时间"旋钮位置使扫描线不发生闪烁为好；

　　置"DC/⊥/AC"开关于"⊥"挡位，调节"垂直位移"旋钮使扫描基线准确落在某水平刻度线上，作为 0V 基准线。

　　再置"DC/⊥/AC"开关于"DC"挡位，并将被测信号电压加至输入端，波形的中线与 0V 基准线的垂直位移即为信号的直流电压幅度。如果扫描线上移，则被测直流电压为正；如果扫描线下移，则被测直流电压为负。用"电压幅度"旋钮位置的电压值乘以垂直位移的格数，即可得到直流电压的数值。

② 交流电压的测量。用示波器测量交流电压得到的是交流电压的峰峰值或峰值，要得到其有效值需经过换算。例如，要求正弦波信号的有效值，则用下面的公式：

$$有效值电压＝峰峰值电压÷2\sqrt{2} \tag{1.1}$$

操作步骤如下：置"DC/⊥/AC"开关于"AC"挡位，调"垂直位移"旋钮使扫描基线准确地落在屏幕中间的水平刻度线上，作为基准线。调节"电压幅度"旋钮使交流电压波形在垂直方向上占 4～5 个格数为好；再调节"扫描时间"旋钮，使信号波形稳定。以"电压幅度"旋钮位置的标称值乘以信号波形波峰与波谷间垂直方向的格数，即可得到交流电压的峰峰值。

需要注意的是，当探头上的衰减开关置于"×10"挡位时，要将得到的数值乘以10 才是真正的电压值。若仪器"电压幅度"旋钮为"0.1V/div"，且探头衰减开关置于"10∶1"挡位，波形高度为 3.6div，则被测量信号的电压峰峰值为

$$U_{PP}＝0.1V/div×3.6div×10＝3.6V$$

③ 时间的测量。对仪器"扫描时间"进行校准后，可对被测信号波形上任意两点的时间参数进行测量。选择合适的"扫描时间"开关位置，使波形在 X 轴上出现一个完整的波形为好。根据屏幕坐标的刻度，读出被测量信号两个特定点 P 与 Q 之间的格数，乘以"扫描时间"旋钮所在位置的标称值，即得到这两点间波形的时间。若这两个特定点正好是一个信号的完整波形，则所得时间就是信号的周期，其倒数即为该信号的频率。

需要注意的是，当使用"扩展×10"开关时，要将所得时间除以 10。

利用双踪示波器的"交替"显示方式，可以测量出两个信号的时间差。测量时，将两个信号分别输入 Y1 和 Y2 通道，从屏幕上读出两个信号相同部位的水平距离（格数），再乘以"扫描时间"旋钮位置的标称值，即可算出两个信号的时间差。

④ 相位的测量。利用双踪示波器可以很方便地测量两个信号的相位差。将双踪示波器置于"交替"显示方式，将两个信号分别输入 Y1 和 Y2 通道。从屏幕上读出第一个信号的一个完整波形所占的格数，用 360°除以这个格数，得到每格对应的相位角；然后读出两信号相同部位的水平距离（格数），乘以每格相位角，即可算出两信号的相位差。若读出第一个信号的一个完整波形占了 8div，两个信号相同部位的水平距离为1.6div，则这两个信号的相位差为

$$\Delta\phi＝360÷8×1.6＝72$$

⑤ 脉冲宽度的测量。测量脉冲宽度的步骤如下：先使屏幕中心显示出 Y 轴幅度为3～4div 的脉冲波形，再调节"扫描时间"旋钮使波形在 X 轴方向上显示出 5～6div 的宽度。此时脉冲上升沿和下降沿中点距离 D 为脉冲宽度。只要读出 D 的格数，再乘以"扫描时间"旋钮所在位置的标称值，即得脉冲宽度的数值。

3.2.2　低频信号发生器

尽管低频信号发生器的型号很多，但它们的操作使用方法基本上是类似的，可以按照下面的步骤进行。

1. 熟悉面板

低频信号发生器的面板结构通常按功能分区，一般包括波形选择开关、输出频率调节（包括波段、粗调、微调）、幅度调节旋钮（包括粗调、细调）、阻抗变换开关、指示电压表及量程选择、输出接线柱等。

2. 掌握正确的操作步骤

① 准备工作。先将"幅度调节"旋钮调至最小位置（逆时针旋到底），开机预热5min，待仪器工作稳定后方可投入使用。

② 输出频率调节。按照需要来选择合适的频率波段，将频率度盘的"粗调"旋到相应的频率点上，而频率的"微调"旋钮一般置于零位。

③ 输出阻抗的配接。根据外接负载阻抗的大小，调节"阻抗变换"开关至相应的挡级以便获得最佳的负载阻抗匹配，否则当仪器的输出阻抗与负载阻抗失配过大时，将会引起输出功率减小、输出波形失真大等现象。

④ 输出形式的选择。根据外接负载电路的不同输入方式，用短路片对信号发生器的输出接线柱的接法进行变换，以实现相应的平衡输出或不平衡输出。

一般低频信号发生器都有两组输出端子。一组是电压输出插座，它通常输出 $0\sim5V$ 的正弦信号电压，另一组是功率输出接线柱，它有输出Ⅰ、输出Ⅱ、中心端和接地四个接线柱，如图 3.4 所示。当用短路片将输出Ⅱ和接地柱连接时，信号发生器的输出为不平衡式；当用短路片将中心端和接地柱相连接时，信号发生器的输出为平衡式。

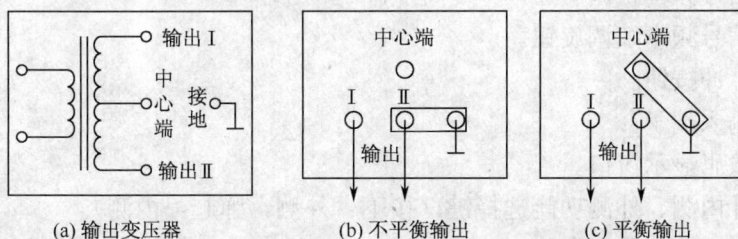

(a) 输出变压器　　(b) 不平衡输出　　(c) 平衡输出

图 3.4　低频信号发生器功率输出端及其接法

⑤ 输出电压的调节和测读。通过调节幅度调节旋钮可以得到相应大小的输出电压。在使用衰减器（0dB 挡除外）时，由于指示电压表的示值是未经衰减器之前的电压，故实际输出电压的大小应为：示值÷电压衰减倍数。例如，信号发生器的指示电压表示值为 20V，衰减分贝数为 60dB，输出电压应为 0.02 V（$20\ V\div10^{60/20}=0.02\ V$）。

3. FJ-XD22PS 低频信号发生器的操作使用

FJ-XD22PS 低频信号发生器是一种多用途的仪器，它能够输出正弦波、矩形波、尖脉冲、TTL 电平和单次脉冲五种信号，还可以作为频率计使用，测量外来输入信号的频率。FJ-XD22PS 低频信号发生器的面板如图 3.5 所示。

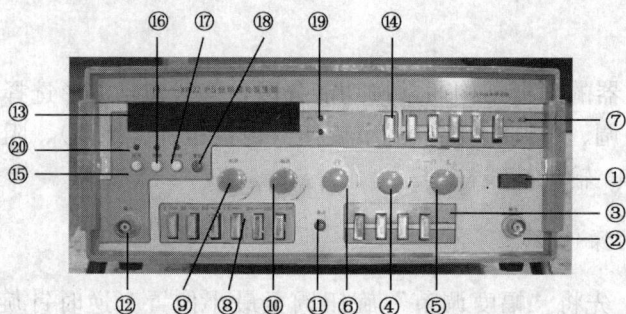

图 3.5　FJ-XD22PS 低频信号发生器的面板

（1）FJ-XD22PS 低频信号发生器面板上各旋钮开关的作用

① 电源开关。

② 信号输出端子。

③ 输出信号波形选择键。

④ 正弦波幅度调节旋钮。

⑤ 矩形波、尖脉冲波幅度调节旋钮。

⑥ 矩形脉冲宽度调节旋钮。

⑦ 输出信号衰减选择键。

⑧ 输出信号频段选择键。

⑨ 输出信号频率粗调旋钮。

⑩ 输出信号频率细调旋钮。

⑪ 单次脉冲按钮。

⑫ 信号输入端子。

⑬ 六位数码显示窗口。

⑭ 频率计内测、外测功能选择键（按下：外测，弹起：内测）。

⑮ 测量频率按钮。

⑯ 测量周期按钮。

⑰ 计数按钮。

⑱ 复位按钮。

⑲ 频率或周期指示发光二极管。

⑳ 测量功能指示发光二极管。

（2）FJ-XD22PS 低频信号发生器的主要技术性能

① 信号源部分。

• 频率范围：1Hz～1MHz，由频段选择和频率粗调、细调配合可分六挡连续调节。

• 频率漂移：1 挡≤0.4%；2、3、4、5 挡≤0.1%；6 挡≤0.2%。

• 正弦波：频率特性≤1dB（第 6 挡≤1.5db），输出幅度≥5V，波形的非线性失真：（20Hz～20kHz）≤0.1%。

- 正、负矩形脉冲波：占空比调节范围 30%～70%，脉冲前、后沿≤40ns；波形失真：在额定输出幅度时，前、后过冲及顶部倾斜均小于 5%。
- 输出幅度：高阻输出≥10V_{PP}，50Ω 输出≥5V_{PP}。
- 正、负尖脉冲：脉冲宽度 0.1μs，输出幅度≥5V_{PP}。

② 频率计部分（内测和外测）。
- 功能：频率、周期、计数六位数码管（八段红色）显示。
- 输入波形种类：正弦波、对称脉冲波、正脉冲。
- 输入幅度：1V≤脉冲正峰值≤5V，1.2V≤正弦波≤5V。
- 输入阻抗：≥1MΩ。
- 测量范围：1Hz～20MHz（精度：5×10⁴±1 个字）。
- 计数速率：波形周期≥1μs，计数范围：1～983040。

（3）基本操作方法

① 将电源线接入 220V，50Hz 交流电源上。应注意三芯电源插座的地线脚应与大地妥善接好，避免干扰。

② 开机前应把面板上各输出旋扭旋至最小。

③ 为了得到足够的频率稳定度，需预热。

④ 频率调节：面板上的频率波段按键作频段选择用，按下相应的按键，然后再调节粗调和细调旋至所需的频率上。此时"内外测"键置内测位，输出信号的频率由六位数码管显示。

⑤ 波形转换：根据需要波形种类，按下相应的波形键位。波形选择键从左至右依次是：正弦波、矩形波、尖脉冲、TTL 电平。

⑥ 输出衰减有 0dB、20dB、40dB、60dB、80dB 五挡，根据需要选择，在不需要衰减的情况下应按下"0dB"键，否则没有输出。

⑦ 幅度调节：正弦波与脉冲波幅度分别由正弦波幅度旋钮和脉冲波幅度旋钮调节。本机充分考虑到输出的不慎短路，加了一定的安全措施，但是不要进行人为的频繁短路实验。

⑧ 矩形波脉宽调节：通过矩形脉冲宽度调节旋钮调节。

⑨ "单次"触发：需要使用单次脉冲时，先将六段频率键全部抬起，脉宽电位器顺时针旋到底，轻按一下"单次"输出一个正脉冲；脉宽电位器逆时针旋到底，轻按一下"单次"输出一个负脉冲，单次脉冲宽度等于按钮按下的时间。

⑩ 频率计的使用：频率计可以进行内测和外测，"内外测"功能键按下时为外测，弹起时为内测。频率计可以实现频率、周期、计数测量。轻按相应按钮开关后即可实现功能切换，请同时注意面板上相应的发光二极管的功能指示。当测量频率时"Hz 或MHz"发光二极管亮，测量周期时"ms 或 s"发光二极管亮。为保证测量精度，频率较低时选用周期测量，频率较高时选用频率测量。如发现溢出显示"-- --"时请按复位键复位，如发现三个功能指示灯同时亮时可关机后重新开机。

（4）操作实例

比如要用 FJ-XD22PS 低频信号发生器输出频率为 1000Hz、有效值为 10mV 的正弦波，可按以下步骤操作：

① 通电预热数分钟后按下波形选择键中的"～"键，输出信号即为正弦波信号。

② 让"内外测"键处于弹起状态，频率计内测输出信号频率。

③ 按下输出衰减"20dB"键，正弦信号衰减了 20dB 后输出。

④ 按下频率波段选择"1～10k"按键，输出信号频率在 1～10kHz 之间连续可调。

⑤ 轻按测量功能选择中的"频率"键，该键上方的红色发光二极管亮，窗口中显示的数字即为输出信号的频率，窗口右侧上方"Hz"红色发光二极管亮，表示频率单位为 Hz。

⑥ 调节频率"粗调"旋钮直到显示的频率值接近 1000Hz 时，再改调频率"细调"旋钮，直到显示的频率值为 1000 Hz 为止。

必须说明的是：该信号发生器的测频电路的显示滞后于调节，所以旋转旋钮时要求缓慢一些；信号发生器本身不能显示输出信号的电压值，所以需要另配交流毫伏表测量输出电压，当输出电压不符合要求时，可选择不同的衰减再配合调节输出正弦信号的幅度旋钮，直到输出电压为 10mV。

若要观察输出信号的波形，可把信号输入到示波器。

3.2.3　高频信号发生器

高频信号发生器也称射频信号发生器，能产生 200kHz～30MHz 的正弦波或调幅波信号，在测量高频电子线路的工作特性（如各类高频接收机的灵敏度、选择性等）中应用较广。目前，高频信号发生器的频率已延伸到 30～300MHz 的其高频信号范围，且具有一种或一种以上调制或组合调制功能，包括正弦调幅、正弦调频及脉冲调制，特别是具有 μV 级的小信号输出，以满足接收机测试的需要，这类的信号发生器通常也称为标准信号发生器。

高频信号发生器按调制类型分为调幅和调频两种。XFG-7 型高频信号发生器是最常用的调幅式高频信号发生器。

1. XFG-7 型高频信号发生器的主要性能指标

(1) 频率范围

100kHz～30MHz，分八个频段，与频率调节度盘上的八条刻度线相对应。频率刻度误差为 1%。

第一频段：100～180kHz；

第二频段：180～350kHz；

第三频段：350～700kHz；

第四频段：700～1.4MHz；

第五频段：1.4～3MHz；

第六频段：3～6.5MHz；

第七频段：6.5～14MHz；

第八频段：14～30MHz。

(2) 输出电压与输出阻抗

"0～0.1V"插孔：分 $10\mu V$、$100\mu V$、1mV、10mV、100 mV 五挡，输出阻抗

为 40Ω。

"0～1V"插孔：输出电压连续可变，输出阻抗为 40Ω。

（3）调幅频率

内调幅分 400Hz 和 1kHz 两种；外调幅 50～8000kHz 连续可调。

2. XFG-7 型高频信号发生器的面板

XFG-7 型高频信号发生器的面板图如图 3.6 所示。

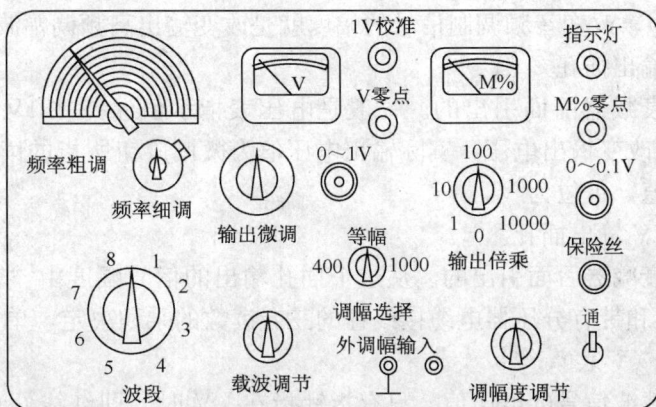

图 3.6　XFG-7 型高频信号发生器面板图

（1）波段开关

波段开关的作用是变换工作频段，共分八个频段，与频率调节度盘上的八条刻度线相对应。

（2）频率调节旋钮

频率调节旋钮的作用是在每个频段中可连续地改变频率，可先调节"粗调"旋钮到需要的频率附近，再使用"细调"旋钮调节到准确的频率。

（3）载波调节旋钮

载波调节旋钮用以改变载波信号的幅度值，一般应该调节到电压表指示在 lV 上。

（4）输出微调旋钮

输出微调旋钮用以改变输出信号（载波或调幅波）的幅度，共分 10 大格，每大格又分成 10 小格，这样便组成了一个 1：100 的可变分压器。

（5）输出倍乘开关

输出倍乘开关用来改变输出电压的步级衰减器，共分五挡：1、10、100、1000 和 10000。当电压表准确地指在 1 V 红线上时，从"0～0.1V"插孔输出的信号电压幅度，就是微调旋钮上的读数与这个开关上倍乘数的乘积，单位为 μV。

（6）调幅选择开关

调幅选择开关用以选择输出信号为等幅信号或调幅信号。当开关在"等幅"挡时，输出为等幅波信号；当开关在 400Hz 或 1000Hz 挡时，输出分别为调制频率是 400Hz

或 1000Hz 的典型调幅波信号。

（7）外调幅输入接线柱

当需要频率不是 400Hz 或 1000Hz 的调幅波时，可由此接线柱输入音频调制信号（此时调幅度选择开关应置于等幅挡）。另外，也可以将内调制信号发生器输出的 400Hz 或 1000Hz 音频信号由此引出（此时调幅选择开关应置于 400Hz 或 1000Hz 挡）。当连接不平衡式的信号源时，应该注意标有接地符号的黑色接线柱表示接地。

（8）调幅度调节旋钮

调幅度调节旋钮用以改变内调制信号发生器的音频输出信号的幅度。当载波频率的幅度一定时（1V），改变音频调制信号的幅度就是改变输出高频调幅波的调幅度。

（9）0～1V 输出插孔

它是从步级衰减器前面引出的。一般是电压表指示值保持在 1V 红线上时，调节"输出微调"旋钮改变输出电压，实际输出电压值为微调旋钮所指的读数的 1/10，即为输出信号的幅度值，单位为 V。

（10）0～0.1V 输出插孔

它是从步级衰减器后面引出的。从这个插孔输出的信号幅度由"输出微调"旋钮、"输出倍乘"开关和带有分压器电缆接线柱的三者读数的乘积决定，单位为 μV。

（11）电压表（V 表）

它指示输出载波信号的电压值。只有指针指在 1V 时（即红线处），才能保证指示值的准确度，其他的刻度值仅供参考。

（12）调幅度表（M％表）

它指示输出调幅波信号的调幅度，不论对内调制和外调制均可指示。在 30％调幅度处标有红线，此为常用的调幅度值。

（13）V 表零点旋钮

V 表零点旋钮用来调节电压表的零点。

（14）1V 校准电位器

1V 校准电位器用以校准电压表的 1V 挡读数（刻度）。平常用螺丝盖盖着，不得随意旋动。

（15）M％表零点旋钮

M％表零点旋钮用来将 M％表调整到零点。这一调整过程应在电压表指针指示在 1V 时进行，否则 M％表的指示是不正确的。

3. 高频信号发生器的使用步骤

调幅式高频信号发生器的型号不少，但是除载波频率范围、输出电压、调幅信号频率大小等有些差异外，它们的基本使用方法是类似的。下面仍以 XFG-7 型高频信号发生器为例介绍调幅高频信号发生器的使用步骤与技巧。

（1）等幅波输出

① 将"调幅选择"开关置于"等幅"位置。

② 根据所需频率，将"波段"开关置于相应的频段，"粗调"旋钮调到所需的频率附近，然后再调节频率"细调"旋钮，以得到准确的频率。

③ 调"载波调节"旋钮，使电压表指示在红线上。

这时在"0～0.1V"插孔输出的信号电压等于输出微调读数和输出倍乘读数的乘积，单位为 μV。在调节"输出微调"旋钮后，如果电压表上的指示受影响，则要反复调节"载波调节"旋钮，使电压表准确地指在红线上。

例如，当"输出微调"旋钮的读数为 6 格，"输出倍乘"旋钮在 10 的位置时，其输出电压为 $6\times10=60\mu$V。

仪器备有专用的带有分压器的输出电缆，分压器上有 1 和 0.1 两个接线孔，如果上例中信号从分压器的 0.1 孔输出，这时实际输出信号电压还要乘上 0.1，这时，其实际输出电压为 6μV。

④如果需要的信号电压值大于 0.1V 时，应从"0～1V"插孔输出。这时仍应调节"载波调节"旋钮，使电压表指示在 1V 上，如果"输出微调"旋钮置于 5 处，就表示输出电压为 0.5V。由于仪器的输出电压值在不同频率时是不同的，因此每换一个频率必须按上述方法重新校准一次。

（2）调幅波输出

使用内调制信号时：

① 将"调幅选择"开关置于相应的位置（400Hz 或 1000Hz）。

② 按选择等幅波频率的方法选择载波频率。

③ 调节"载波调节"旋钮，使电压表指示为 1V。

④ 调节"调幅度调节"旋钮，使调幅度表指示出所需的调幅度。一般调节指示在 30%处。

⑤ 利用"输出微调"旋钮和"输出倍乘"旋钮来控制载波的输出幅度，计算方法与输出等幅信号相同。

使用外调制信号时：

① 将"调幅选择"开关置于等幅位置。

② 按选择等幅信号频率的方法选择载波频率。

③ 选择合适的音频信号发生器作为音频调幅信号源，音频信号发生器应具有相应的工作频段，而且它的输出应能提供 0.5W 以上的功率（在 20kΩ 负载上输出大于 100V）。

④ 接通音频信号发生器，将输出调到最小，然后将它接到外调幅输入接线柱上。将"调幅度旋钮"置于最大位置（顺时针旋到底）。逐渐增大输出，直到调幅度表上的读数满足为止。这时调幅度表上的读数就是输出调幅度。

⑤ 利用"输出微调"旋钮和"输出倍乘"旋钮控制载波的输出幅度，计算方法与输出等幅信号相同。

3.3　电子电压表的使用

电子电压表是一种测量交流电压的仪器，一般的万用表只能测量频率为 50Hz 的交流电压，而电子电压表可以测量频率为 20 Hz～1MHz 的交流电压。根据测量性能的不同，电子电压表可分为放大-检波式（主要用于测量低频电压）、检波-放大式（主要用

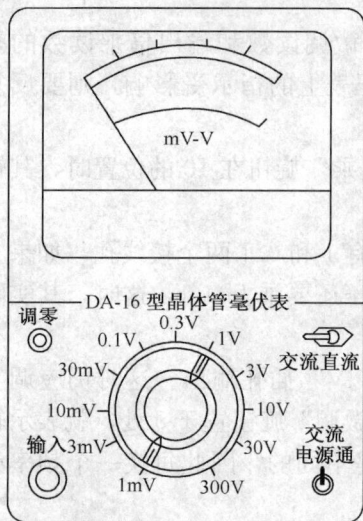

图 3.7　DA-16 型晶体管毫
伏表的面板图

于测量高频电压）和外差式（测量甚高频微波电压）三种类型。实验室常用的 DA-16 型电子电压表是根据放大-检波原理制成的，其工作时，被测电压先由交流放大器放大，再经检波器将交流信号转换为直流电压信号，最后由直流表头指示被测交流电压值。表头指示值为正弦波电压有效值，电压测量范围为 $100\mu V\sim 300V$，被测信号频率为 20 Hz～1MHz，测量准确度较高。下面介绍 DA-16 型晶体管毫伏表的使用方法。

DA-16 型晶体管毫伏表的面板图如图 3.7 所示。

1. 机械调零

将毫伏表水平置于桌面上，通电前先检查表头指针是否指零；若不指零，则调整面板上的机械调零旋钮使指针指示为零。

2. 电气调零

接通电源进行短路调零。即将两个输入端短路，将量程开关选在需要的挡位上，调节电气调零旋钮使表针指零；然后将量程开关置于高量程挡，拆除输入端的短路线。

注意：当改变量程测量时，需要重新进行短路调零。

DA-16 型毫伏表在小量程挡时，由于噪声的干扰，表针会出现微微抖动的现象，这是正常的。

3. 连接测量线路

DA-16 型毫伏表灵敏度较高，为了保护表头以避免表针被撞击损坏，在接线时一定要先接地线（低电位线端），再接高电位线端；测量完毕拆线时，应先拆高电位线端。

DA-16 型毫伏表的输入端采用的是同轴电缆，电缆的外层为接地线，为安全起见，在使用毫伏级电压量程时，接线前最好将量程开关置于高电压挡，接线完毕后再选择所需量程。另外在测量毫伏级的电压量时，为避免外部环境的干扰，测量导线应尽可能短，且最好选用屏蔽线。

4. 测量要点

当所测的未知电压难以估计其大小时，就需要从大量程开始试测，逐渐降低量程直至合适为止。当使用较高的灵敏度挡（毫伏级挡）时，应先接地线，然后再接另一输入端；将量程开关由高到低依次转换，直至表针指示满刻度值的三分之二以上时，即可读出被测电压值。

5. 读数指南

量程开关置 10mV、100mV、1V 等挡时，从满刻度为 10 的上刻度盘读数；量程开关置 30mV、300mV、3V 等挡时，从满刻度为 30 的下刻度盘读数。刻度盘的最大值（即满量程值）为量程开关所处挡的指示值。如量程开关置 1V，则上刻度盘的满量程值就是 1V。

3.4　直流稳压电源的使用

直流稳压电源是一种常用的电子仪器，它将交流电转换成电子设备所需要的直流电，为各种电子电路提供直流电源。直流稳压电源的种类很多，有单路和双路之分，有电流大小之分，有电压可调和不可调之分，常见的有 SG1731 稳压电源和 DF1721SL 稳压电源等。下面介绍 SG1731 稳压电源的使用方法。SG1731 稳压电源的面板图如图 3.8 所示。

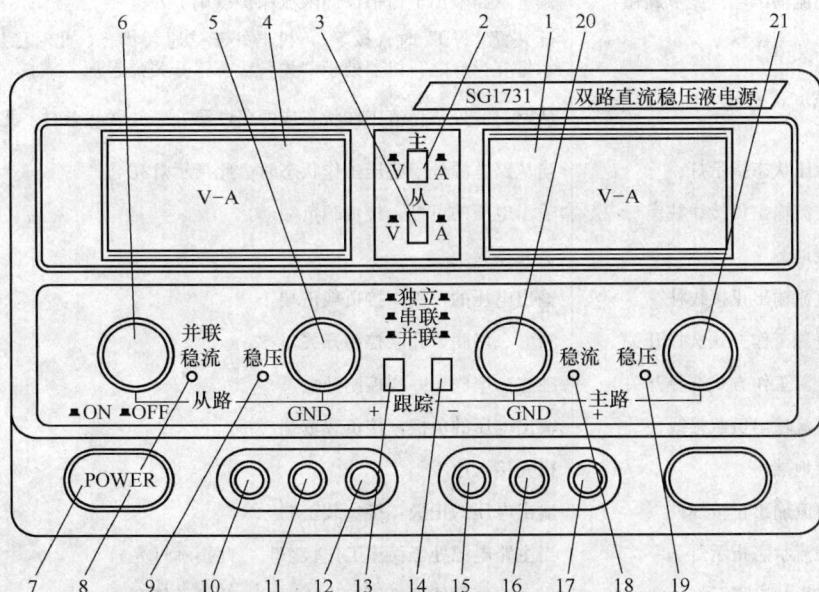

图 3.8　SG1731 直流稳压电源面板图

3.4.1　SG1731 型直流稳压电源的技术指标

SG1731 型直流稳压电源是具有两路独立输出的电源，电压范围为 0~30V，电流范围为 0~3A，是既能稳压又能稳流的高稳定度电源。

SG1731 型直流稳压电源的技术指标见表 3.2。

表 3.2　SG1731 直流稳压电源的技术指标

项目	技术指标	项目	技术指标
输出电压	0~30V 连续可用，双路	保护措施	电流限制保护
输出电流	0~3A 连续可调，双路	指示表头级别	电压表和电流表均为 2.5 级
输入电压	AC 220 V±10%、50 Hz±5%	使用环境	0~40℃，相对湿度小于 90%，可连续工作 8h

3.4.2　SG1731 型直流稳压电源面板上的各按键和旋钮

SG1731 型直流稳压电源面板上各按键和旋钮的功能见表 3.3。

表 3.3　SG1731 型直流稳压电源面板上各按键和旋钮的功能

序号	名称	作用
1	右电表	指示主路输出电压或电流值
2	主路输出选择开关	选择主路的输出电压或电流值
3	从路输出选择开关	选择从路的输出电压或电流值
4	左电表	指示从路的电压和电流值
5	从路稳压输出电压调节旋钮	调节从路输出电压值
6	从路稳流输出电流调节旋钮	调节从路输出电流值（即限流保护点调节）
7	电源开关	开关置"NO"时（按下），机器处于"通"状态，此时稳压或稳流指示灯亮；反之，机器处于"关"状态（开关弹起）
8	从路稳流状态或二路并联状态指示灯	从路电源处于稳流工作状态或两路电源处于并联状态时，此指示灯亮
9	从路稳压状态指示灯	当从路电源处于稳压工作状态时，此指示灯亮
10	从路支流输出负接线柱	输出电压的负极，接负载负端
11	机壳接地端	机壳接大地
12	从路直流输出正接线柱	输出电压的正极，接负载正端
13	两路电源工作方式选择开关	独立、串联、并联控制开关
14	两路电源工作方式选择开关	独立、串联、并联控制开关
15	主路直流输出负载接线柱	输出电压的负极，接负载负端
16	机壳接地端	机壳接大地
17	主路直流输出正接线柱	输出电压的正极，接负载正端
18	主路稳流状态指示灯	当主路电源处于稳流工作状态时，此指示灯亮
19	主路稳压状态指示灯	当主路电源处于稳压工作状态时，此指示灯亮
20	主路稳流输出电流调节旋钮	调节主路输出电流值（即限流保护点的调节）
21	主路稳压输出电压调节旋钮	调节主路输出电压值

3.4.3　SG1731 型直流稳压电源的使用方法

1. 作为双路可调电源独立使用

将电源工作方式开关 13、14 都置于弹起位置。

① 作为双路独立的电压源。首先将稳流旋钮 6、20 顺时针调节至最大，然后接通电源开关 7，并调节电压调节旋钮 5 和 21，将从路和主路输出直流电压调至所需要的电压值，此时稳压状态指示灯 9 和 19 发光。

② 作为双路独立的稳流源。在打开电源开关 7 后，先将稳压调节旋钮 5 和 21 顺时针调节至最大，同时将稳流调节旋钮 6 和 20 逆时针调节至最小，然后接上所需负载，

再顺时针调节稳流调节旋钮 6 和 20 使输出电流至所需要的稳定电流值。此时稳压状态指示灯 9 和 19 熄灭，稳流状态指示灯 8 和 18 发光。

当作为稳压源使用时，稳流电流调节旋钮 6 和 20 一般应该调至最大，但是该电源也可以任意设定限流保护点。设定办法为：接通电源，逆时针将稳流调节旋钮 6 和 20 调至最小，然后短接正、负输出端子，并顺时针调节稳流调节旋钮 6 和 20，使输出电流等于所要求的限流保护点的电流值，此时限流保护点就被设定好了。

2. 作为双路可调电源串联使用

将工作方式开关 13 按下、14 开关弹起，此时调节主电源电压调节旋钮 21，从路的输出电压严格跟踪主输出电压，使输出电压最高可达两路电压的额定值之和，即端子 10 和 17 之间的电压。

3. 作为双路可调电源并联使用

将电源工作方式开关 13、14 按下，即处于两路电源并联工作方式。

① 作为稳压电源使用。调节主电源电压调节旋钮 21，两路电压输出一样，同时从路稳流指示灯 8 发光，在两路电源处于并联状态时，从路电源的稳流调节旋钮 6 不起作用。

② 作为稳流源使用。只需调节主路的稳流调节旋钮 20，此时主、从路的输出电流均受其控制并相同，其输出电流最大可达两路输出电流之和。

该电源设有完善的保护功能，当输出端发生短路现象时，不会对该电源造成任何损坏，但是短路时该电源仍有功率损耗，所以一经发现应立即关掉电源，将故障排除后再使用。

3.5　万用电桥和 Q 表的使用

3.5.1　QS18A 型万用电桥的使用

QS18A 型万用电桥可以精密地测量电阻、电感、电容以及电感线圈的品质因数 Q，还可以测量电容器的损耗因数 D 等。

1. QS18A 型万用电桥的主要功能及指标

电阻测量范围：$0.01\Omega \sim 11\mathrm{M}\Omega$。

电感测量范围：$1.0\mu\mathrm{H} \sim 110\mathrm{H}$。

电容测量范围：$1.0\mathrm{pF} \sim 1100\mu\mathrm{F}$。

品质因数测量范围：$0 \sim 10$。

电容损耗因数测量范围：$0 \sim 0.1$，$0 \sim 10$。

2. 使用方法

（1）测量电容

① 估计被测电容的大小，选择合适量限。如被测电容为 500pF，则量限开关应放

在 1000pF 的位置。

②将"测量选择"开关置于"C"位置，"损耗倍率"开关置于"D×0.1"或"D×1"位置，"损耗平衡"旋钮置于 1 左右的位置，损耗微调旋钮逆时针方向旋到底。

③调节电桥读数盘使电桥平衡。先调节电桥读数盘使指示电表的指针朝零刻度偏转。当读数盘的调节失去作用时，改为调节"损耗平衡"旋钮。使指针继续向零刻度偏转，反复调节读数盘和"损耗平衡"旋钮使电表指零或近似指零。然后再将灵敏度增大，按上述方法重新调节读数盘和"损耗平衡"旋钮使电表指零，直至灵敏度升到满足测量准确度的要求为止。

④电桥平衡时，若电桥的读数盘第一个盘指在 0.5，第二个盘指在 0.038，则被测电容为 $1000 \times (0.5 + 0.038)\text{pF} = 538\ \text{pF}$。一般情况下被测电容 $C_x =$ 量限×电桥读数盘的指示值。被测电容的损耗因数 $D_x =$ 损耗倍率指示值×损耗平衡旋钮指示值。

（2）测量电感

①估计被测电感量的大小，选择合适量限。

②将"测量选择"开关置于"L"位置，"损耗倍率"开关置于"Q×1"位置。

③仿照测量电容的步骤调节电桥平衡。

④电桥平衡时，由电桥的有关旋钮指示值计算出被测电感量 L_x 和品质因数 Q_x。L_x 等于电桥量限乘以读数盘的指示值，Q_x 等于损耗倍率指示值乘以损耗平衡旋钮指示值。

（3）测量电阻

①估计被测电阻的大小，选择合适量限和测量选择旋钮的位置。若被测电阻值在 $1 \sim 10\Omega$ 之间，选择旋钮开关应在 $R \leqslant 10\Omega$ 挡；若被测电阻值在 10Ω 以上，选择旋钮开关应放在 $R > 10\Omega$ 挡。

②调节电桥读数盘使电桥平衡。

③电桥平衡时，被测电阻 R_x 等于量限乘以电桥读数盘指示值。

3.5.2 QBG-3D 高频 Q 表的使用

高频 Q 表是一种通用多用途、多量程的高频测量仪器。它可测量高频电感器、高频电容器及各种谐振元件的品质因数（Q 值）、电感量、电容量、分布电容、分布电感，也可测量高频电路组件的有效串联电阻、并联电阻和传输线的特征阻抗，还可测量电容器的损耗角正切值、电工材料的高频介质损耗、介质常数等。下面介绍 QBG-3D 高频 Q 表的使用。QBG-3D 高频 Q 表的面板图如图 3.9 所示。

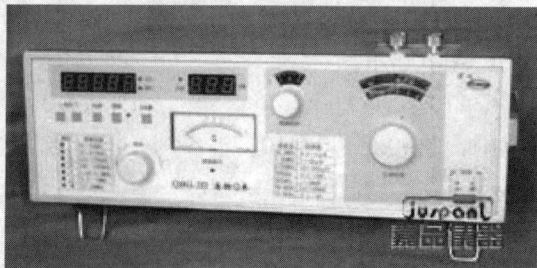

图 3.9 QBG-3D 高频 Q 表的面板图

1. QBG-3D 高频 Q 表的主要功能及指标

Q 值测量：1～999 三位数字显示，自动切换量程。

固有误差：≤5%±满度值的 2%。

工作误差：≤7%±满度值的 2%。

电感测量：$0.1\mu H$～$1000mH$，误差＜5%±$0.03\mu H$。

测试频率：25kHz～50MHz 五位数字显示。

分辨率：1×10^{-4}±1 个字。

调谐电容：主电容 40～500PF，误差＜±1% 或 1pF。

微调电容：±3pF，分辨率 0.2pF。

QBG-3D 高频 Q 表还具有频标自动设置、自动搜索谐振点、Q 值合格设置和声光指示功能。

2. 使用方法

（1）开机预热 10min 后，调整好 Q 表的定位零点和 Q 值指示器零点。

（2）用直接法测量电感的电感量和 Q 值，测量步骤如下：

① 将被测线圈接在顶部 "LX" 接线柱上。

② 根据被测线圈的估计电感值，在面板对照表中选一标准频率，并将信号发生器调节到标准频率上。

③ 将 "Q 值范围" 开关、振荡器波段开关，放在适当位置上。

④ 调节 "定位校直" 使定位表指示零点；调节 "定位粗调"、"定位细调"。

⑤ 调节电容度盘到谐振，微调电容度盘至谐振点，即 Q 值指示表读数达到最大，此读数即为被测电感线圈的 Q 值。

⑥ 微调电容度盘放在 "0" 上，调节主调电容度盘到谐振点。这时度盘上的电感数乘以对照表上所指的倍数，就是线圈的电感值。

（3）测量电容的下列参数

用并联代替法测量（0～460pF）电容 C_X，测量步骤如下：

① 把标准电感接在 1、2 端。

② 微调电容器放到零，主调电容器调到较大值 C_1（例如 500pF）。

③ 调节定位粗调、定位细调然后定位。

④ 调节信号发生器频率使回路谐振。

⑤ 将被测电容接在 "C_X" 端，调节主调电容器到谐振回路重新谐振，此时主调电容量为 C_2，则被测电容量为 $C_X = C_1 - C_2$

用串联代替法测量电容器的 C_X、R_X 及 tanX，测量步骤如下：

① 把标准电感接在 1、2 端。

② 微调电容放到零，主调电容调到 40pF。

③ 调信号频率使回路第一次谐振，记下此时信号频率 f_0、CN 的读数 CN_1，Q 表的读数 Q_1。

④ 待测电容器 C_X 与标准电感串联接入。

⑤ 调整 CN（微调或主调）使回路第二次谐振，记下此时的电容 CN_2 及 Q_2，求出电容器的 C_X、R_X 及 $\tan X$。

【技能与技巧】稳压电源的使用技巧

稳压电源一般都具有两路输出，在实际使用中，可以利用这一方便条件，满足实验的需要。

（1）获得高电压

把两路电源的电压输出端正向串联（一路电源的负极接另一路电源的正极，剩下的两极作为总电源的正负极），可得到两路输出电压之和的高电压。

（2）获得大电流

将两路电源的输出端并联（正极接正极，负极接负极），可得到两路电源的最大输出电流之和。在开机之前，一定要将两路电源的电压调节一致（可用万用表监测），最好在每路电源的输出端各接入一个 $10\Omega/20W$ 的电阻，以避免两路电压的不对称。

自　测　题

1．从指针偏转位置的角度解释用模拟万用表测量电流、电压或电阻时，应如何选择量程，才能使测量误差较小？

2．模拟万用表与数字万用表都有红、黑两根表笔，使用电阻挡进行测量时，两类万用表的红、黑表笔的极性有差别吗？为什么？

3．试举例说明 XFG-7 型高频信号发生器的使用方法。

4．测量大约为 2V、1kHz 的正弦波信号，DA-16 电子电压表的量程应打到哪一挡？

5．说明 QS18A 型万用电桥的功能及使用方法。

6．示波器都有哪些测量功能？

7．低频信号发生器的用途是什么？

8．交流毫伏表能否测量电路的静态工作点？它和万用表有何区别？

9．简述用示波器测量低频信号发生器产生的 1kHz/1V 信号时，使用示波器和低频信号发生器的步骤。

实训 3　示波器、信号发生器和毫伏表的使用

一、实训目的

（1）熟练掌握示波器的使用。要求：了解示波器的简单原理；会用示波器观察信号波形；会用示波器测试信号幅值；会用示波器测试信号周期或频率。

（2）熟练掌握低频信号发生器的使用。要求：了解其简单原理；会用其输出频率和幅值一定的信号；会调节信号频率和幅值的大小。

（3）熟练掌握电子毫伏表的使用。要求：了解其简单原理；会用其测试未知信号的电压；熟悉其测量范围及使用注意事项。

二、实训器材

低频信号发生器两台。

双踪示波器一台。

电子电压表一台。

电视机一台。

三、实训步骤

1. 正弦波信号的测量

① 将低频信号发生器的输出端与示波器的 Y 轴输入端相连。

② 开机后,调节信号发生器的输出频率和电压值,如表 3.4 所示,并使用电子电压表进行监测。同时调节示波器,使屏幕上显示出稳定的正弦波形,测量出正弦波的幅度和周期,把测量数据填入表中。

表 3.4 正弦波的测量数据

低频信号发生器的输出		50Hz	100Hz	500Hz	1kHz	5kHz	10kHz	500kHz	800kHz	1MHz
		0.5V	1V	1V	2V	2V	3V	4V	5V	6V
电子电压表的测量值										
示波器测量值	V/div 挡级									
	读数(div)									
	U_{PP}/V									
	U_{rms}/V									
示波器测量值	t/div 挡级									
	读数(div)									
	周期									

2. 用李萨茹图形测量信号的频率

① 将作为标准信号源的低频信号发生器接入示波器的 X 通道,将作为被测信号源的信号发生器接入示波器的 Y 通道。

② 调节作为标准信号源的信号发生器,使之输出频率分别为 50 Hz、500 Hz、1kHz、3kHz,再相应地调节作为被测信号源的信号发生器,调节示波器使屏幕上显示出稳定的李萨茹图形。

③ 画出相应的李萨茹图形,算出被测量信号频率值,填入表 3.5 中。

表 3.5　用李萨茹图形法测量正弦波频率

标准信号源频率	50Hz	500Hz	1kHz	3kHz
李萨茹图形				
m 值				
n 值				
被测信号源频率				

3. 使用示波器观测电视机电路的波形

① 将电视机电路板置于实验台上，通电后使其正常工作。

② 将电视机关闭后，将待测量点与示波器连接。

③ 将示波器和电视机都开机，调节示波器使图形稳定，分别观测电视机的行振荡波形和场输出波形，记录被测量点的波形形状，计算出该波形的频率。

④ 把观测到的电视机行振荡波形和场输出波形与电视机原理图上的波形进行比较。

四、实训报告

（1）根据使用双踪示波器的实践写出实训报告，总结使用步骤。

（2）画出低频信号发生器、电子电压表和示波器的接线图。

（3）分析产生误差的主要原因及减少误差的方法。

（4）用电子电压表测量正弦波电压得到的是什么值？在读数上有什么要求？

（5）显示李萨茹图形的示波器是以什么方式工作的？

（6）在李萨茹图形的调节过程中应注意什么问题？

（7）用李萨茹图形法测量信号的频率有什么特点？

（8）画出被测量电视机行振荡波形和场输出波形。

第 **4** 章

电子产品装配前的准备工艺

几乎所有的电子产品都离不开装配前的准备，准备工作包括正确选取导线和元器件的品种规格、合理设计布线、采用可靠的连接技术。准备工艺是保证电子产品质量和性能的重要环节。

4.1 导线加工的方法

在装配准备工艺阶段，必须对所使用的线材进行加工，加工的内容包括：剪切、绝缘导线和屏蔽导线端头的加工。

4.1.1 绝缘导线的加工方法

绝缘导线的加工可分为裁剪、剥头、捻头（多股导线）、浸锡、清洁、印标记等工序。

1. 裁剪

导线在裁剪前，要用手或工具将其拉伸，使之尽量平直，然后用尺和剪刀，将导线裁剪成所需要的尺寸。如果需要裁剪许多根同样尺寸的导线，可用下面方法进行：在桌上放一直尺或根据裁剪尺寸在桌上做好标记。用左手拿住导线置于直尺（或标记）左端，右手拿剪刀，用剪刀刃口夹住导线向右拉，当剪刀的刃口达到预定尺寸时，将其剪断。重复上述动作即可将导线剪成相等长度。裁剪导线的长度允许有 5%～10% 的正误差，但不允许出现负误差。

2. 导线端头的加工

导线端头绝缘层的剥离方法有两种：一种是刃截法，另一种是热截法，刃截法设备简单但有可能损伤导线。热截法需要一把热剥皮器（或用电烙铁代替，并将烙铁头加工成宽凿形）。热截法的优点是：剥头质量好，不会损伤导线。

采用刃截法时可采用电工刀或剪刀，先在导线的剥头处切割一个圆形线口，注意不要割断绝缘层而损伤导线，接着在切口处用适当的夹力撕破残余的绝缘层，最后轻轻地拉下绝缘层。

采用剥线钳剥头比较适用于直径在 0.5～2mm 的导线、绞合线和屏蔽线。剥线头时，将规定剥头长度的导线伸入刃口内，然后压紧剥线钳，使刀刃切入导线的绝缘层内，利用剥线钳弹簧的弹力将剥下的绝缘层弹出。

采用热截法进行导线端头的加工时，需要将热控剥皮器端头加工成适当的外形，如图 4.1 所示。先将热控剥皮器通电加热 10min 后，待热阻丝呈暗红色时，将需要剥头的导线按所需长度放在两个电极之间。然后转动导线，将导线四周的绝缘层都切断后，用手边转动边向外拉，即可剥出无损伤的端头。

3. 捻头

多股导线被剥去绝缘层后，还要进行捻头以防止芯线松散。捻头时要顺着导线原来的合股方向，用力不宜过猛，否则易将细导线捻断。捻过之后的芯线，其螺旋角一般在 $30°\sim45°$ 为宜，如图 4.2 所示。芯线捻紧后不得松散，如果芯线上有涂漆层，应先将涂漆层去除后再捻头。

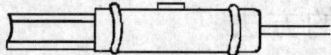

图 4.1　热控剥皮器端头形状

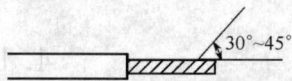

图 4.2　多股导线的捻头角度

4. 浸锡（又称搪锡、挂锡）

将捻好头的导线进行浸锡，其目的在于防止导线头的氧化，以提高焊接质量。浸锡有锡锅浸锡和使用电烙铁上锡两种方法。

采用锡锅浸锡时，先将锡锅通电使锅中的焊料熔化，然后将捻好头的导线蘸上助焊剂，再将导线垂直插入锡锅中，注意要使浸渍层与绝缘层之间留有 $1\sim2mm$ 的间隙，如图 4.3 所示。待导线头润湿后取出，浸锡的合适时间为 $1\sim3s$，时间不能太长，以免导线的绝缘层受热后收缩。

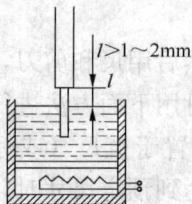

图 4.3　导线端头的浸锡

采用电烙铁上锡时，先将电烙铁加热至能熔化焊锡时，在烙铁上蘸满焊料，将导线端头放在一块松香上，用烙铁头压在导线端头，左手边慢慢地转动导线边往后拉，当导线端头脱离烙铁后，导线端头也上好了锡。采用电烙铁上锡时要注意：松香要用新的，否则导线端头会很脏；烙铁头不要烫伤导线的绝缘层。

4.1.2　屏蔽导线端头的加工

屏蔽导线是一种在绝缘导线外面套上一层铜编织套的特殊导线，其端头的加工过程为：

1. 导线的裁剪和外绝缘层的剥离

先用尺和剪刀（或斜口钳）剪下规定尺寸的屏蔽线。导线长度允许有 5％～10％的正误差，不允许有负误差。

2. 导线端部外绝缘护套的剥离

在需要剥去外护套的地方，用热控剥皮器烫一圈，深度直达铜编织层，再顺断裂圈端口烫一条槽，深度也要达到铜编织层。然后用尖嘴钳夹持外护套，撕下外绝缘护套，如图 4.4 所示。对直径较细、硬度较软屏蔽线铜编织套进行加工时，左手拿住屏蔽线的外绝缘层，用右手指向左推编织线，使之成为图 4.4（a）所示形状。然后用针或镊子在铜编织线上拨开一个孔，弯曲屏蔽层，从孔中取出芯线，如图 4.4

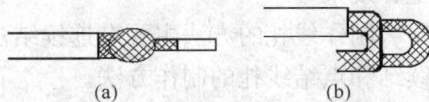

图 4.4　细、软屏蔽线的加工

（b）所示。用手指捏住已抽出芯线的铜屏蔽编织套向端部捋一下，根据要求剪取适当的长度，再将端部拧紧。

3. 对直径比较粗、硬度较硬屏蔽线铜编织套的加工

对直径比较粗、硬度较硬屏蔽线铜编织套的加工时，要在屏蔽层下面缠黄蜡绸布 2～6mm，（或用适当直径的玻璃纤维套管），再用直径为 0.5～0.8mm 的镀银铜线密绕在屏蔽层端头，保证宽度为 2～6mm，然后用电烙铁将绕好的铜线焊在一起（和套管一起）后，空绕一圈，并留出一定长度，最后套上收缩套管。注意焊接时间不宜过长，否则易将绝缘层烫坏。

4. 屏蔽层不接地时的加工

将导线的编织层推成球状后用剪刀剪去，仔细修剪干净即可，如图 4.5（a）所示。若质量要求较高，可在剪去编织套后，将剩余的编织层翻过来，如图 4.5（b）所示，再套上收缩性套管，如图 4.5（c）所示。

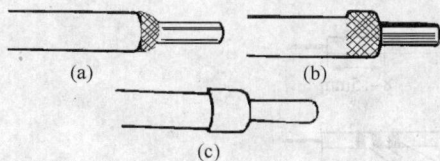

图 4.5　屏蔽层不接地时的端头加工

5. 绑扎护套端头

对有多根芯线的电缆线（或屏蔽电缆线）的端部必须进行绑扎。棉织线套外套端部极易散开，绑扎时，从护套端口沿电缆放长约 15～20mm 的蜡壳棉线，左手拿住电缆线，拇指压住棉线头，右手拿起棉线从电缆线端口往里紧绕 2～3 圈。压住棉线头，然后将起头的一段棉线折过来，继续紧绕棉线。当绕线宽度达 4～8mm 时，将起头的一段线折过来，继续紧绕棉线。当绕线宽度达 4～8mm 时，将棉线端穿进线环中绕紧。此时左手压住线层，右手抽紧绑线后，剪去多余的棉线，涂上清漆。也可在棉线套与绝缘芯线之间垫 2～3 层黄蜡绸，再用 0.5～0.8mm 镀银线密绕 6～10 圈，并用烙铁焊接（环绕焊接）。

屏蔽导线的芯线加工过程同一般绝缘线的加工方法一样，但要注意的是屏蔽导线的芯线大多是采用很细的铜丝做成，切忌用刀截法剥头，而应采用热截法。

屏蔽导线的芯线浸锡操作同一般绝缘导线的浸锡相同。但浸锡时，要用尖嘴钳夹持

在离端头 5～10mm 的地方，防止焊锡渗透进很长一段距离而形成硬结。

4.2 线扎的制作

在电子整机装配工作中常用细绳线和扎扣把导线扎成各种不同形状的线扎（也称线把、线束）。

制作线扎的方法主要有连续结法和点结法两种，下面根据线扎的制作过程，介绍连续结和点结线扎的制作方法。

1. 裁剪导线及加工线端

按工艺文件中的导线要求裁剪好符合规定尺寸和规格的导线，并进行线端加工（包括剥头、捻头、浸锡等）。

2. 在导线端头印标记

为了区分复杂线扎中的每根导线，需要在导线的两端印上标记（号码或色环），也可将印好标记的套管套在线端。印记标记的方法如下：

① 用酒精将线端或套管擦干净并晾干待用。

② 用盐基染料（颜色的数量和种类随需要而定，即深色导线用白色颜料，浅色导线用黑色颜料等），加 10％的聚氯乙烷配成，或直接用各式油墨印字符。

③ 用眉笔描色环或用橡皮章打印标记。打印前先要将油墨调匀，将少量油墨放在油板上，用小油滚滚成一薄层，再用印章去蘸油墨。打印时，印章要对准位置，再左右摇动一下，若标记不清要马上擦掉重印。

④ 导线标记位置应在离绝缘端 8～15mm 处，如图 4.6 所示。印字要清楚，方向要一致，数字号与导线粗细相配。

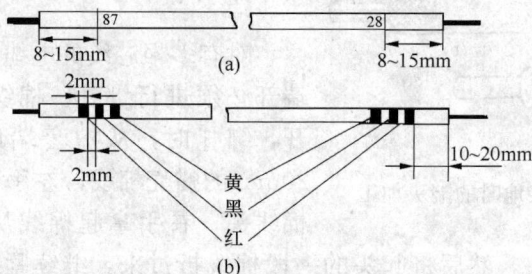

图 4.6 导线端头印标记

⑤ 排线。按工艺文件导线加工表排列顺序，在配线板上按图样走向依次排列。排列时，屏蔽导线应尽量放在下面，然后排短导线，最后排长导线。电子管的灯丝线应拧成绳状之后再排线。靠近高温热源的导线应有隔热措施（加石棉板或石棉绳等隔热材料）。如导线的根数较多不易放稳时，可在排完一部分之后，先用铜线临时捆扎，待所

有的导线排完之后，再一边绑扎一边拆除铜线。

3. 连续结的捆扎

用棉线、亚麻线或尼龙线等作为扎线材料，由起始结、中间结、终端结将线扎捆扎在一起。

（1）起始结

起始结是扎在线扎的开头处。如图 4.7 所示是几种起始结的扎法。

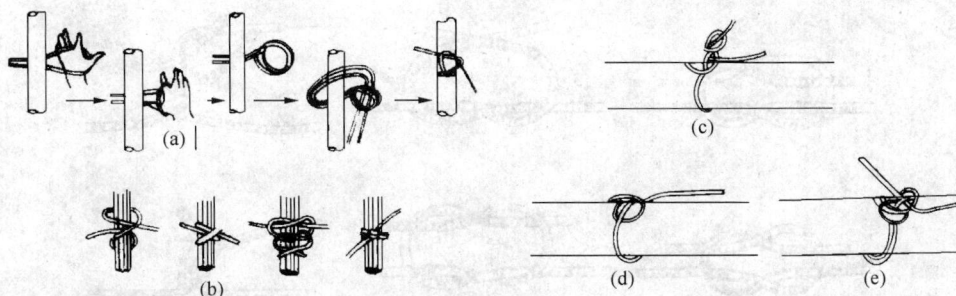

图 4.7　起始结的扎法

（2）中间结

中间结分为绕一圈的中间结和绕两圈的中间结。如图 4.8 所示是两种中间结的扎法。

（3）终端结

终端结是扎线的最后一个结。如图 4.9 所示是终端结的几种扎法。终端结通常由两个中间结再加上一个普通结作为保险而成。

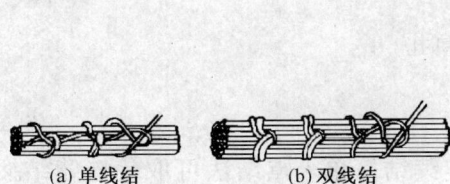

图 4.8　中间结

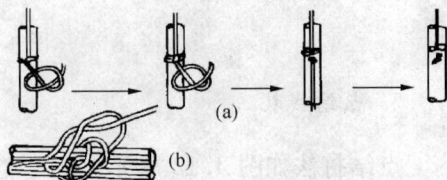

图 4.9　终端结

（4）延长结

当扎线到中间发现不够长时可用延长结加接一段，以便继续扎线。如图 4.10 所示。

4. "T" 形结、"Y" 形结与 "十" 字结

在线扎的分支处和转弯处需要用到这三种结当中的一种。如图 4.11 所示为这三种结的扎法。

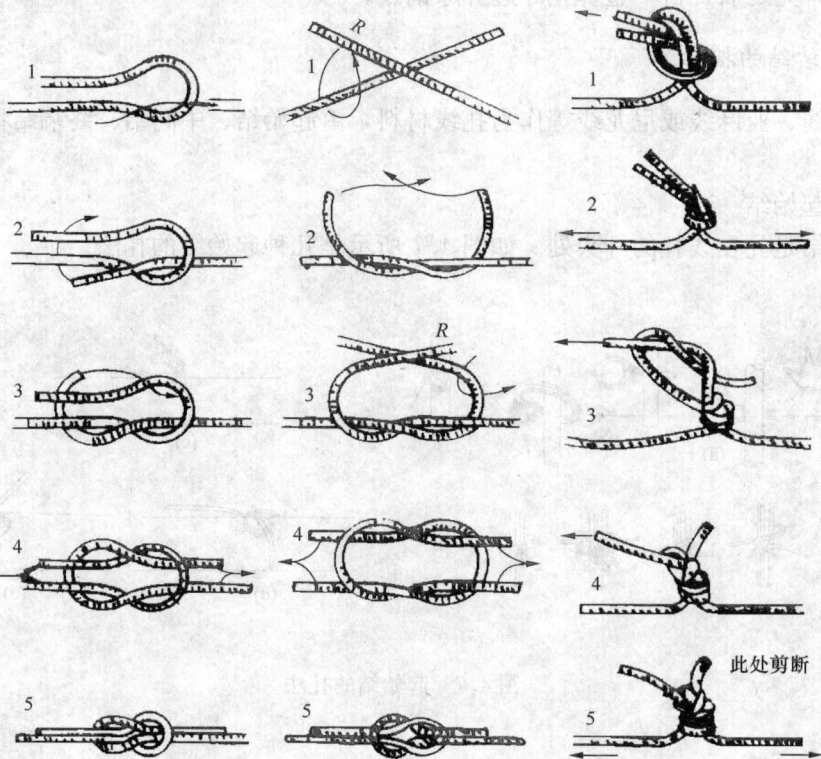

图 4.10　延长结的扎法

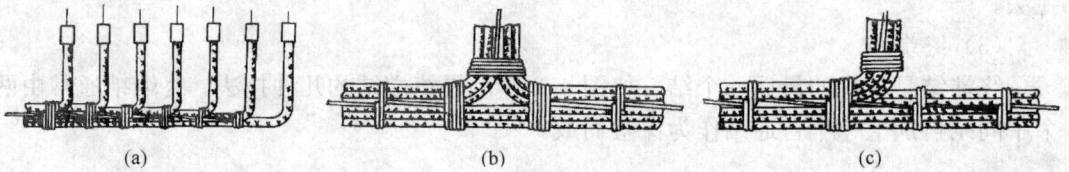

图 4.11　分支线的绑扎

5. 点结线扎

点结打法如图 4.12 所示。由于这种方法比连续结简单，点结法可取代连续结捆扎法。

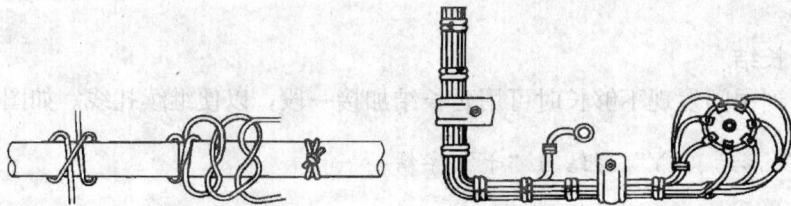

图 4.12　点结打法示意图

4.3　电子元器件装配前的加工

4.3.1　元器件引线的成形要求

对于手工插装和手工焊接的元器件，一般把引线加工成如图 4.13 所示的形状；对采用自动焊接的元器件，最好把引线加工成如图 4.14 所示的形状。图 4.14（a）为轴向引线元件卧式插装方式，La 为两焊盘的跨接间距，la 为轴向引线元件体长度，da 为元件引线的直径或厚度，$R=2da$，折弯点到元件体的长度应大于 1.5mm，两条引线折弯后应平行。图 4.14（b）为立式安装方式，$R=2da$，R 应大于元件体的半径。对于受热易损坏的元器件，其引线可加工成图 4.15 所示形状。

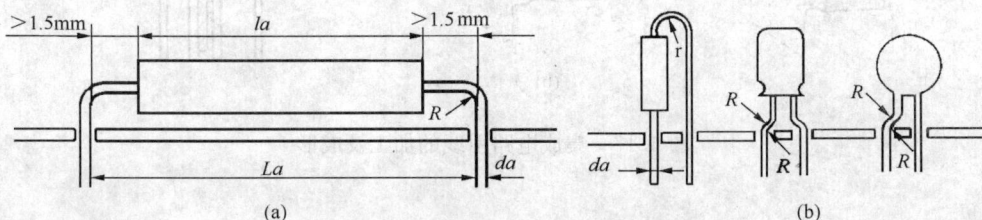

图 4.13　手工插装的元件引线成形

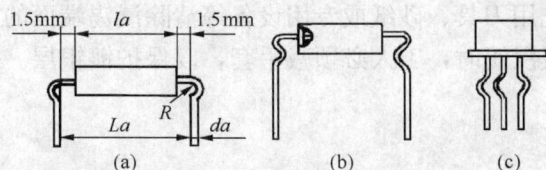

图 4.14　自动焊接元件引线的成形

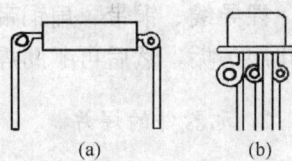

图 4.15　受热易损坏元件引线的成形

4.3.2　元器件引线成形的方法

目前，元器件引线的成形主要有专用模具成形、专用设备成形以及手工用尖嘴钳进行简单加工成形等方法。其中模具手工成形较为常用，如图 4.16 所示是引线成形的模具。模具的垂直方向开有供插入元件引线的长条形孔，孔距等于格距。将元器件的引线从上方插入长条形孔后，再插入插杆，元件引线即可成形。用这种方法加工的引线成形的一致性比较好。

某些元器件如集成电路的引线成形不能使用模具，可使用钳具加工引线。最好

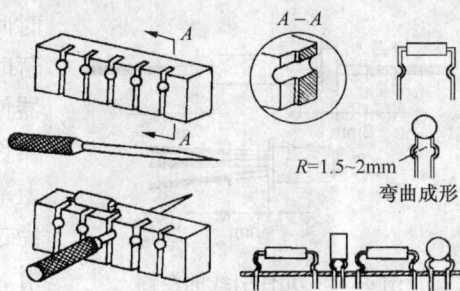

图 4.16　引线成形的模具

把长尖嘴钳的钳口加工成圆弧形，以防在引线成形时损伤引线。使用长尖嘴钳加工引线的过程如图 4.17（a）所示，集成电路的引线成形如图 4.17（b）所示。

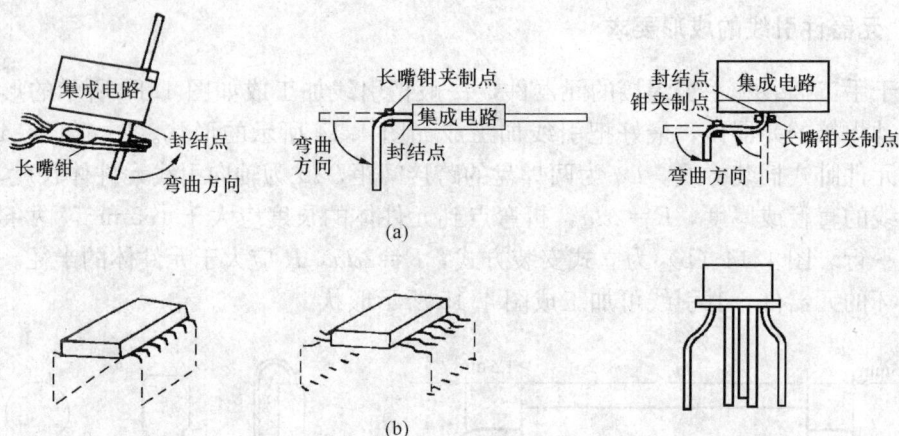

(a)

(b)

图 4.17　集成电路引线的加工及成形

4.3.3　元器件引线的浸锡

1. 裸导线的浸锡

裸导线、铜带、扁铜带等在浸锡前要先用刀具、砂纸或专用设备等清除浸锡端面的氧化层污垢，然后再蘸助焊剂浸锡。镀银线浸锡时，工人必须戴手套，以保护镀银层。

2. 元器件的焊片

元器件的焊片浸锡要没过孔 2～5mm。浸完锡后不要将孔堵住，如果堵塞可再浸一次锡，然后立即下垂使锡流掉，否则芯线不能穿过焊孔进行连接。

3. 元件的引线浸锡

元器件的引线在浸锡前，应在距离器件的根部 2～5mm 处开始去除氧化层，如图 4.18所示。从除去氧化层到进行浸锡的时间一般不要超过 1h。浸锡以后立刻将元件引线浸入酒精进行散热。浸锡的时间要根据引线的粗细来掌握，一般在 2～5s 为宜。若时间太短，引线未能充分预热，易造成浸锡不良；若时间过长，大量的热量传到器件内部，易造成器件损坏。有些晶体管和集成电路或其他怕热的器件，在浸锡时应当用易散热工具夹持其引线的上端。这样可防止大量热量传导到器件的内部。经过浸锡的引线，其浸锡层要牢固均匀、表面光滑、无孔状、无锡瘤，浸锡所用的工具和设备有刀具、电炉、锡锅或超声锡锅等。

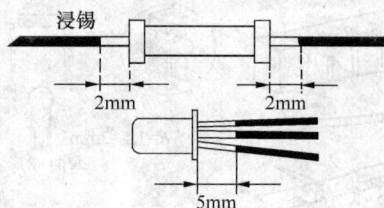

图 4.18　元件引线的浸锡

【技能与技巧】用二极管制作简单实用的功率控制电路

　　利用二极管的单向导电性，可以把交流电变成直流电，如果采用半波整流，则输出电压大约是输入电压有效值的一半，利用这一点可以实现用电器的功率控制。人们日常生活中使用的床头灯、电火锅、电褥子，都属于电热产品，当不需要它们工作在额定功率时，可以采取如图 4.19 所示的电路，将其实际功率变为额定功率的四分之一。图中开关可以买一个常见的拉线开关或是按键开关，将二极管接在开关的两个接线柱上，不用考虑正负极。二极管的型号要看被控电器的功率而定，对于家用的床头灯、电热毯，选取 1N4007 即可，其耐压达 1000V，正向电流 1A，对于额定电压在 200W 以下的用电器都能满足要求。若是电火锅，其额定功率一般在 1000W 左右，可以选用两个 1N5404 或用五个 1N4007 并联使用（要注意正极和正极相接），只要电流能满足要求就行。将开关串接在原用电器电源线中的一根导线上，可以实现功率控制的用电器就改造成功了。花不上两元钱，就改造了一个用电器。

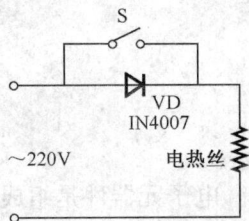

图 4.19　晶体二极管功率控制电路

自　测　题

1. 为什么要对元器件引线进行成形加工？
2. 引线成形工艺的基本要求是什么？
3. 线扎加工的主要步骤是什么？
4. 常用绑扎线束有哪几种方法？
5. 简述射频电缆的加工方法。

实训 4　导线加工与线扎的制作

一、实训目的

（1）熟练掌握常用导线端头的加工方法。
（2）熟练掌握连续结和点结的扎法。

二、实训器材

不同类型、规格的导线若干。
各种绑线若干。

三、实训步骤

（1）对各种导线端头进行处理。
（2）练习用绑线捆扎各种形式的线扎。

四、实训报告

　　实训报告内容应包括实训目的、实训器材、实训步骤，总结导线端头的处理方法和线扎的捆扎体会。

第 **5** 章

电子元器件的焊接工艺

电子元器件是组成电子产品的基础，把电子元器件牢固的焊接到印制电路板上，是电子装配的重要环节。掌握焊接的基本知识和基本技能是衡量学生掌握电子技术基本技能的一个重要项目，也是从事电子技术工作人员所必须掌握的技能。

5.1 手工焊接工具的使用和操作方法

焊接是电子产品装配过程中的一个重要步骤，采用合适的焊接工具是保证电子产品焊接质量的关键环节。

5.1.1 手工焊接工具

电烙铁是最常用的手工焊接工具之一，被广泛用于各种电子产品的生产与维修，常见的电烙铁及烙铁头形状如图 5.1 所示。

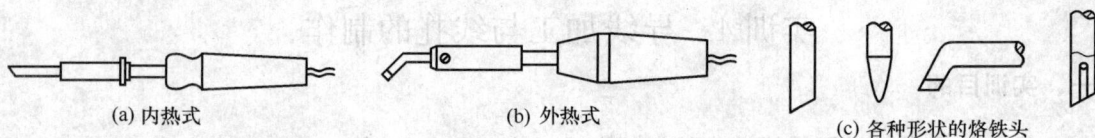

(a) 内热式　　　　　　　　(b) 外热式　　　　　　　　(c) 各种形状的烙铁头

图 5.1　常见的电烙铁及烙铁头形状

1. 电烙铁的分类

常见的电烙铁分为内热式、外热式、恒温式和吸锡式。

（1）内热式电烙铁

内热式电烙铁具有发热快、体积小、重量轻、效率高等特点，因而得到普遍应用。

常用的内热式电烙铁的规格有 20W、35W、50W 等，20W 烙铁头的温度可达350℃左右。电烙铁的功率越大，烙铁头的温度就越高，可焊接的元件可大一些。焊接集成电路和小型元器件选用 20W 内热式电烙铁即可。

（2）外热式电烙铁

外热式电烙铁的功率比较大，常用的规格有 35W、45W、75W、100W 等，适合于焊接被焊接物较大的元件。它的烙铁头可以被加工成各种形状以适应不同焊接面的需要。

（3）恒温式电烙铁

恒温电烙铁是用电烙铁内部的磁控开关来控制烙铁的加热电路，使烙铁头保持恒温。当磁控开关的软磁铁被加热到一定的温度时，便失去磁性，使电路中的触点断开，自动切断电源。

（4）吸锡式烙铁

吸锡烙铁是拆除焊件的专用工具，可将焊接点上的焊锡融化后吸除，使元件的引脚与焊盘分离。操作时，先将烙铁加热，再将烙铁头放到焊点上，待焊接点上的焊锡融化后，按动吸锡开关，即可将焊点上的焊锡吸入腔内，这个步骤有时要反复进行几次才行。

2. 电烙铁的使用

（1）安全检查

先用万用表检查烙铁的电源线有无短路和开路、测量烙铁是否有漏电现象、检查电源线的装接是否牢固、固定螺丝是否松动、手柄上的电源线是否被螺丝顶紧、电源线的套管有无破损。

（2）新烙铁头的处理

新买的烙铁一般不能直接使用，要先将烙铁头进行"上锡"后方能使用。"上锡"的具体操作方法是：将电烙铁通电加热，趁热用锉刀将烙铁头上的氧化层锉掉，在烙铁头的新表面上熔化带有松香的焊锡，直至烙铁头的表面薄薄地镀上一层锡为止。

3. 其他焊接工具

（1）尖嘴钳

尖嘴钳的主要作用是在连接点上夹住导线或元件引线，也用来对元件引脚加工成型。

（2）偏口钳

偏口钳又称斜口钳，主要用于切断导线和剪掉元器件过长的引线。

（3）镊子

镊子的主要用途是夹取微小器件，在焊接时夹持被焊件以防止其移动和帮助散热。

（4）旋具

旋具又称改锥或螺丝刀。旋具分为十字旋具和一字旋具，主要用于拧动螺钉及调整元器件的可调部分。

（5）小刀

小刀主要用来刮去导线和元件引线上的绝缘物和氧化物，使之易于上锡。

5.1.2 手工焊接的方法

1. 手工焊接的手法

（1）焊锡丝的拿法

经常使用烙铁进行锡焊的人，在连续进行焊接时，锡丝的拿法应用左手的拇指、食指和中指夹住锡丝，用另外两个手指配合就能把锡丝连续向前送进。

（2）电烙铁的握法

根据电烙铁的大小、形状和被焊件要求的不同，电烙铁的握法一般有三种形式：正握法、反握法和握笔法。

2. 手工焊接的基本步骤

手工焊接时，常采用五步操作法，如图 5.2 所示。

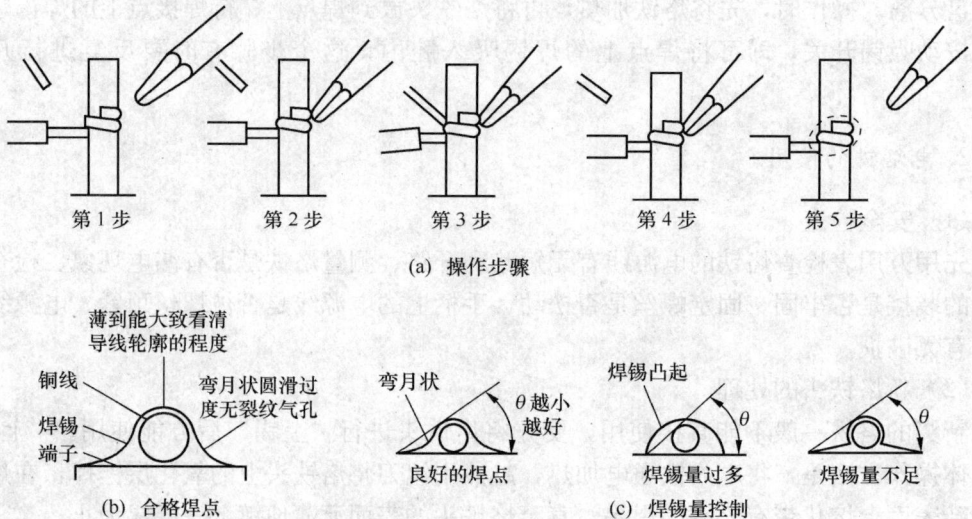

第1步　　第2步　　第3步　　第4步　　第5步

(a) 操作步骤

(b) 合格焊点　　(c) 焊锡量控制

图 5.2　手工锡焊 5 步操作法

（1）准备工作

首先把被焊件、锡丝和烙铁准备好，处于随时可焊的状态。

（2）加热被焊件

把烙铁头放在接线端子和引线上进行加热。

（3）放上焊锡丝

被焊件经加热达到一定温度后，立即将手中的锡丝触到被焊件上使之熔化。

（4）移开焊锡丝

当锡丝熔化一定量后（焊料不能太多），迅速移开锡丝。

（5）移开电烙铁

当焊料的扩散范围达到要求后移开电烙铁。

图 5.3　焊盘上焊锡量的控制

（6）焊料多少的控制

若使用焊料过多，则多余的焊锡会流入管座的底部，降低管脚之间的绝缘性；若使用焊料太少，则被焊接件与焊盘不能良好结合，机械强度不够，容易造成开焊。

焊盘上焊料多少的控制如图 5.3 所示。

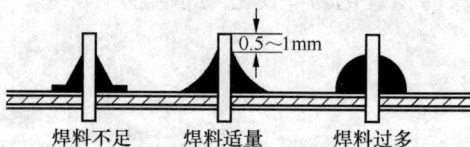

5.2　手工锡焊的操作技巧

5.2.1　手工焊接的诀窍

为了保证焊接质量，焊接技术人员总结了五个"对"，不失为焊接的诀窍。

1. 对焊件要先进行表面处理。

手工焊接中遇到的焊件是各种各样的电子元件和导线，除非在规模生产条件下使用"保鲜期"内的电子元件，一般情况下遇到的焊件都需要进行表面清理工作，去除焊接面上的锈迹、油污等影响焊接质量的杂质。手工操作中常用机械刮磨和用酒精擦洗等简单易行的方法。

2. 对元件引线要进行上锡

上锡就是将要进行焊接的元器件引线或导线的焊接部位预先用焊锡润湿，一般也称为镀锡。上锡对手工焊接特别是进行电路维修和调试时可以说是必不可少的。图5.4表示给元件引线上锡的方法。

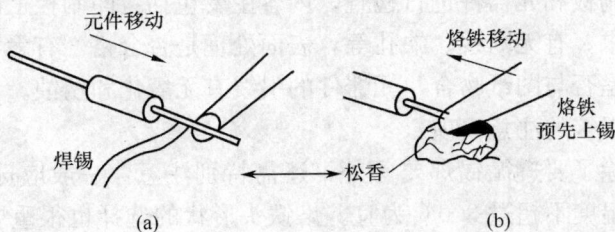

图 5.4　给元件引线镀锡

3. 对助焊剂不要过量使用

适量的焊剂是必不可缺的，但不要认为越多越好。过量的松香不仅造成焊接后焊点周围需要清洗的工作量，而且延长了加热时间（松香熔化、挥发需要并带走热量），降低了工作效率，而且若加热时间不足，非常容易将松香夹杂到焊锡中形成"夹渣"缺陷；对开关类元件的焊接，过量的助焊剂容易流到触点处，从而造成开关接触不良。

合适的助焊剂量应该是松香水仅能浸湿将要形成的焊点，不要让松香水透过印制板流到元件面或插座孔里（如 IC 插座）。若使用有松香芯的焊锡丝，则基本上不需要再涂助焊剂。

4. 对烙铁头要经常进行擦磨

因为在焊接过程中烙铁头长期处于高温状态，又接触助焊剂等受热分解的物质，其铜表面很容易氧化而形成一层黑色杂质，这些杂质形成了隔热层，使烙铁头失去了加热作用。因此要随时在烙铁架上磨去烙铁头上的杂质，用锉或砂纸随时擦磨烙铁头，也是非常有效的方法。

5. 对焊盘和元件加热要有焊锡桥

在手工焊接时，要提高烙铁头加热的效率，需要形成热量传递的焊锡桥。所谓焊锡桥，就是靠烙铁上保留少量的焊锡作为加热时烙铁头与焊件之间传热的桥梁。显然由于金属液体的导热效率远高于空气，而使元件很快被加热到适于焊接的温度。

5.2.2　具体焊件的锡焊操作技巧

掌握焊接的原则和要领对正确操作是必要的，但仅仅依照这些原则和要领并不能解决实际操作中的各种问题，实际经验是不可缺少的。借鉴他人的成功经验，遵循成熟的焊接工艺是初学者掌握焊接技能的必由之路。

1. 印制电路板的焊接

印制电路板的焊接在整个电子产品制造中处于核心的地位，掌握印制板的焊接是至关重要的。可以按照下列方法进行操作。

（1）对印制板和元器件进行检查

焊接前应对印制板和元器件进行检查，内容主要包括：印制板上的铜箔、孔位及孔径是否符合图纸要求，有无断线、缺孔等，表面处理是否合格，有无污染。元器件的品种、规格及外封装是否与图纸吻合，元器件的引线有无氧化和锈蚀。

（2）对电路板焊接的注意事项

焊接印制板，除了要遵循锡焊要领外，还需特别注意：一般应选内热式 20～35W 或调温式，烙铁的温度不超过 300℃ 为宜。烙铁头形状的选择也很重要，应根据印制板焊盘的大小采用凿形或锥形烙铁头，目前印制板的发展趋势是小型密集化，因此常用小型圆锥烙铁头为宜。给元件引线加热时应尽量使烙铁头同时接触印制板上的铜箔，对较大的焊盘（直径大于 5mm）进行焊接时可移动烙铁使烙铁头绕焊盘转动，以免长时间对某点焊盘加热导致局部过热，如图 5.5 所示。

对双层电路板上的金属化孔进行焊接时，不仅要让焊料润湿焊盘，而且要让孔内也要润湿填充，如图 5.6 所示，因此对金属化孔的加热时间应稍长。

焊接完毕后，要剪去元件在焊盘上的多余引线，检查印制板上所有元器件的引线焊

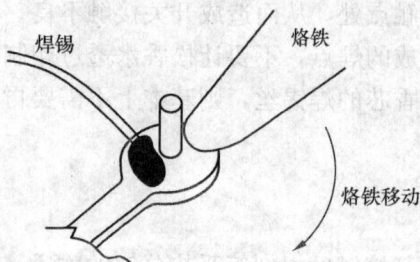

图 5.5　对大焊盘的加热焊接　　　　　　　　　　　图 5.6　对金属化孔的焊接

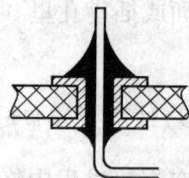

点是否良好，及时进行焊接修补。对有工艺要求的要用清洗液清洗印制板，使用松香焊剂的印制板一般不用清洗。

2. 导线的焊接

导线的焊接在电子产品中占有重要位置，导线焊点的失效率高于元件在印制电路板上的焊点，所以要对导线的焊接工艺给予特别的重视。

（1）常用连接导线

在电子电路中常使用的导线有三类：单股导线、多股导线、屏蔽线。

（2）导线的焊前处理

导线在焊接前要除去其末端的绝缘层，剥绝缘层可以用普通工具或专用工具。在工厂的大规模生产中使用专用机械给导线剥绝缘层，在检查和维修过程中，一般可用剥线钳或简易剥线器给导线剥绝缘层，如图 5.7 所示。简易剥线器可用 0.5～1mm 厚度的铜片经弯曲后固定在电烙铁上制成，使用它的最大好处是不会损伤导线。

使用普通偏口钳剥除导线的绝缘层时，要注意对单股线不应伤及导线，对多股线和屏蔽线要注意不断线，否则将影响接头质量。

对多股导线剥除绝缘层的技巧是将线芯拧成螺旋状，采用边拽边拧的方式，如图 5.8 所示。

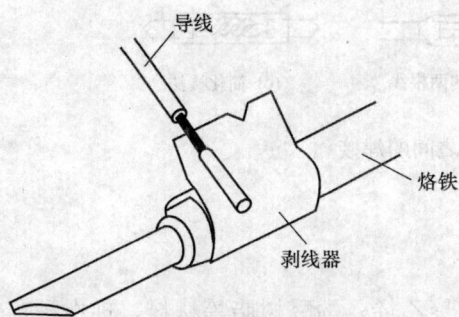

图 5.7 简易剥线器的制作   图 5.8 多股导线的剥线技巧

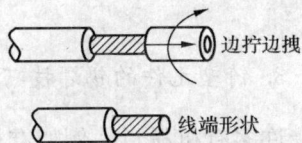

对导线进行焊接，挂锡是关键的步骤。尤其是对多股导线的焊接，如果没有这步工序，焊接的质量很难保证。

（3）导线与接线端子之间的焊接

导线与接线端子之间的焊接有三种基本形式：绕焊、钩焊和搭焊，如图 5.9 所示。绕焊是把已经挂锡的导线头在接线端子上缠一圈，用钳子拉紧缠牢后再进行焊接。注意导线一定要紧贴端子表面，使绝缘层不接触端子，一般 L＝1～3mm 为宜。这种连接可靠性最好。钩焊是将导线端子弯成钩形，钩在接线端子的孔内，用钳子夹紧后施焊。这种焊接方法强度低于绕焊，但操作比较简便。搭焊是把经过挂锡的导线搭到接线端子上施焊。这种焊接方法最方便，但强度可靠性最差，仅用于临时焊接或不便于缠、钩的地方。

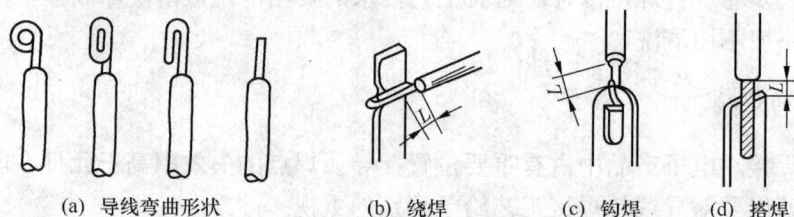

图 5.9　导线与端子之间的焊接形式

(a) 导线弯曲形状　　　(b) 绕焊　　　(c) 钩焊　　　(d) 搭焊

（4）导线与导线之间的焊接

导线之间的焊接以绕焊为主，如图 5.10 所示。操作步骤如下：先给导线去掉一定长度的绝缘皮；再给导线头挂锡，并穿上粗细合适的套管；然后将两根导线绞合后施焊；最后趁热套上套管，使焊点冷却后套管固定在焊接头处。

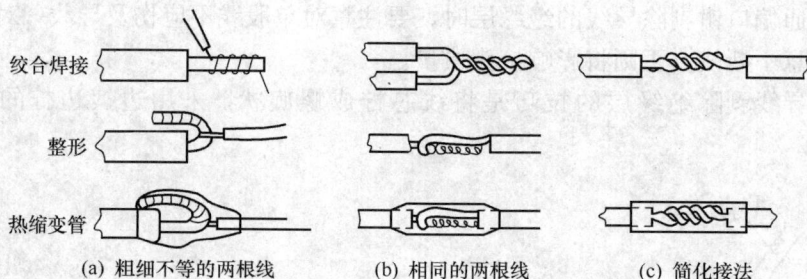

绞合焊接

整形

热缩变管

(a) 粗细不等的两根线　　　(b) 相同的两根线　　　(c) 简化接法

图 5.10　导线与导线之间的焊接

3. 铸塑元件的锡焊技巧

许多有机材料，例如有机玻璃、聚氯乙烯、聚乙烯、酚醛树脂等材料，现在被广泛用于电子元器件的制造，例如各种开关和插接件等。这些元件都是采用热铸塑的方式制成的，它们最大的弱点就是不能承受高温。当需要对铸塑材料中的导体接点施焊时，如控制不好加热时间，极容易造成塑件变形，导致元件失效或降低性能，如图 5.11 所示

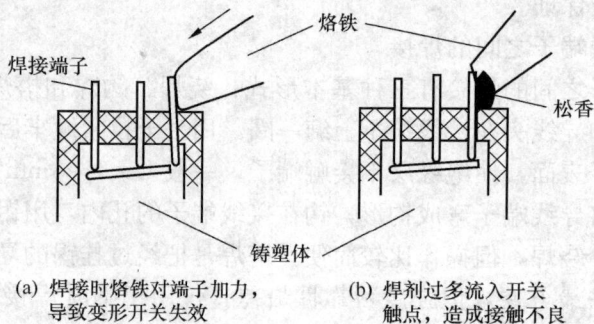

焊接端子　　　烙铁　　　松香

铸塑体

(a) 焊接时烙铁对端子加力，　　　(b) 焊剂过多流入开关
　　导致变形开关失效　　　　　　触点，造成接触不良

图 5.11　因焊接不当造成铸塑开关失效

是一个钮子开关因为焊接技术不当而造成失效的例子。

对铸塑元件焊接时要掌握的技巧是：

① 先处理好接点，保证一次镀锡成功，不能反复镀锡。

② 将烙铁头修整的尖一些，保证焊一个接点时不碰到相邻的焊接点。

③ 加助焊剂时量要少，防止助焊剂浸入电接触点。

④ 焊接时不要对接线片施加压力。

⑤ 焊接时间在保证润湿的情况下越短越好。

4. 弹簧片类元件的锡焊技巧

弹簧片类元件如继电器、波段开关等，它们的共同特点是在簧片制造时施加了预应力，使之产生适当的弹力，保证电接触性能良好。如果在安装和施焊过程中对簧片施加外力过大，则会破坏接触点的弹力，造成元件失效。

对弹簧片类元件的焊接技巧是：

① 有可靠的镀锡。

② 加热时间要短。

③ 不可对焊点的任何方向加力。

④ 焊锡量宜少不宜多。

5. 集成电路的焊接技巧

对集成电路进行焊接时，需要掌握的焊接技巧是：

① 集成电路的引线如果是镀金处理的，不要用刀刮，只需用酒精擦洗或用绘图橡皮擦干净就可以进行焊接了。

② CMOS 型集成电路在焊接前若已将各引线短路，焊接时不要拿掉短路线。

③ 焊接时间在保证润湿的前提下，尽可能要短，不要超过 3s。

④ 电烙铁最好是采用恒温 230℃、功率为 20W 的烙铁，接地线应保证接触良好。

⑤ 烙铁头应修整的窄一些，保证焊接一个端点时不会碰到相临的端点。

⑥ 集成电路若直接焊到印制板上时，焊接顺序应为：地端→输出端→电源端→输入端。

6. 在金属板上焊导线的技巧

将导线焊到金属板上，最关键的问题是往金属板上镀锡。因为金属板的表面积大，吸热多且散热快，所以必须要使用功率较大的电烙铁。一般根据板的厚度和面积选用 50～300W 的烙铁即可。若板厚为 0.3mm 以下时也可用 20W 烙铁，只是要增加焊接的时间。

在焊接时可采用如图 5.12 所示的方法，先用小刀刮干净待焊面，立即涂上少量助焊剂，然后用烙铁头沾满焊锡适当用力地在铝板上做圆周运动，靠烙铁头的摩擦破坏铝板的氧化层并不断地将锡镀到

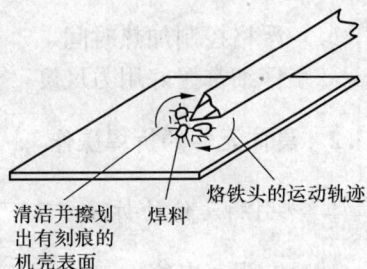

图 5.12　在铝板上进行焊接的方法

铝板上。镀上锡后的铝板就比较容易焊接了。若使用酸性助焊剂如焊油时，在焊接完成后要及时将焊接点清洗干净。

5.3　手工拆焊方法与技巧

在电子产品的焊接和维修过程中，经常需要拆换已焊好的元器件，这就是拆焊，也叫做解焊。在实际操作中，拆焊比焊接要困难得多，若拆焊不得法，很容易损坏元件或破坏电路板上的焊盘及铜箔。

5.3.1　拆焊操作的原则与工具

1. 拆焊操作的适用范围

拆焊技术适用于拆除误装误接的元器件和导线；在维修或检修过程中需更换的元器件；在调试结束后需拆除临时安装的元器件或导线等。

2. 拆焊操作的原则

拆焊时不能损坏需拆除的元器件及导线；拆焊时不能损坏焊盘和印制板上的铜箔；在拆焊过程中不要乱拆和移动其他元器件，若确实需要移动其他元件时，在拆焊结束后应做好移动元件的复原工作。

3. 拆焊操作所使用的工具

（1）一般工具

拆焊可用一般电烙铁来进行，烙铁头不要蘸锡，先用烙铁使焊点上的焊锡熔化，然后迅速用镊子拔下元件的引脚，再对原焊点进行清理，使焊盘孔露出来，以备重新安装元件时使用。用一般的电烙铁拆焊时，可以配合其他辅助工具来进行，如：吸锡器、排焊管（可用医用针头代替）、屏蔽线、划针等。

（2）专用工具

拆焊的专用工具是吸锡电烙铁，它自带一个吸锡器，烙铁头是中空的。拆焊时先用烙铁头加热焊点，当焊点熔化时按下吸锡电烙铁上的吸锡开关，焊锡就会被吸入烙铁内的吸管内。专用工具适用于拆除集成电路、中频变压器等多引脚元件。

4. 拆焊操作的具体要求

（1）严格控制加热时间
（2）仔细掌握好用力尺度

5.3.2　具体元件的拆焊操作

1. 少引脚元件的拆焊方法

一般电阻、电容、二极管、三极管等元件的管脚不多，对这些元器件可直接用烙铁进行触焊，如图 5.13 所示。

焊接时，将印制电路板竖起来夹住，一边用烙铁加热待拆元件的一个焊点，一边用镊子或尖嘴钳子夹住元器件的引线，待焊点熔化后将元件引线轻轻的拉出。用同样方法，将元件的另一个引线也拔除，该元件就被从电路板上拆下来了。将元件拆除后，必须将该元件原来焊盘上的焊锡清理干净，使焊盘孔暴露出来，以便再安装元件时使用。在需要多次在一个焊点上反复进行拆焊操作的情况下，可用图 5.14 所示的"断线拆焊法"。

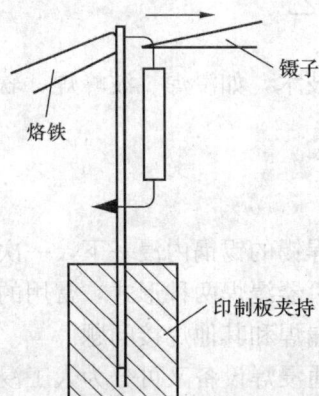

图 5.13　少引脚元件的拆焊方法

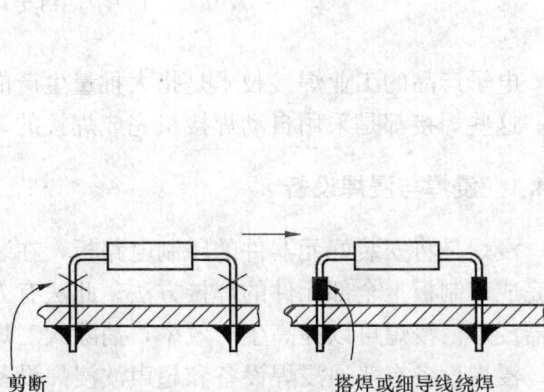

图 5.14　用断线拆焊法更换元件

2. 多引脚元件的拆焊方法

当需要拆下有多个引线的元器件或虽然元件的引线数少但引线比较硬时，例如要拆下一个 16 脚的集成电路，用上述方法就不行了。可以根据条件采用以下三种方法进行拆焊：

（1）采用自制专用工具拆焊

如图 5.15 所示。自己制作一个专用烙铁头，形状可以是线状或半工字状，一次就可将待拆元件的所有焊点加热。用这种方法拆焊速度快，但需要制作专用工具，同时烙铁的功率也需要比较大一些。显然这种方法对于不同的元器件需要制作不同形状的专用工具，有时并不是很方便，但对于专业搞维修的技术人员来说，还是比较实用的。

（2）采用吸锡烙铁或吸锡器拆焊

吸锡烙铁对拆焊是很有用的，既可以拆下待换的元件，又可同时使焊孔暴露出来，而且不受元器件形状和种类的限制。但这种方法须逐个将焊点除锡，工作效率不高，而且还需要定期将吸入烙铁吸锡腔中的焊锡清除。

（3）使用针头拆焊

找一个医用针头，其直径要合适，将针头截去一段，使端面平齐。进行拆焊时，先用烙铁对

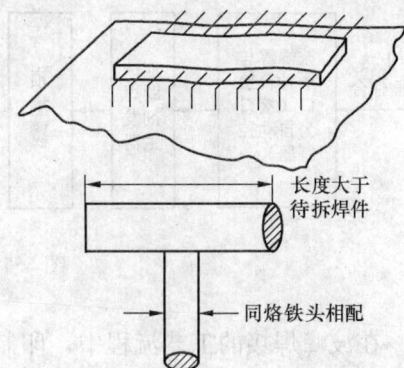

图 5.15　用自制专用工具拆焊

管脚上的焊锡加热，使其熔化，然后将针头插入焊锡中套住元件的引线，然后撤掉烙铁，转动针头，使元件引线与焊盘上的焊锡分离。焊锡冷凝后，再抽出针头。将元件的所有引脚都用此法与焊锡分离后，就可以将元件从板上拆下来了。这种方法在实际维修工作中是最常用的。

为了能对不同粗细的元件引脚进行脱焊，需要准备几支口径不同的医用针头。

5.4　工厂焊接设备与工艺

电子产品的工业焊接技术是指大批量生产的自动焊接技术，如浸焊、波峰焊、软焊等。这些焊接都是采用自动焊接机完成焊接的。

5.4.1　浸焊与浸焊设备

浸焊是将安装好元器件的印制电路板，在装有已熔化焊锡的锡锅内浸一下，一次即可完成印制板上全部元件的焊接方法。此法有人工浸焊和机器浸焊两种形式，常用的是机器浸焊。浸焊可以提高生产效率，消除人工焊接造成的漏焊和其他焊接问题。

浸焊设备有普通浸焊设备和超声波浸焊设备两种。普通浸焊设备又可分为人工浸焊设备和机器浸焊设备两种。人工浸焊设备由锡锅、加热器和夹具等组成；机器浸焊设备由锡锅、振动头、传动装置、加热电炉等组成。超声波浸焊设备由超声波发生器、换能器、水箱、换料槽、加温设备等几部分组成，适合用在用一般锡锅不能完成焊接的元器件。使用超声波的目的是增加焊接过程中焊锡的渗透性。

5.4.2　波峰焊与波峰焊接的工艺流程

波峰焊是将安装好元件的印制电路板与熔融的焊料波峰相接触以实现焊接的一种方法。这种方法适用于工业进行大批量焊接，例如电视机生产线就广泛使用波峰焊进行电路板的焊接。这种焊接方法焊接质量高，若与自动插件机器相配合，就可实现电子产品安装焊接的半自动化生产。

波峰焊接的工艺流程为：将印制板（已经插好元件）装上夹具→喷涂助焊剂→预热→波峰焊接→冷却→切除焊点上的元件引线头→残脚处理→出线，如图 5.16 所示。

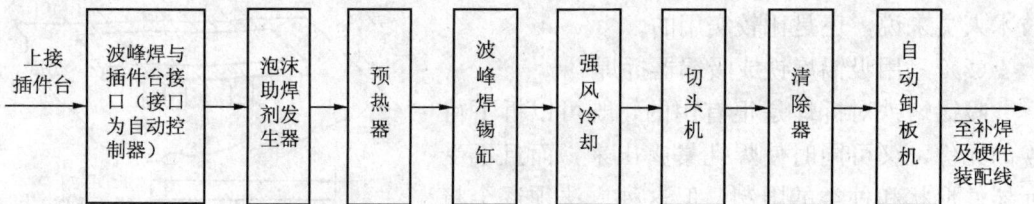

上接插件台 → 波峰焊与插件台接口（接口为自动控制器）→ 泡沫助焊剂发生器 → 预热器 → 波峰焊锡缸 → 强风冷却 → 切头机 → 清除器 → 自动卸板机 → 至补焊及硬件装配线

图 5.16　波峰焊接的工艺流程

在波峰焊接的工艺流程中，印制板的预热温度为 60～80℃左右，波峰焊的焊锡温度为 240～245℃，要求焊锡槽中的锡峰高于铜箔面 1.5～2mm，焊接的时间控制在 3s

左右。切头工艺是用切头机对元器件暴露在焊点上的引线加以切除，清除器用毛刷对焊点上残留的多余焊锡进行清除，最后通过自动卸板机把印制电路板送往硬件装配线。

【技能与技巧】多引脚元件的业余拆焊方法

对于引脚数大于三个的电子元器件来说，将其从电路板上焊下来是不太容易的事，尤其是在没有吸锡烙铁的条件下，如何将其从板上拆下来而又不破坏板和元件呢？采用"拖线拆焊法"不失为一种简便易行的好方法。

找一段多股软导线，剥掉一段塑料皮，露出多股细铜线，将其在松香水中浸一下，或是用热烙铁的背面（正面有锡），将多股铜线压在松香块上浸上一层薄薄的松香，然后将多股铜线放在多引脚元件的焊点上，用烙铁加热，使焊盘上的焊锡都吸到导线上，在加热的过程中，将导线顺着焊点拖动，再将已吸满焊锡的那段导线剪下。反复运用拖线吸焊锡的方法将多引脚元件的焊盘孔全露出来，就可以很容易的将多引脚元件从板上拆下来了。

利用屏蔽电缆的铜丝编织线作为吸收焊锡的拖线，也是在业余拆焊中一种既实用又方便的拆焊方法。采用"拖线拆焊法"简便易行，且不损伤印制板和元件，是业余维修人员进行拆焊操作的好方法。

自　测　题

1. 手工焊接需要进行哪几个步骤？
2. 为什么要对元件引脚进行镀锡？
3. 为什么要对导线进行挂锡？
4. 导线的焊接有哪几种方法？
5. 导线与铸塑元件焊接时要注意什么问题？
6. 导线在铝板上焊接时要采取什么方法？
7. 手工拆焊需要有什么工具？
8. 对少引脚元件拆焊可用什么方法？
9. 对多引脚元件拆焊时要用什么方法？
10. 对导线与铸塑元件拆焊时要注意什么问题？
11. 对屏蔽线进行拆焊时要采取什么顺序？

实训 5　手工焊接技能训练

一、实训目的

（1）熟练掌握手工焊接的基本技能，掌握电烙铁头的修整方法。
（2）熟练使用焊接工具并会维修焊接工具。

二、实训器材

可焊接印制电路板。

电阻、电容、集成电路插座、单芯导线、屏蔽线、铸塑元件、铝板。

焊接工具一套：电烙铁、剪刀、镊子等工具。

焊锡丝：39 号锡铅焊料。

松香水。

三、实训步骤

1. 焊接技能训练

① 电阻、电容元件在电路板上的焊接。

② 集成电路插座的焊接。

③ 单芯导线之间的焊接。

④ 单芯导线和铸塑元件引脚之间的焊接。

⑤ 屏蔽线与电路板之间的焊接。

⑥ 屏蔽线与铸塑元件之间的焊接。

⑦ 多股导线与铝板之间的焊接。

2. 拆焊技能训练

① 电阻、电容元件在电路板上的拆焊。

② 集成电路插座的拆焊。

③ 单芯导线和铸塑元件引脚之间的拆焊。

④ 屏蔽线与电路板之间的拆焊。

⑤ 收音机中周的拆焊。

四、实训报告

根据焊接实践和体会写出实训报告，总结焊接技术尤其是拆焊技术的体会，并在焊接时间和焊接手法上加以总结。

第 **6** 章

印制电路板的制作工艺

在电子产品中的电子元器件和机电部件都需要有电接点,为了实现它们的电气连通,必须用导体将两个接点连接起来。在电子产品的组装中,把两个分立接点之间的电气连通称为互连,电子产品必须按照电原理图实行互连,才能实现预定的电气功能。互连的方法主要有立体互连(如用分立导线、电缆、接插件等)和平面互连(也叫印制电路板互连,即在绝缘基板上用印制方法制出导线图形,构成电气互连的线路)。

在目前的电子产品中印制电路板互连占据了主要地位。印制线路板不但完成了元件之间的互连,而且为电路元器件和机电部件提供了必要的机械支撑,与用分立导线互连相比,不但增强了产品的坚固性、稳定性及可靠性,而且缩小了产品的体积与重量。由于印制电路板具有统一性和互换性,还大大简化了电子产品的装配过程,缩短了生产周期,更适合于进行自动化生产,对于批量生产的电子产品其优点尤为突出。

印制电路板作为一种互连工艺技术,革新了电子产品的结构工艺和组装工艺。印制电路工艺技术的发展方向是高密度、高精度、高可靠性、大面积、细线条,这有赖于印制技术、化学工艺、精密机械加工、光学技术、CAD 技术及新材料等各种技术的不断提高与发展。

6.1 印制电路板的种类和特点

6.1.1 印制电路板的类型

印制电路板的类型按照其结构可分为以下五种。

1. 单面印制电路板

单面印制电路板是在厚度为 0.2~0.5mm 的绝缘基板的一个表面上敷有铜箔,通过印制和腐蚀的方法,在基板上形成印制电路。它适用于电子元件密度不高的电子产品,如收音机、一般的电子产品等,比较适合于手工制作。

2. 双面印制电路板

双面印制电路板在绝缘基板(其厚度为 0.2~0.5mm)的两面均敷有铜箔,可在基板的两面制成印制电路。这适用于电子元件密度比较高的电子产品,如电子计算机、电子仪器、手机等。由于双面印制电路的布线密度较高,所以能减小电子产品的体积,但需要在两面铜箔之间安排金属化过孔，这需要特殊的制作工艺，手工制作基本是不可能的。

3. 多层印制电路板

在绝缘基板上制成三层以上印制电路的印制电路板称为多层印制电路板。它是由几层较薄的单面板或双层面板粘合而成，其厚度一般为 1.2～2.5mm。为了把夹在绝缘基板中间的电路引出，多层印制电路板上安装元件的孔需要金属化，即在小孔内表面涂敷金属层，使之与夹在绝缘基板中间的印制电路接通。其特点是与集成电路块配合使用，可以减小产品的体积与重量，还可以增设屏蔽层，以提高电路的电气性能。

4. 软印制电路板

软印制电路板的基材是软的层状塑料或其他质软膜性材料，如聚酯或聚亚胺的绝缘材料，其厚度为 0.25～1mm。它也有单层、双层及多层之分，它可以端接、排接到任意规定的位置，如在手机的翻盖和机体之间实现电气连接。软印制电路板被广泛用于电子计算机、通信、仪表等电子产品上。

5. 平面印制电路板

将印制电路板的印制导线嵌入绝缘基板，使导线与基板表面平齐，就构成了平面印制电路板。在平面印制电路板的导线上电镀一层耐磨的金属，通常用于转换开关、电子计算机的键盘等。

6.1.2 印制电路板的材料

根据印制电路板材料的不同可分为四种。

1. 酚醛纸基敷铜箔板（又称纸铜箔板）

它是由纸浸以酚醛树脂，两面衬以无碱玻璃布，在一面或两面敷以电解铜箔，经热压而成。这种板的缺点是机械强度低、易吸水及耐高温较差，但价格便宜。

2. 环氧酚醛玻璃布敷铜箔板

环氧酚醛玻璃布敷铜箔板是用无碱玻璃布浸以酚醛树脂，并敷以电解紫铜经热压而成。由于使用了环氧树脂，所以环氧酚醛玻璃布敷铜箔板的粘结力强，电气及机械性能好，既耐化学溶剂又耐高温潮湿，但环氧酚醛玻璃布敷铜箔板的价格较贵。

3. 环氧玻璃布敷铜箔板

环氧玻璃布敷铜箔板是将玻璃丝布浸以用双氰胺作为固化剂的环氧树脂，再敷以电解紫铜箔经热压而成。它的电气及机械性能好，耐高温潮湿，且板基透明。

4. 聚四氟乙烯玻璃布敷铜箔板

聚四氟乙烯玻璃布敷铜箔板是用无碱玻璃布浸渍聚四氟乙烯分散乳液，再敷以经氧化处理的电解紫铜箔经热压而成。它具有优良的电性能和化学稳定性，是一种能耐高温且有高绝缘性的新型材料。

6.2 印制电路板的设计基础

印制电路板的设计，是设计人员将电原理图转换成印制电路板图的过程。印制电路板的设计通常有两种方式：一种是人工设计，另一种是计算机辅助设计（CAD）。无论采取哪种方式，都必须符合电原理图的电气连接和电气、机械性能要求。对于很简单且不需要批量生产的电路，设计人员还可以采用人工设计，在计算机技术普及的今天，基本上都采用计算机辅助设计。

6.2.1 印制电路板的设计内容及要求

1. 印制电路板的电路设计

电路设计人员根据电子产品的电原理图和元件的形状尺寸，将电子元件合理地进行排列并实现电气连接，就是印制电路板的电路设计。印制电路板的电路设计要考虑到电路的复杂程度、元件的外形和重量、工作电流的大小、电路电压的高低，以便选择合适的板基材料并确定印制电路板的类型，在设计印制导线的走向时，还要考虑到电路的工作频率，以尽量减少导线间的分布电容和分布电感等。印制电路板的设计，可分为三个步骤：

① 确定印制电路板的尺寸、形状、材料，确定印制电路板与外部的连接，确定元件的安装方法。

② 在印制电路板上布设导线和元件，确定印制导线的宽度、间距和焊盘的直径和孔径。

③ 用计算机将设计好的 PCB 图保存，提交给印制电路板的生产厂家。

在着手设计印制电路板时，设计人员应依据有关规则和标准，参考有关的技术文件。在有关的技术文件中，规定了一系列电路板的尺寸、层数、元件尺寸、坐标网格的间距、焊接元件的排列间隔、制作印制电路板图形的工艺等。

6.2.2 印制电路板的布局

1. 整体布局

在进行印制电路板布局之前必须对电路原理图有深刻的理解，只有在彻底理解电路原理的基础上，才能做到正确、合理地布局。在进行布局时，要考虑到避免各级电路之间和元件之间的相互干扰，这些干扰包括电场干扰（电容耦合干扰）、磁场干扰（电感耦合干扰）、高频和低频间干扰、高压和低压间干扰，还有热干扰等。在进行布局时，还要满足设计指标，符合生产加工和装配工艺的要求，要考虑到电路调试和维护维修的方便。对电路中所用器件的电气特性和物理特征要充分了解，如元件的额定功率、电压、电流、工作频率，元件的物理特性，如体积、宽度、高度、外形等。印制电路板的整体布局还要考虑到整个板的重心平稳、元件疏密恰当、排列美观大方。

印制电路板上的元件一般分为规则排列和不规则排列。

① 规则排列也叫整齐排列，即把元器件按一定规律或一定方向排列，这种排列由于受元件位置和方向的限制，印制电路板导线的布线距离长而复杂，电路间的干扰也大，一般只在低电压、低频（1MHz 以下）的电路中使用。规则排列的优点是整齐美观，且便于进行机械化打孔及装配。

② 不规则排列也叫就近排列，由于不受元件位置和方向的限制，按照电路的电气连接就近布局，布线距离短而简捷，电路间的干扰少，有利于减少分布参数，适合高频（30MHz 以上）电路的布局。不规则排列的缺点是外观不整齐，也不便于进行机械化打孔及装配。

2. 元器件布局

对于单面印制电路板，元器件只能安装在没有印制电路的一面，元器件的引线通过安装孔焊接在印制导线的焊盘上。对于双面印制电路板，元器件也尽可能安装在板的一面，以便于加工、安装和维护。

在板面上的元器件应按照电原理图的顺序尽量成直线排列，并力求电路安装紧凑和密集，以缩短引线，减少分布电容，这对于高频电路尤为重要。元器件放置的方向应与相邻的印制导线交叉，电感器件要注意防止电磁干扰，线圈的轴线应垂直于板面，这样安装元件间的电磁干扰最小。电路中有发热的元器件应放在有利于散热的位置，必要时可单独放置或加装散热片，以利于元件本身的降温和减少对邻近元器件的影响。对大而重的元器件尽可能安置在印制电路板上靠近固定端的位置，并降低其重心，以提高整板的机械强度和耐振、耐冲击能力，以及减小印制电路板的负荷和变形。

为了合理地布置元器件、缩小体积和提高机械强度，可在主要的印制电路板之外再安装一块"辅助板"，将一些笨重元器件如变压器、扼流圈、大电容器、继电器等安装在辅助板上，这样有利于加工和装配。如果由于电路的特殊要求必须将整个电路分成几块进行安装，则应使每一块装配好的印制电路板成为具有独立功能的电路，以便于单独进行调试和维护。

3. 印制导线的布设

(1) 地线的布设

① 一般将公共地线布置在印制电路板的边缘，便于将印制电路板安装在机架上，也便于与机架（地）相连接。导线与印制电路板的边缘应留有一定的距离（不小于板厚），这不仅便于安装导轨和进行机械加工，而且还提高了电路的绝缘性能。

② 在各级电路的内部，应防止因局部电流而产生的地阻抗干扰，采用一点接地是最好的办法。如图 6.1（a）所示为在电路各级间分别采取一点接地的原理示意图。但在实际布线时并不一定能绝对做到，而是尽量使它们安排在一个公共区域之内，如图 6.1（b)所示。

③ 当电路工作频率在 30MHz 以上或是工作在高速开关的数字电路中，为了减少地阻抗，常采用大面积覆盖地线，这时各级的内部元件接地也应贯彻一点接地的原则，即在一个小的区域内接地，如图 6.2 所示。

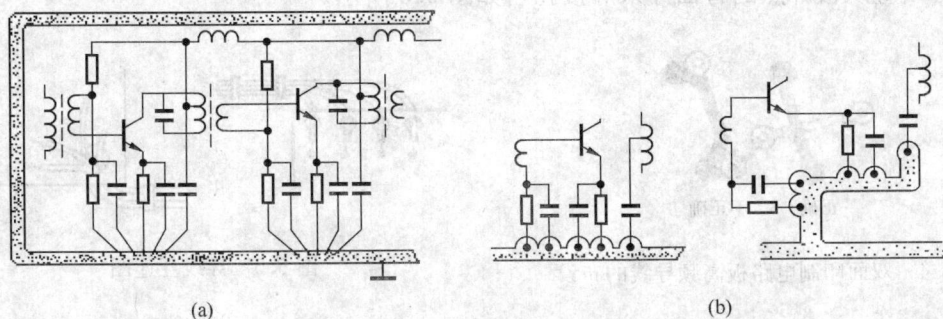

图 6.1 印制电路板地线的布设

(2) 输入、输出端导线的布设

为了减小导线间的寄生耦合，在布线时要按照信号的流通顺序进行排列，电路的输入端和输出端应尽可能远离，输入端和输出端之间最好用地线隔开。在图 6.3（a）中，由于输入端和输出端靠得过近，且输出导线过长，将会产生寄生耦合，如图 6.3（b）的布局就比较合理。

(3) 高频电路导线的布设

对于高频电路必须保证高频导线、晶体

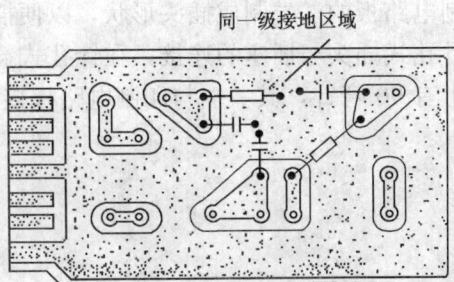

图 6.2 印制电路板上的大面积地线

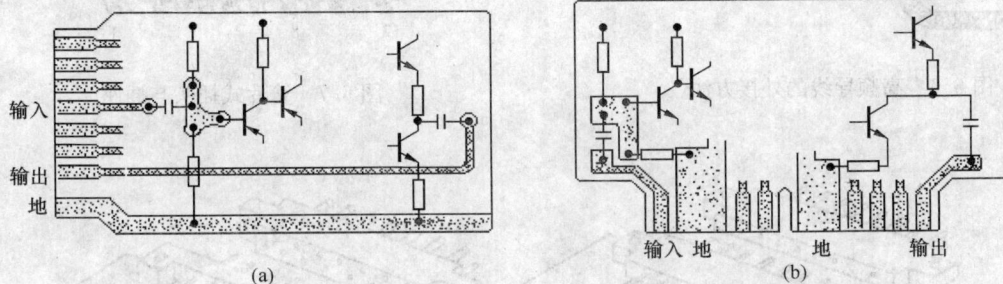

图 6.3 输入端和输出端导线的布设

管各电极的引线、输入和输出线短而直，若线间距离较小要避免导线相互平行。高频电路应避免用外接导线跨接，若需要交叉的导线较多，最好采用双面印制电路板，将交叉的导线印制在板的两面，这样可使连接导线短而直，在双面板两面的印制线应避免互相平行，以减小导线间的寄生耦合，最好成垂直布置或斜交，如图 6.4 所示。

(4) 印制电路板的对外连接

印制电路板对外的连接有多种形式，可根据整机结构要求而确定。一般采用以下两种方法。

① 用导线互连。将需要对外进行连接的接点，先用印制导线引到印制电路板的一

端，导线应从被焊点的背面穿入焊接孔，如图 6.5 所示。

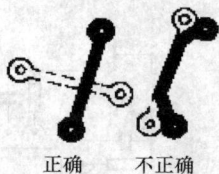

图 6.4　双面印制电路板高频导线的布设

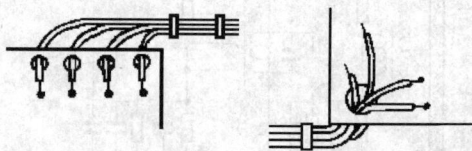

图 6.5　导线互连图

对于电路有特殊需要如连接高频高压外导线时，应在合适的位置引出，不应与其他导线一起走线，以避免相互干扰，如图 6.6 所示为高频屏蔽导线的外接方法。

②用印制电路板接插式互连。如图 6.7 所示为印制电路板接插的簧片式互连，将印制电路板的一端制成插头形状，以便插入有接触簧片的插座中去。如图 6.8 所示是采用针孔式插头与插座的连接，在针孔式插头的两边设有固定孔与印制电路板固定，在插头上有 90°弯针，其一端与印制电路板接点焊接，另一端可插入插座内。

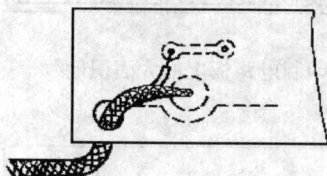

图 6.6　高频导线的外接方法

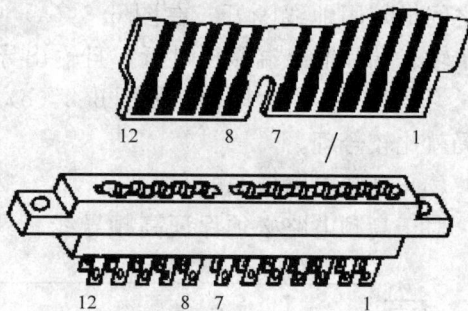

图 6.7　簧片式插头与插座

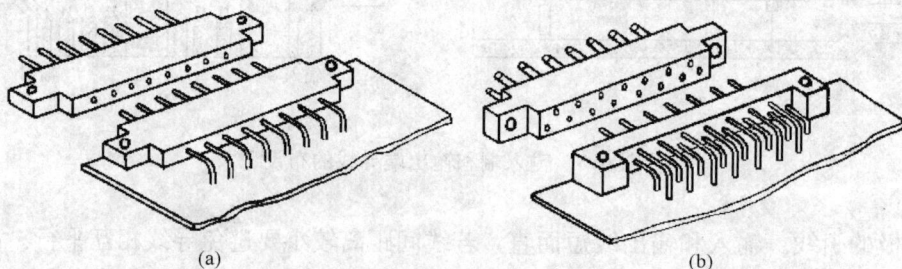

(a)　　　　　　　　　　　　　　　　(b)

图 6.8　针孔式插头与插座

（5）印制连接盘

连接盘也叫焊盘，是指印制导线在焊接孔周围的金属部分，供外接引线焊接用。连接盘的尺寸取决于焊接孔的尺寸。焊接孔是指固定元件引线或跨接线贯穿基板的孔。显然，焊接孔的直径应该稍大于焊接元件的引线直径。焊接孔径的大小与工艺有关，当焊接孔径大于或等于印制电路板厚度时，可用冲孔；当焊接孔径小于印制电路板厚度时，可用钻孔。一般焊接孔的规格不宜过多，可按表 6.1 来选用（表中有 * 者为优先选用）。

表 6.1 焊接孔的规格

焊接孔径/mm	0.4	0.5*	0.6	0.8*	1.0	1.2*	1.6*	2.0*
允许误差/mm		Ⅰ级±0.05 Ⅱ级±0.1				Ⅰ级±0.1 Ⅱ级±0.15		

连接盘的直径 D 应大于焊接孔内径 d，一般取 $D=(2\sim3)d$，如图 6.9 所示。为了保证焊接及结合强度，建议采用表 6.2 中给出的尺寸。

表 6.2 连接盘直径与焊接孔关系

焊接孔径 d/mm	0.4	0.5	0.6	0.8	1.0	1.2	1.6	2.0
焊盘最小直径 D/mm	1.5	1.5	1.5	2.0	2.5	3.0	3.5	4.0

连接盘的形状有不同选择，圆形连接盘用得最多，因为圆焊盘在焊接时，焊锡将自然堆焊成光滑的圆锥形，结合牢固、美观。但有时，为了增加连接盘的粘附强度，也采用正方形、椭圆形和长圆形连接盘。连接盘的常用形状如图 6.10 所示。

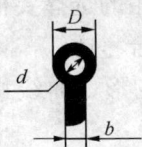

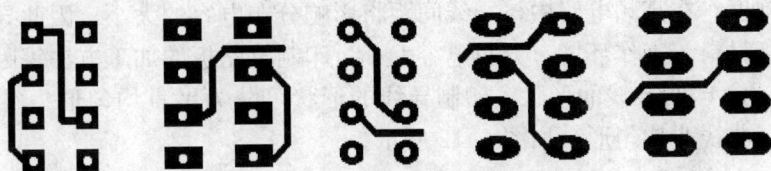

图 6.9 连接盘尺寸　　　　　　　　　　图 6.10 连接盘的形状

若焊盘与焊盘间的连线合为一体，犹如水上小岛，故称为岛形焊盘，如图 6.11 所示。岛形焊盘常用于元件的不规则排列中，有利于元器件的密集和固定，并可大量减少印制导线的长度与数量。此外，焊盘与印制线合为一体后，铜箔面积加大，使焊盘和印制线的抗剥离强度大大增加。岛形焊盘多用在高频电路中，它可以减少接点和印制导线的电感，增大地线的屏蔽面积，减少接点间的寄生耦合。

图 6.11 岛形焊盘

（6）印制导线

设计印制电路板时，当元件布局和布线初步确定后，就要具体地设计印制导线与印制电路板图形。这时必然会遇到印制线宽度、导线间距等设计尺寸的确定以及图形的格式等问题。导线的尺寸和图形格式不能随便选择，它关系到印制电路板的总尺寸和电路性能。

① 印制导线的宽度。一般情况下，印制导线应尽可能宽一些，这有利于承受电流和便于制造。一般取线宽 $b=$（1/3～2/3）D，表 6.3 所示为 0.05mm 厚铜箔的导线宽度与允许通过的电流和自身电阻大小的关系。

表 6.3　0.05mm 厚铜箔导线宽度与允许电流、电阻的关系

线宽 b/mm	0.5	1.0	1.5	2.0
I/A	0.8	1.0	1.3	1.9
R/Ω/m	0.7	0.41	0.31	0.25

注意：印制电路的电源线和接地线的载流量较大，因此在设计时要适当加宽，一般取 1.5～2.0mm。当要求印制导线的电阻和电感比较小时，可采用较宽的信号线；当要求分布电容比较小时，可采用较窄的信号线。

② 印制导线的间距。在一般情况下，导线的间距等于导线宽度即可，但不能小于 1mm，否则在焊接元件时采用浸焊方法就有困难。对微小型化设备，最小导线间距不小于 0.4mm。导线间距的选择与焊接工艺有关，采用浸焊或波峰焊时，导线间距要大一些，采用手工焊接时，导线间距可适当小一些。在高压电路中，相邻导线间存在着电位梯度，在高频电路中，导线间距将影响分布电容的大小，因此导线间距的选择要根据基板材料、工作环境、分布电容大小、印制电路板的加工方法等因素综合考虑。

③ 印制导线的形状。印制导线的形状可分为平直均匀形、斜线均匀形、曲线均匀形、曲线非均匀形，如图 6.12 所示。

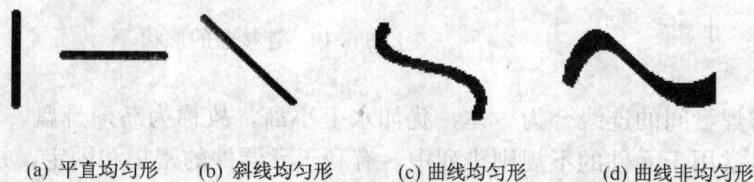

(a) 平直均匀形　　(b) 斜线均匀形　　(c) 曲线均匀形　　(d) 曲线非均匀形

图 6.12　印制导线的形状

印制导线的图形除要考虑机械因素、电气因素外，还要考虑导线图形的美观大方，所以在设计印制导线的图形时，应遵循如图 6.13 所示的原则：

• 在同一印制电路板上的导线宽度（除地线外）最好一样。

• 印制导线应走向平直，不应有急剧的弯曲和出现尖角，所有弯曲与过渡部分均需用圆弧连接。

• 印制导线应尽可能避免有分支，如必须有分支，分支处应圆滑。

• 印制导线尽避免长距离平行，对双面布设的印制线不能平行，应交叉布设。

• 如果印制电路板需要有大面积的铜箔，例如电路中的接地部分，则整个区域应镂空成栅状，如图 6.14 所示，这样在浸焊时能迅速加热，并保证涂锡均匀。栅状铜箔

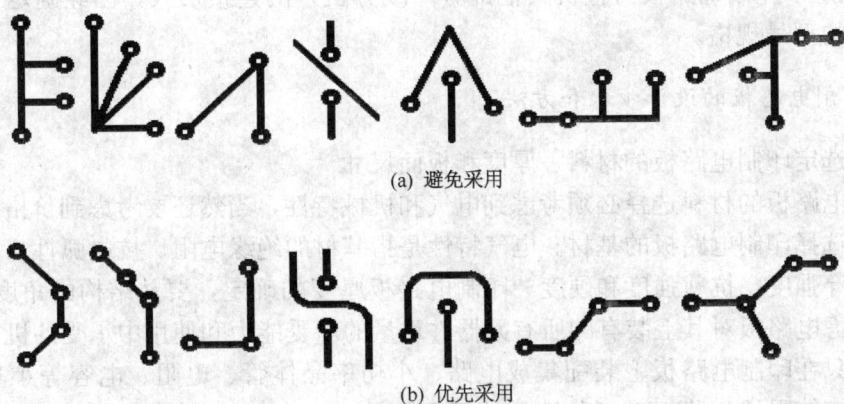

(a) 避免采用

(b) 优先采用

图 6.13　选用印制导线形状的原则

还能防止印制电路板受热变形，防止铜箔翘起和剥脱。

- 当导线宽度超过 3mm 时，最好在导线中间开槽成两根并联线，如图 6.15 所示。

图 6.14　栅状铜箔

图 6.15　在宽导线中间开槽成两根并联线

（7）定位孔的绘制与定位方法

定位孔是用于印制电路板制作时的加工基准。根据不同的定位精确度要求，有不同的定位方法。印制电路板上的定位孔，应该用专门的图形符号表示。当电路要求不高时，也可采用印制电路板内较大的装配孔来代替。如图 6.16 所示给出了三种定位孔的图形符号。

（8）表面贴装技术对印制电路板的要求

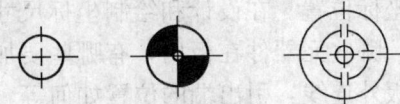

图 6.16　定位孔图形符号

现在表面贴装技术已经逐渐成为组装电子产品的主流技术，它比传统的插装技术有许多优点，但同时也对印制电路板提出了新的技术要求。

6.2.3　印制电路板的具体设计过程及方法

1. 设计印制电路板应具备的条件

① 根据整机总体设计要求，已经确定了电路图，选定了该电路所有的元器件，元件的型号和规格均已确定。

② 确定了对某些元器件的特殊要求，如哪些元器件需要屏蔽、需要经常调整或更换；哪些导线需要采用屏蔽线；电路工作的环境条件如温度、湿度、气压等已经明确。

③ 确定了印制电路板与整机其他部分（或分机）的连接形式，已经确定了插座和连接器件的型号规格。

2. 印制电路板的设计步骤和方法

（1）选定印制电路板的材料、厚度和板面尺寸

印制电路板的材料选择必须考虑到电气和机械特性，当然还要考虑到价格和制造成本，从而选择印制电路板的基材。电气特性是指基材的绝缘电阻、抗电弧性、印制导线电阻、击穿强度、抗剪强度和硬度。印制电路板厚度的确定，要从结构的角度来考虑，主要是考虑电路板对其上装有的所有元器件重量的承受能力和使用中承受的机械负荷能力。如果只在印制电路板上装配集成电路、小功率晶体管、电阻、电容等小功率元器件，在没有较强的负荷振动条件下，使用厚度为 1.5mm（尺寸在 500mm×500mm 之内）的印制电路板即可。如果板面较大或支撑强度不够，应选择 2～2.5mm 厚的板。印制电路板的厚度已标准化，其尺寸为 1.0mm、1.5mm、2.0mm、2.5mm 几种，最常用的是 1.5mm 和 2.0mm。

对于尺寸很小的印制电路板如计算器、电子表等，为了减小重量和降低成本，可选用更薄一些的敷铜箔层压板来制作。对于多层印制电路板的厚度也要根据电路的电气性能和结构要求来决定。

印制电路板的尺寸与印制电路板的加工和装配有密切关系，应从装配工艺的角度考虑两个方面的问题：一方面是便于自动化组装，使设备的性能得到充分利用，能使用通用化、标准化的工具和夹具，另一方面是便于将印制电路板组装成不同规格的产品，安装方便，固定可靠。

印制电路板的外形应尽量简单，一般为长方形，应尽量避免采用异形板。印制电路板的尺寸应尽量靠近标准系列的尺寸，以便简化工艺，降低加工成本。

（2）印制电路板坐标尺寸图的设计

用手工绘制 PCB 图时，可借助于坐标纸上的方格正确地表达在印制电路板上元件的坐标位置。在设计和绘制坐标尺寸图时，应根据电路图并考虑元器件布局和布线的要求，哪些元器件在板内，有哪些要加固，要散热，要屏蔽；哪些元器件在板外，需要多少板外连线，引出端的位置如何等，必要时还应画板外元器件接线图。

典型元器件是全部安装元器件中在几何尺寸上具有代表性的元件，它是布置元器件时的基本单元。再估计一下其他大元件尺寸相当于典型元件的倍数（即一个大元件在几何尺寸上相当于几个典型元件），这样就可以算出整个印制电路板需要多大尺寸。

阻容元件、晶体管等应尽量使用标准跨距，以适应元件引线的自动成形。各元件安装孔的圆心必须设置于坐标格的交点上。

（3）根据电原理图绘制印制电路板图的草图

首先要选定排版方向及确定主要元器件的位置。排版方向是指在印制电路板上电路从前级向后级电路总的走向，如从左向右或从右向左，这是设计印制电路板和布线首先要解决的问题。一般在设计印制电路板时，总是希望有统一的电源线及地线，电源线及地线与晶体管最好保持一个最佳的位置，也就是说它们之间的引线应尽量短。

当排版的方向确定以后，接下来首先是确定单元电路及其主要元器件，如晶体管、

集成电路等的布设。然后再布设特殊元器件，最后确定对外连接的方式和位置。

　　原理图的绘制一般以信号流程及反映元器件在图中的作用为依据，因而在原理图中走线交叉现象很多，这对读图毫无影响，但在印制电路板中出现导线的交叉现象是不允许的，因此在排版中，首先要绘制单线不交叉图，可通过重新排列元器件位置与方向来解决。在较复杂的电路中，有时导线完全不交叉是很困难的，这时可采用"飞线"来解决。"飞线"即是在印制电路板导线的交叉处切断一根，从板的元件面用一根短接线连接。"飞线"过多，会影响元件安装效率，不能算是成功之作，所以只有在迫不得已的情况下才使用。单线不交叉草图的绘制过程，如图 6.17 所示。

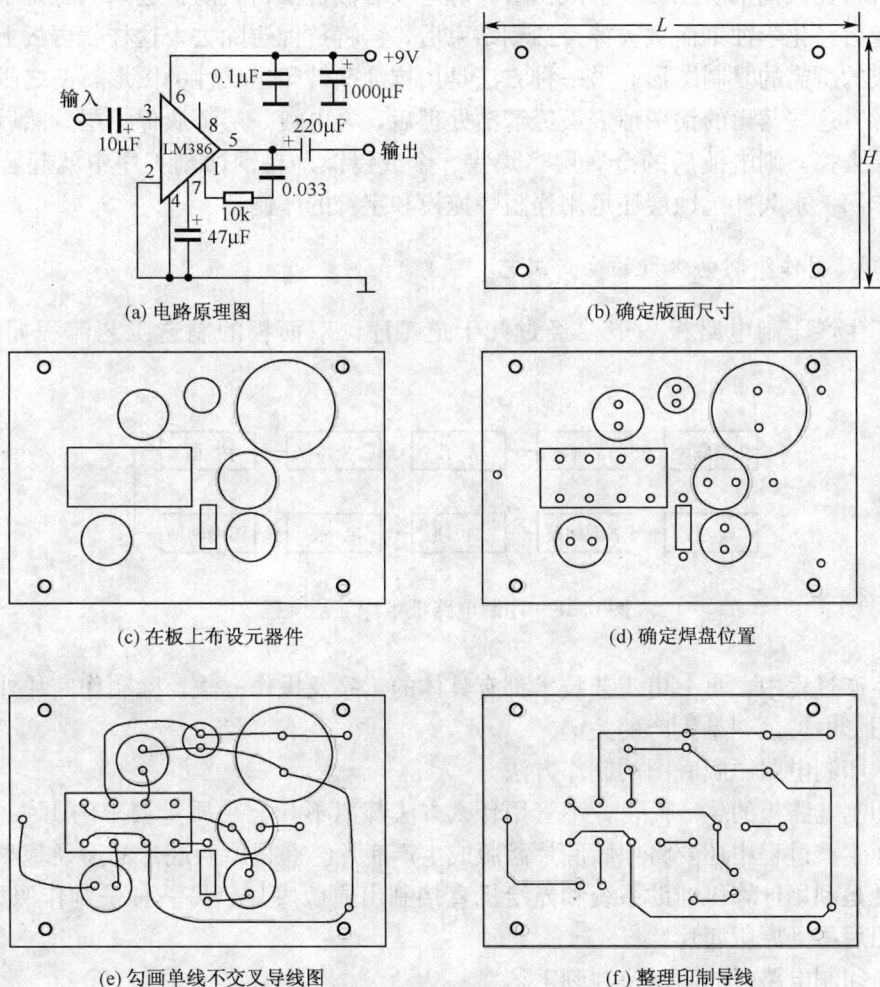

(a) 电路原理图　　　　　　　　　　　　(b) 确定版面尺寸

(c) 在板上布设元器件　　　　　　　　　(d) 确定焊盘位置

(e) 勾画单线不交叉导线图　　　　　　　(f) 整理印制导线

图 6.17　单线不交叉草图的绘制过程

　　根据单线不交叉草图，按照元器件的大小在方格纸上绘出的图叫排版设计草图，它包括焊接元器件的引线孔、印制导线的形状、印制电路板的尺寸及有关安装孔等，它是绘制各种正式图纸的主要依据。排版设计草图一般使用方格纸或坐标纸绘制，所用比例一般选用 1：1 或 2：1。

6.3　印制电路板的制造与检验

6.3.1　印制电路板的制造工艺

1. 手工制造印制电路板的工艺

手工制造印制电路板最初的一道基本工序，是将设计好的 PCB 图转印到敷铜箔层压板上。最简单的一种方法称之为印制——蚀刻法，或叫做铜箔蚀刻法，也就是用防护性抗蚀材料在敷铜箔层压板上形成图形，那些没有被抗蚀材料防护起来的就是不需要的铜箔，随后经化学蚀刻而被去掉。蚀刻结束后，再将抗蚀层除去，这样就再板上留下由铜箔构成的所需的复制图形。另一种方法是用抗蚀剂转印出反性的图形，使之露出所要求的图形。这些露出的铜图形表面经清洁处理后，再电镀一层金属保护层。然后，将有机抗蚀层去掉，则电镀后的金属层（焊锡、金或锡镍）在铜蚀刻工序中就起着"抗蚀层"的作用。永久性抗蚀层还可用作阻焊掩模和字符的印制。

2. 工厂制作印制电路板的生产工艺

工厂生产印制电路板一般要经过几十道工序。双面板的制造工艺流程如图 6.18 所示。

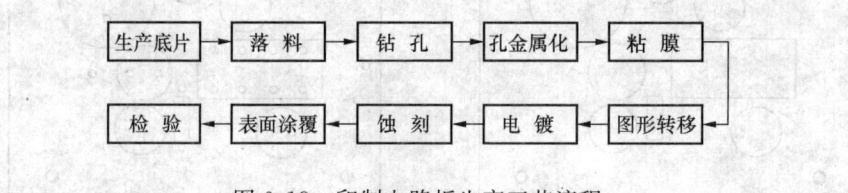

生产底片 → 落料 → 钻孔 → 孔金属化 → 粘膜

检验 ← 表面涂覆 ← 蚀刻 ← 电镀 ← 图形转移

图 6.18　印制电路板生产工艺流程

在生产过程中，每一道工艺技术都有具体的工序及操作方法，除制作底片外，孔金属化及图形电镀蚀刻是生产的关键。

（1）印制电路原版底图的制作方法

就印制电路板的生产而言，不管用什么方法都离不开合乎质量要求的 1∶1 的原版底片，在生产过程中还要将原版底片翻版成生产底片。获得原版底片的途径基本上有两种：一种是利用计算机辅助系统和光绘机直接制出原版底片，另一种是制作照相底图，再经拍照后得到原版底片。

（2）印制电路板的印制及蚀刻工艺

制造抗蚀或电镀的掩膜图形一般有三种方法：液体感光胶法、感光干膜法和丝网漏印法。

感光胶法是采用蛋白感光胶和聚乙醇感光胶，是一种比较老的工艺方法，它的缺点是生产效率低，难于实现自动化，本身耐蚀性差。

丝网漏印法适用于批量较大、单精度要求不高的单面和双面印制电路板生产，便于实现自动化。

感光干膜法在提高生产效率、简化工艺、提高制板质量等方面优于其他方法。

　　目前，在图形电镀制造电路板工艺中，大多数厂家都采用感光干膜法和丝网漏印法。

　　感光干膜法中的干膜由干膜抗蚀剂、聚酯膜和聚乙烯膜组成。干膜抗蚀剂是一种耐酸的光聚合体；聚酯膜为基底膜，厚度为 $30\mu m$ 左右，起支托干膜抗蚀剂及照相底片作用，聚乙烯膜厚度为 $30\sim40\mu m$，是在聚酯膜涂敷干膜蚀剂后覆盖的一层保护层。干膜分为溶剂型、全水型、半水型等。贴膜制板的工艺流程为：贴膜前处理→吹干或烘干→贴膜→对孔→定位→曝光→显影→晾干→修板。

　　蚀刻也叫腐蚀，是指利用化学或电化学方法，将涂有抗蚀剂并经感光显影后的印制电路板上未感光部分的铜箔腐蚀除去，在印制电路板上留下精确的线路图形。

　　制作印制电路板有多种蚀刻工艺可以采用，这些方法可以除去未保护部分的铜箔，但不影响感光显影后的抗蚀剂及其保护下的铜导体，也不腐蚀绝缘基板及粘结材料。工业上最常用的蚀刻剂有三氧化铁、过硫酸铵、铬酸及氯化铜。其中三氧化铁的价格低廉且毒性较低，碱性氯化铜的腐蚀速度快，能蚀刻高精度、高密度的印制电路板，并且铜离子又能再生回收，也是一种经常采用的方法。

　　丝网漏印简称丝印，也是一种古老的工艺。丝网漏印法是先将所需要的印制电路图形制在丝网上，然后用油墨通过丝网版将线路图形漏印在铜箔板上，形成耐腐蚀的保护层，再经过腐蚀去除保护层，最后制成印制电路板。由于丝网漏印具有操作简单、生产效率高、质量稳定及成本低廉等优点，所以广泛用于印制电路板的制造。当前用丝印法生产的印制电路板，占整个印制电路板产量的大部分。目前，丝网漏印法在工艺、材料、设备上都有较大突破，现在已能印制出 0.2mm 宽的导线。丝网漏印法的缺点是，所制的印制电路板的精度比光化学法差；对品种多、数量少的产品，生产效率比较低，并且要求丝印工人有熟练的操作技术。

6.3.2　印制电路板的质量检验

　　印制电路板在制成之后，要通过下述的质量检验，才能进行元件插装和焊接。

　　1. 目视检验

　　目视检验是用肉眼检验所能见到的一些情况，如表面缺陷包括凹痕、麻坑、划痕、表面粗糙、空洞、针孔等。另外还要检查焊孔是否在焊盘中心、导线图形的完整性。可以用照相底图制造的底片覆盖在已加工好的印制电路板上，来测定导线的宽度和外形是否处在要求的范围内，再检验印制电路板的外边缘尺寸是否处于要求的范围之内。

　　2. 过孔的连通性

　　对于多层电路板要进行连通性试验，以查明需要连接的印制电路图形是否具有连通性。

　　3. 电路板的绝缘电阻

　　电路板的绝缘电阻是印制电路板绝缘部件对外加直流电压所呈现出的一种电阻。在印制电路板上，此试验既可以在同一层上的各条导线之间来进行，也可以在两个不同层之间来进行。选择两根或多根间距紧密、电气上绝缘的导线，先测量其间的绝缘电阻；再加湿热一个周期（将试样垂直放在试验箱的框架上，箱内相对湿度约为100%，温度在42~48℃，放置几小时到几天）后，置于室内条件下恢复一小时，再测量它们之间的绝缘电阻。

4. 焊盘的可焊性

可焊性是用来测量元器件焊接到印制电路板上时焊锡对印制图形的润湿能力，一般用润湿、半润湿、不润湿来表示。

① 润湿。焊料在导线和焊盘上可自由流动及扩展，形成粘附性连接。

② 半润湿。焊料先润湿焊盘的表面，然后由于润湿不佳而造成焊锡回缩，结果在基底金属上留下一薄层焊料。在焊盘表面一些不规则的地方，大部分焊料都形成了焊料球。

③ 不润湿。焊料虽然在焊盘的表面上堆积，但未和焊盘表面形成粘附性连接。

5. 镀层附着力

检查镀层附着力的一种通用方法是胶带试验法。把透明胶带横贴于要测的导线上，并将此胶带用手按压，使气泡全部排除，然后掀起胶带的一端，大约与印制电路板呈90°时扯掉胶带，扯胶带时应快速猛扯，扯下的胶带完全干净没有铜箔附着，说明该板的镀层附着力合格。

6.3.3 印制电路板的手工制作方法

在电子产品样机尚未定型的试验阶段或在一些课程设计中，经常需要手工制作印制电路板，因此掌握手工自制印制电路板的方法很有必要。手工自制印制电路板的方法主要有描图法（用油漆）、贴图法、铜箔粘贴法、刀刻法等。最常用的是描图法。描图法的制作过程是：

① 剪板。按实际尺寸裁剪敷铜板。

② 清板。去除板的四周毛刺，清除板面污垢。

③ 拓图。用复写纸将已设计好的印制图拓在敷铜板上。

④ 描图。用稀稠适宜的调和漆描图，描好后置于室内晾干。

⑤ 修整。趁油漆未完全干透的情况下进行修整，把图形中的毛刺或多余的油漆刮掉。

⑥ 腐蚀。当油漆干好后，把板放到三氯化铁水溶液中，注意掌握浓度、温度和腐蚀时间。在腐蚀过程中，可轻轻地搅动，使"新鲜"的溶液不断流过工件表面，待工件表面需要腐蚀的地方完全腐蚀后，取出板并用水冲洗。

⑦ 去漆。先用刀片刮掉漆膜，再用香蕉水清除漆膜。

⑧ 打孔。对要求精度较高的孔，最好先打样孔。打孔时用力不宜过大、过快，以免造成孔移位和折断钻头。

⑨ 修板。用细砂纸清除板上的毛刺，再用碎布擦净污物，用水冲洗后晾干。

⑩ 涂助焊剂。当板晾干后，立即涂上松香水（松香酒精溶液）。

6.4　印制电路板的计算机设计

6.4.1　计算机辅助设计印制电路板软件

随着大规模集成电路的应用，要求印制电路板的走线愈来愈精密和复杂，同时要求设计和制造印制电路板的周期越来越短，在这种情况下，传统的手工设计印制电路板已经落后，而计算机辅助设计（Computer Assist Design，CAD）则应运而生。

计算机辅助设计印制电路板改进了产品的质量，大大缩短了设计周期，改进了印制电路板的工艺流程，如图 6.19 所示反映出人工方法和 CAD 方法的差异。

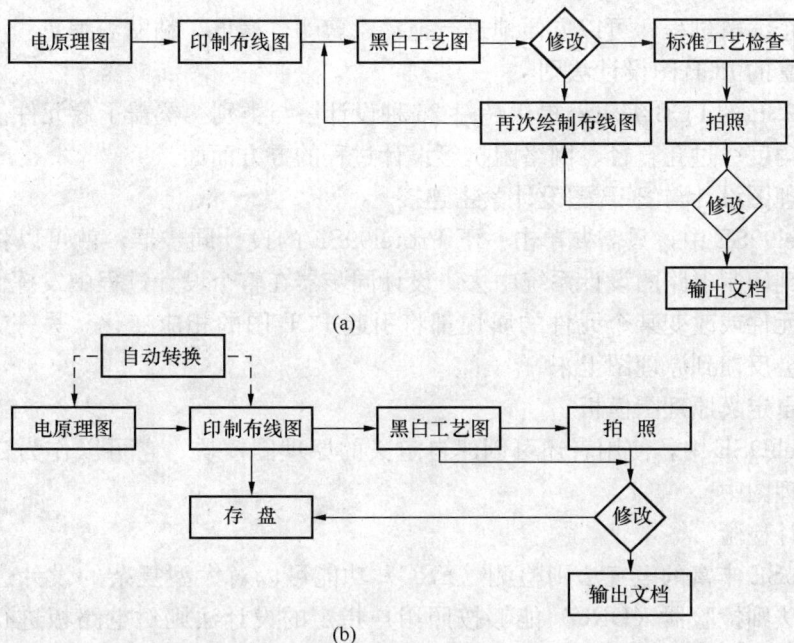

图 6.19　印制电路板的人工设计和 CAD 设计流程图

CAD 方法精简了工艺标准检查，且电路的修改可以在同一图纸上反复进行，从而提高了工作效率。近几年来，计算机辅助设计印制电路板的 CAD 软件发展很快，其种类也很多，功能有强有弱，各具特色。现在广为流行的 Protel99SE 是基于 Windows 平台的 32 位 EDA 设计系统，它具有丰富的编辑功能、更为便捷的自动化设计能力、完善有效的检测工具、灵活有序的设计管理手段，具有丰富的元件库，有良好的开放性和兼容性，支持 Windows 平台上的所有外设。

1. Protel99SE 的特点

（1）分层次组织的设计环境

使用者可以将待设计的电路划分成若干部分（子系统），各部分再划分成若干功能模块，然后分层逐级进行设计，这使得电路设计条理清晰，设计人员分工合作，可以完成大型电子电路的电路板设计。这种设计方法也叫"自顶向下（Top-down）"的设计院方法。

（2）强大的元件库及元件库的组织功能

Protel99SE 提供了 6 万多种元件的元件库和丰富的 PCB 封装形式库，使用者也可以创建自己的元件库，并可自由地在各库之间移动、拷贝元件，对于新元件和新封装可以直接从 Protel 的互联网点（www.protel.com）下载得到。

（3）手动布线

Protel99SE 的原理图和 PCB 图设计均设置了手动布线功能。

（4）易用的编辑环境，强大的编辑功能

Protel99SE 的原理图编辑器和 PCB 编辑器使用标准化的编辑方式，使用者能够直观地控制整个编辑过程，可以方便地进行拖动、剪切、拷贝、粘贴等编辑。

（5）丰富的 PCB 图设计法则

Protel99SE 的 PCB 编辑器提供超过 25 种设计法与类别，覆盖了像元件位置、走线宽度、走线角度、过孔直径、网络阻抗等设计过程的方方面面。

（6）原理图设计与 PCB 图设计紧密连接

在 Protel99SE 中，只需要单击一下 Protel99SE 的设计同步器，就可以将原理图中的信息传送到印制电路图设计系统中去，设计同步器在整个设计过程中发挥作用，在原理图中添加元件或改变某个元件的属性都将引起 PCB 图的相应变化。另一方面，PCB图的改变也会反馈到原理图上来。

（7）可自定义原理图模板

在 Protel99SE 中，使用者还可创建自定义的原理图模块，它可以作为自定义的元素应用于原理图中。

（8）设计检验

Protel99SE 丰富的电气法则检测（ERC）功能可以对大型复杂的设计进行快速的检验。设计法则检验器（DRC）能够按照用户指定的设计法则对电路板进行检验，然后产生全面的检验报告，指出设计中与设计法则相矛盾的地方。

（9）高智能的基于形状的自动布线功能

Protel99SE 中的自动布线组件是一个完全集成的基于形状的无网格自动布线器，采用基于人工智能的布线方法。在 Protel99SE 中，该组件作为一个内嵌的服务器程序，通过印制电路板图编辑器来实现与用户的交互。自动布线功能布线效率高，可实现高难度、高精度的印制电路板图自动布线。

2. Protel99SE 的运行环境

运行 Protel99SE 的计算机的推荐配置为：

CPU：Pentium166 以上。

内存：32MB 以上。

硬盘：1GB 以上。

操作系统：Windows 95/98/NT。

显示器：显存在 1MB 以上，显示分辨率在 800×600 以上，Protel99SE 标准显示方式的显示分辨率为 1024×768。

这仅是保守的配置，为充分发挥 Protel99SE 的强大功能，计算机的配置应尽可能高。

3. Protel99SE 的安装

Protel99SE 的安装与 Windows 应用程序的安装方法一样，只要在 Protel99SE 安装向导的提示下进行即可。

4. Protel99SE 印制电路板图的设计流程

PCB 图的设计流程可分为如下几个步骤，如图 6.20 所示。

（1）绘制 SCH（Schematic 电路原理图）电路图

绘制 SCH 电路图是设计 PCB 图的第一步，用于产生设计 PCB 图所必需的网络表，并作为 PCB 图的布线依据及文档资料保存。Protel99SE 与早期 Protel 版本的软件相比，在进行 PCB 图的设计时也可不依赖网络表，可通过 SCH 中的"同步器"（Up-Date）命令，实现将元件封装信息和网络信息从 SCH 向 PCB 进行同步传送。如图 6.20 右边部分所示。

（2）元件封装制作

对 PCB 中所需要的元器件的外形和引脚的焊盘进行设计，并以此作为一个元件的整体被后续过程所调用。

（3）产生网络表

绘制完电路图后，可以启动 Net→List 命令产生网络表。网络表包含两部分信息，其一是元件的标号、封装、型号或参数；其二是网络名称和该网络上所连接的所有元件引线端子的编号。

图 6.20　Protel99SE 设计 PCB 流程

（4）规划电路板

由于 PCB 的形状、尺寸、板层、固定孔位置、禁止布线区域等都应符合用户的要求，所以，要进行满足一定要求的 PCB 的规划设计。

（5）装入网络表

当装入网络后，网络表将调用元件封装：网络表中的各元件信息以其封装图形的形式显示在 PCB 上；并且，网络表中的网络信息也以预拉线的形式显示在 PCB 上。

（6）元件布局

元件布局有自动和手动两种方法。自动布局除可以将元件从叠放状态变为展开状态以外，还可按照所设置的布局参数进行元件的合理放置。这种所谓的"合理"只是以易于布线、走线距离短等原则为前提，它并不一定符合用户的要求，所以在自动布局后，

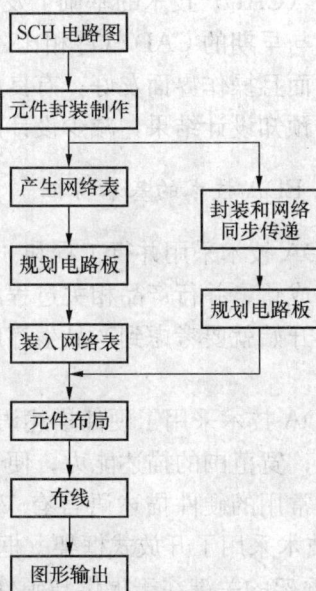

还必须进行手工布局，以满足用户对 PCB 的具体要求。

（7）布线

布线是实现各元件引脚间的相互连接，同样有自动布线和手动布线两种方法。往往在进行自动布线后还需要进行手工修整，使布线更为合理，线条更为美观。

（8）图形输出

利用图形输出设备如打印机、绘图仪等，将布线好的图形输出，以便于进行 PCB 的加工制作。

6.4.2　CAD 与 EDA

EDA（Electronics Design Automation）就是电子设计自动化。EDA 是在计算机辅助设计（CAD）技术的基础上发展起来的计算机软件系统，可看作是电子 CAD 的高级阶段。与早期的 CAD 软件相比，EDA 软件的自动化程度更高、功能更完善、运行速度更快，而且操作界面友好，有良好的数据开放性和互换性。利用 EDA 设计工具，设计者可以预知设计结果，减少设计的盲目性，极大地提高设计的效率。

1．EDA 技术的基本特征

EDA 技术采用并行工程和"自顶向下"的设计方法。所谓并行工程是指一种系统化、集成化、并行产品相关过程的开发模式（相关过程指制造和维护）。这一模式使开发者从开始就要考虑到产品生存周期的诸多方面，包括质量、成本、开发时间及用户的需求等。

EDA 技术采用了硬件描述语言。其优点是：语言的公开可使用性；设计与工艺的无关性；宽范围的描述能力；便于组织大规模系统的设计；便于设计的复用和继承等。目前最常用的硬件描述语言有 VHDL 和 VERILOG-HDL。它们都已成为 IEEE 标准。EDA 技术采用了开放式框架（框架是一种软件平台结构，它为 EDA 工具提供了操作环境）。框架的关键在于提供与硬件平台无关的图形用户界面以及工具之间的通信、设计数据和设计流程的管理等，此外还包括各种与数据库相关的服务项目和标准化结构，可以利用其他厂商的 EDA 工具。

2．EDA 的基本工具

① 逻辑器。逻辑器包括文字逻辑器和图形逻辑器。

② 仿真器。仿真器又叫模拟器，主要用来帮助设计者验证设计的正确性。

③ 检查/分析工具。在集成电路设计的各个层次都会用到检查/分析工具。

④ 优化/综合工具。优化/综合工具用来把一种硬件描述转换为另一种描述，这里的转换通常伴随着设计的某种改进。

3．EDA 软件简介

虚拟电子工作台（Electronics Workbench，简记为 EWB）是加拿大 Interactive Image Technologies 公司于 20 世纪 90 年代初推出的电路分析和设计软件。EWB 仿真的手段切合实际，选用的元器件和仪器与实际情形非常相近。绘制原理图所需的元器件、电路仿真需求的测试仪器均可直接从屏幕上选取，EWB 提供了示波器、万用电表、波特图仪、函数发生器、逻辑分析仪、数字信号发生器等仪器，在仪器的操作上同实际仪器极为相似。

EWB 的元器件库不仅提供了数千种电路元器件供选用，而且还提供了各种元器件的理想参数，因此仿真的结果就是该电路的理论值，这对于验证电路原理、自学电路内容、开发设计新的电路极为方便。

EWB 提供了非常丰富的电路分析功能，包括电路的瞬态分析和稳态分析、时域和频域分析、线性和非线性分析、噪声和失真分析等常规分析方法，而且还提供了离散傅里叶分析、电路零点分析和交直流灵敏度分析等多种电路高级分析方法，以帮助设计人员研究电路性能。另外，它还可以对被仿真电路中的元器件人为设置故障，如开路、短路和不同程度的漏电等，针对不同的故障可以观察到电路的各种状态，从而加深对电路的理解。在该软件下完成的电路文件，可以直接输出至常见的排版软件如 Protel、OR-GAD 和 TANGO，自动排出印制电路板，从而大大加快了产品的开发速度，提高了设计人员的工作效率。

新近推出的 EWB V 5.12 版增加了全套的印制电路板排版功能，支持 PCB-Layer 达 32 层，元器件外形封装超过 4000 种，具有即时设计规则检错、布线遗失检测及自动布线功能，非常适用于电子电路的设计、制作、产品开发和实验教学。

6.5　印制电路板技术的发展趋势

印制电路板是目前所有电子系统的通用组装部件，而集成电路的发展方向将会直接影响到印制电路板技术的发展方向。近 20 年来，集成技术的发展不仅能在一个硅单片上做出集成电路，而且还能做成薄膜电路和厚膜电路，每块芯片的元件数量增加很快，在每单位面积内就需要有大量的连接线，这对导线的粗细和导线的间距都提出了新的要求。

目前国内单面印制电路板的生产已达到一个较高的技术水平，不少厂家已具备生产线宽和间距为 0.3mm、冲孔孔径为 0.8mm 的水平。这是由于集成电路集成度的提高，48 根引线的集成电路已开始普遍使用，这意味着要在 1.78mm 的间距上冲出二个小孔，而焊盘的宽度仅为 1.5mm。国内在双面和多层印制电路板的生产技术上也获得了很大的发展，在 2.54mm 的间距中走二条线，不仅采用感光法能达到，采用丝印法亦能完成。随着数据钻床、化学沉铜、电镀生产线的引进和高效沉铜电镀液的使用，金属化孔的可靠性大大提高。部分工厂还采用了先进的计算机辅助设计系统（CAD）来生产印制电路板。

6.5.1　多层印制电路板

随着在印制电路板上的元器件密度越来越高，信号传输的速度也越来越快，单面和双面印制电路板已满足不了这些要求，因此多层印制板也日益广泛地应用在各种电子产品中，如在计算机中普遍使用的是四层印制板。

多层板的制造除了钻孔、孔金属化、制板、图形镀铜、铜锡铅合金等基本采用双面板的工艺外，还有它独特的加工工艺，如内层板的制造与处理、层与层之间的定位、叠压等。它是先将各内层板制出图形并蚀成导电图形，再进行清洁处理和氧化处理后，用事先钻好的孔定位，通过叠压而形成整体。如图 6.21 所示是多层板的结构图。多层板的优点是能使用屏蔽层和电源层，缺点是：层间有效连接的问题颇为复杂、金属化孔的厚度控制复杂、板的热作用和机械作用很灵敏、层间配合及制造底板的工艺过程复杂。

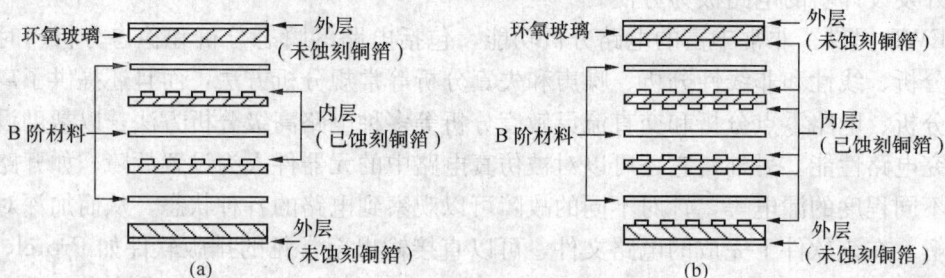

图 6.21　多层印制电路板的结构

6.5.2　特殊印制电路板

随着电子技术的发展，用一般印制电路板即环氧酚醛、酚醛纸基材已不能满足要求，已从低频基材发展到高频基材，从刚性板发展到挠性板。图 6.22 所示为刚挠性混合多层印制电路板的示意图。

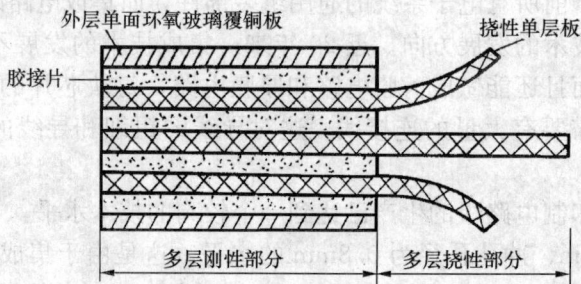

图 6.22　刚挠性混合多层印制电路板示意图

1. 挠性印制电路板

挠性印制电路板和刚性印制电路板一样，也分为单面、双面和多层，其优点是能弯曲和折叠，能连接刚性板和活动部件上，能立体布线，实现三维空间互连，体积和重量小，装配方便，适用于空间小、组装密度高的电子产品。

多层挠性印制电路板是印制电路板领域中的新产品，是由三层以上的导体在挠性绝缘基材上所构成的，它具有挠性印制电路和多层印制电路板的优点。多层挠性印制电路的出现，可以实现没有接插件或减少接插件的高度互连，适用于特殊限制的高密度电子产品。挠性印制电路板被广泛应用于计算机、通信设备、导弹、照相机、绘图仪、工业自动化仪表等产品的互连封装中。

2. 刚-挠性混合多层印制电路板

刚-挠性电路是目前结构复杂、综合性能优异的新型印制电路板。由于其制造工艺复杂,几年前,在国外也只有少数厂家能够制造。每单层挠性板均可单独自由挠曲和卷曲,在刚性部分上有金属化孔,金属化孔把各挠性层实现电气连接。

3. 微波印制电路板

微波印制电路板是一种在高频率波段条件下使用的印制电路微波器件。微波印制电路板所用的基材有聚四氟乙铜箔板、微复合介质基片和陶瓷基片等。微波印制电路板的制作是采用感光材料进行图形转移,其制作精度可达到 0.3mm 最高能达到 0.1mm 的线条与间距,甚至可达到 0.04～0.03mm 的线宽与间距。微波印制电路板主要用于国防、人造卫星、航空航天、机械电子、邮电通信工业,主要解决高频部件小型化的问题。

4. 金属芯印制电路板

由于元件在印制电路板上装配密度的提高,使元件散热量增多,采用酚醛纸板或环氧玻璃布板,因散热性能差不能适应发展的需要。采用金属芯印制电路板可以解决这一问题。金属芯印制电路板,就是以一块厚度相当的金属板代替环氧玻璃布板,经过特殊处理后,使金属板两面的电路相互连接,而和金属部分高度绝缘。金属芯印制电路板的优点是散热性及尺寸稳定性好,又因所用铝、铁等磁性材料有屏蔽作用,可以防止电路之间的互相干扰且成本低。

5. 碳膜印制电路板

碳膜印制电路板是在敷铜箔板上制成导体图形后,再印制一层碳,形成触点或跨接线,其特点是生产工艺简单,成本低,周期短且具有良好的耐磨性、导电性及三防性,能在单面板上实现高密度化、产品小型化、轻量化、适用于电视机、电话机、录像机及电子琴等产品。

6. 印制电路与厚膜电路的混合

过去一般用焊接的方法把厚膜电路固定在印制电路板上,现在采用把电阻材料和铜箔顺序地粘合到绝缘板上,再选择性地腐蚀除去不需要的部分,形成所要的图形,用电镀加厚的办法以减小电阻,用腐蚀方法以增加电阻,形成电路的连接。

【技能与技巧】手工制作印制电路板的技巧

1. 刀刻法

在电路板上拓好电路图后,利用各种刀具和电动工具,手工把线路板上不需要的铜刻去,或在印制电路板上电路图形外篆刻出隔离线。此法适用于简单的小电路,其特点是无需腐蚀、快捷，但比较费力，而且精度低。

2．油漆法

油漆法的制作技巧有：

① 描图技巧：描图可用毛笔、记号笔、鸭嘴笔、蘸水笔、铅笔或小木棒等蘸油漆进行描图。毛笔描图流畅、快捷、均匀，但其柔软难以控制，容易跑边；用铅笔等其他形式的"笔"，容易掌握和控制，但速度慢且不均匀。

② 图形修整：在油漆未完全干透的情况下进行修整，把图形中的毛刺或多余的油漆刮掉。此法的关键是要把握油漆的干湿程度，当油漆未干时修整，因油漆的黏性将会弄脏手以及电路板；当油漆干透时修整，油漆将会整块剥离或破损。如果油漆干湿得当，用手去触摸应不粘手，且仍有一点柔软。这时可用直尺、刻刀等工具进行修整，此时油漆的可塑性较好，只要仔细修整会得到令人满意的效果。

3．粘贴不干胶法

市面上有各种规格的不干胶被制成条状和圆片状，用其按拓在敷铜板上的印制电路图形粘贴牢固后即可进行腐蚀。

4．贴纸刀刻法

先把印制电路图打印在广告贴纸上，再将贴纸背面的塑料纸撕下，把图纸平整地粘在敷铜板上，利用刻刀将电路图以外的部分刻除。此法不需拓图，而且打印的电路图精确度高。

5．热转印纸法

采用热转印纸制板的过程为：将计算机设计好的印制电路图，利用激光打印机打印在热转印纸上，通过加热（可利用电熨斗、过塑机）把图形拓印在敷铜板上，再经腐蚀就可完成制板。其特点为制板精度高、速度快、成本较低。

6．胶片感光法

把印制电路图通过激光打印机打印在胶片上，在敷铜板上预先涂上一层感光材料（市面上已有涂好的敷铜板出售），再将打印好的胶片贴在敷铜板上，在暗室进行曝光、显影、定影和清洗后，即可在三氯化铁溶液里进行腐蚀。

自　测　题

1．印制电路板设计的主要内容是什么？
2．印制电路板上的元器件如何布局？
3．试说明在印制电路板上布设导线的一般方法。在布线时，应注意哪些问题？
4．印制电路板对外连接的方法有哪些？
5．在设计印制电路板时，导线的宽度与哪些因素有关？如何确定导线宽度和导线间距?

6. 在设计印制电路板的图形时，要注意哪些问题?

7. 简述印制电路板图计算机设计的步骤及内容。

8. 简述手工制作印制电路板的步骤和方法。

实训 6　手工制作印制电路板技能训练

一、实训目的

(1) 掌握贴纸刀刻法制作印制电路板的基本方法。

(2) 学习使用计算机软件绘制 PCB 图。

二、实训器材

单面敷铜电路板。

广告贴纸。

刻刀。

三、实训步骤

(1) 先把印制电路图打印在广告贴纸上。

(2) 将贴纸背面的塑料纸撕下，把图纸平整地粘在敷铜板上。

(3) 用刻刀将电路图以外的部分刻除。

四、实训报告

根据手工制作印制电路板的过程写出实训报告，总结手工制作印制电路板的体会。

第 7 章

电子产品安装工艺

电子产品的安装工艺是将电子零件和部件按照设计要求装成整机，是多种电子技术的综合。电子产品的安装工艺是电子产品生产过程中及其重要的环节，一个设计精良的产品可能因为安装工艺不当而无法实现预定的技术指标，一台精密的电子仪器可能由于一个螺钉的松动而无法正常工作，这样的例子在实际工作中并不少见。掌握电子产品的安装工艺技能对从事电子产品的设计、制造、使用和维修工作的技术人员是不可缺少的。

7.1 电子产品紧固工具及紧固件的选用

安装是将电子零部件按照要求装接到规定的位置上，大部分安装离不开螺钉紧固，也有些零部件仅需要简单的插接即可。安装质量不仅取决于工艺设计，很大程度上也依赖于操作人员的技术水平和安装工具。

7.1.1 紧固工具及紧固方法

在电子产品的装配工作中，紧固安装占有很大比例。用螺钉螺母将零部件紧固在各自的位置上，看似简单，但要达到牢固、安全和可靠的要求，则必须对紧固件的规格、紧固工具和操作方法切实掌握。

1. 紧固工具

紧固螺钉所用的工具有普通螺丝刀（又称螺丝起子、改锥）、力矩螺丝刀、固定扳手、活动扳手、力矩扳手、套管扳手等。其中螺丝刀又有一字头和十字头之分。

工业生产中都使用力矩工具，以保证每个螺钉都以最佳力矩紧固。大批量工业生产中均使用电动或气动紧固工具，并且都有力矩控制机构。

2. 最佳紧固力矩

每种尺寸的螺钉都有固定的最佳紧固力矩，使用力矩工具很容易达到要求，但使用一般的工具，则要靠实践经验才能达到最佳紧固力矩。

3. 紧固方法

使用普通螺丝刀紧固要领：先用手指尖握住手柄拧紧螺钉，再用手掌拧半圈左右即可。紧固有弹簧垫圈的螺钉时，要求把弹簧垫圈刚好压平即可。对成组的螺钉紧固，要采用对角轮流紧固方法，先轮流将全部螺钉预紧（刚刚拧上为止），再按对角线的顺序轮流将螺钉紧固。

7.1.2　常用紧固件的选用

1. 螺钉的结构和适用范围

图 7.1 所示是电子装配常用的各种螺钉，这些螺钉在结构上有一字槽与十字槽两种。由于十字槽具有对中性好、安装时螺丝刀不易划出的优点，使用日益广泛。

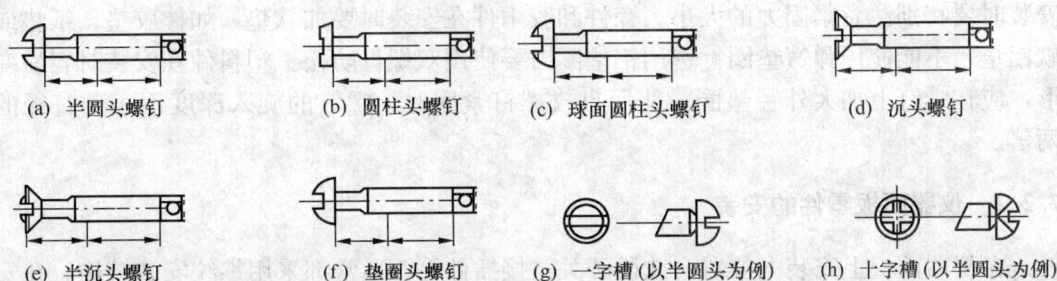

(a) 半圆头螺钉　(b) 圆柱头螺钉　(c) 球面圆柱头螺钉　(d) 沉头螺钉

(e) 半沉头螺钉　(f) 垫圈头螺钉　(g) 一字槽(以半圆头为例)　(h) 十字槽(以半圆头为例)

图 7.1　电子装配常用的各种螺钉

当需要连接面平整时，要选用沉头螺钉。选择的沉头大小合适时，可以使螺钉与平面保持同高，并且使连接件较准确定位。

自攻螺钉适用于薄铁板与塑料件之间的连接，它的特点是不需要在连接件上攻螺纹。

2. 螺钉的材料和表面选择

用在一般仪器上的连接螺钉，可以选用镀钢螺钉，用在仪器面板上的连接螺钉，为增加美观和防止生锈，可以选择镀铬或镀镍的螺钉。紧固螺钉由于埋在元件内，所以只需选择经过防锈处理的螺钉即可。对要求导电性能比较高的连接和紧固，可以选用黄铜螺钉或镀银螺钉。

3. 螺钉防松的方法

常用的防止螺钉松动的方法有三种：加装垫圈；使用双螺母；使用防松漆，可以根据具体安装的对象选用。

4. 导电螺钉的使用

作为电气连接用的螺钉，需要考虑螺钉的载流量。这种螺钉一般用黄铜制造，各种规格的螺钉导电能力见表 7.1 所示。

表 7.1 黄铜螺钉的导电能力

电流范围/A	<5	5~10	10~20	20~50	50~100	100~150	150~300
选用螺钉	M3~M4	M4	M5	M6	M8	M10	M12

7.2 电子产品元部件的安装

7.2.1 陶瓷零件、胶木零件和塑料件的安装

这类零件的特点是强度低，容易在安装时损坏。因此要选择合适材料作为衬垫，在安装时要特别注意紧固力的大小。瓷件和胶木件在安装时要加软垫，如橡胶垫、纸垫或软铝垫，不能使用弹簧垫圈。选用铝垫圈时要使用双螺母防松。塑料件在安装时容易变形，应在螺钉上加大外径垫圈。使用自攻螺钉紧固时，螺钉的旋入深度不小于直径的两倍。

7.2.2 仪器面板零件的安装

在仪器面板上安装电位器、波段开关、接插件等，通常都采用螺纹安装结构。在安装时要选用合适的防松垫圈，特别要注意保护面板，防止在紧固螺母时划伤面板。

7.2.3 大功率器件的安装

大功率器件在工作时要发热，必须依靠散热器将热量散发出去，而安装的质量对传热效率影响很大。以下三点是安装的要领：

① 器件和散热器接触面要清洁平整，保证两者之间接触良好。

② 在器件和散热器的接触面上加涂硅酯。

③ 在有两个以上的螺钉紧固时，要采用对角线轮流紧固的方法，防止贴合不良。

常见功率器件的安装如图 7.2 所示。

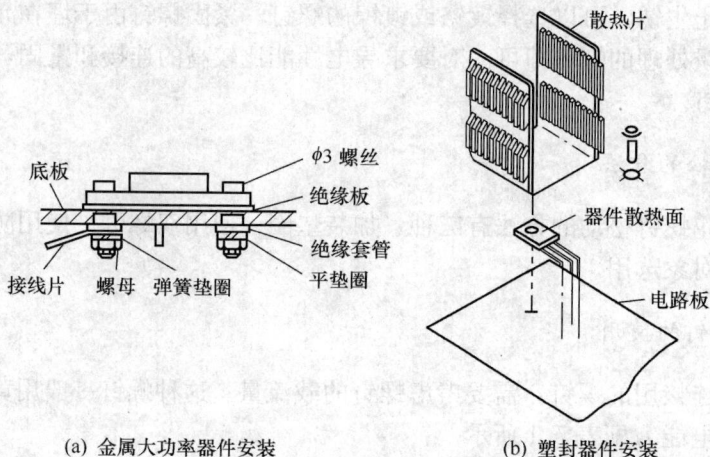

(a) 金属大功率器件安装　　　(b) 塑封器件安装

图 7.2 功率器件的安装

7.2.4　集成电路的安装

集成电路在大多数应用场合都是直接焊装到 PCB 上，但不少产品为了调整、升级、维护方便，常采用先焊装 IC 座再安装集成电路的安装方式。计算机中的 CPU、ROM、RAM 和 E^2PROM 等器件，引线较多，安装时稍有不慎，就有损坏引脚的可能。对集成电路的安装还可以选择集成电路插座，因为集成电路的引线有单列直插式和双列直插式，管脚的数量也不相同，所以要选择合适的集成电路插座。

集成电路的安装要点如下。

（1）防静电

大规模 IC 大都采用 CMOS 工艺，属电荷敏感型器件，而人体所带的静电有时可高达上千伏。工业上的标准工作环境虽然采用了防静电系统，但也要尽可能使用工具夹持 IC，并且通过触摸大件金属体（如水管、机箱等）等方式释放人体所带的静电。

（2）找方位

无论何种 IC 在安装时都有方位问题，通常 IC 插座及 IC 片子本身都有明显的定位标志，如图 7.3 所示，但有些 IC 的封装定位表示不明显，必须查阅说明书。

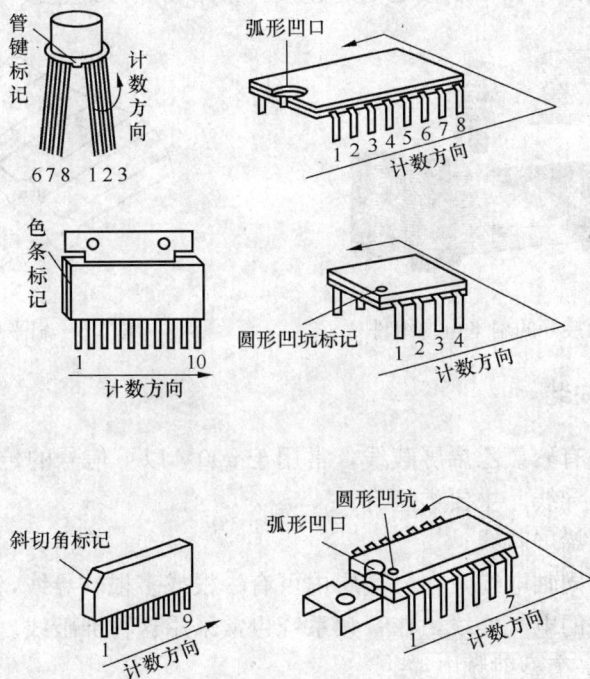

图 7.3　常见集成电路的方位标志

（3）匀施力

安装集成电路在对准方位后要仔细地让每一条引线都与插座口一一对应，然后均匀施力将集成电路插入插座。对采用 DIP 封装形式的集成电路，其两排引线之间的距离都大于插座的间距，可用平口钳或用手夹住集成电路在金属平面上仔细校正。现在已有厂商生产专用的 IC 插拔器，给装配集成电路的工作带来很大方便。

7.2.5　扁平电缆线的安装

目前常用的扁平电缆是导线芯为 $7 \times 0.1\text{mm}^2$ 的多股软线，外皮材料为聚氯乙烯，导线的间距为 1.25mm，导线的根数为 20~60 不等，有各种规格，颜色多为灰色和灰白色，在一侧最边缘的线为红色或其他的不同颜色，作为接线顺序的标志，如图 7.4 所示。

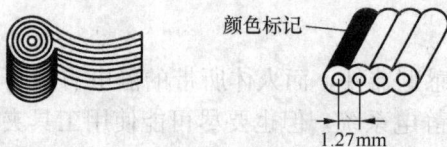

扁平电缆的连接大都采用穿刺卡接方式或用插头连接，接头内有与扁平电缆尺寸相对应的 U 形接线簧片，在压力作用下，簧片刺破电缆绝缘皮，将导线压入 U 形刀口，并紧紧挤压导线，获得电气接触。这种压接需要有专用压线工具。图 7.5 是压好的扁平电缆组件。

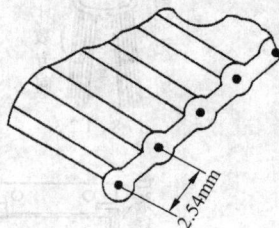

图 7.4　扁平电缆

另外还有一种扁平连接电缆，导线的间距为 2.54mm，芯线为单股或 2~3 根线绞合。这种连接线一般是用在印制板之间的连接，常用锡焊方式连接，如图 7.6 所示。

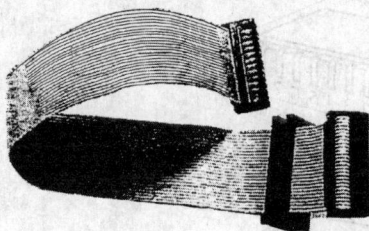

图 7.5　已接好的扁平电缆组件　　　　图 7.6　扁平连接线

7.2.6　屏蔽线缆的安装

常用的屏蔽线缆有聚氯乙烯屏蔽线，常用于 500V 以下信号的传输电气线，在屏蔽层内可有一根或多根导线。主要类型有：

（1）护套聚氯乙烯屏蔽线

这种屏蔽线多为同轴电缆，在屏蔽层内可有一根或多根软导线，常用于电子设备内部和外部之间低电平的电气连线，在音频系统也常采用这种屏蔽线。

（2）300Ω 阻抗平衡型射频电缆

这种屏蔽线一般为扁平电缆，用于传输高频信号。

（3）75Ω 阻抗不平衡型射频电缆

这种屏蔽线多为同轴电缆，用于传输高频信号。

屏蔽线缆如常用的音频电缆一般都是焊接到接头座上，特别是对移动式电缆，如耳机和话筒的电缆线，必须注意线端的固定。

7.2.7 一般电子元器件的安装方法

电子元器件的安装是指将已经加工成型后的元器件的引线插入印制电路板的焊孔。安装的方法根据元件性质和电路的要求有多种，图 7.7 所示是元件直立安装的例子；图 7.8 所示是元件水平安装的例子；当元件的安装高度受到限制时，可采用埋头安装或折弯安装，如图 7.9 所示；当元件比较重时，要采用支架安装，如图 7.10 所示；对于小功率三极管的安装，如图 7.11 所示。

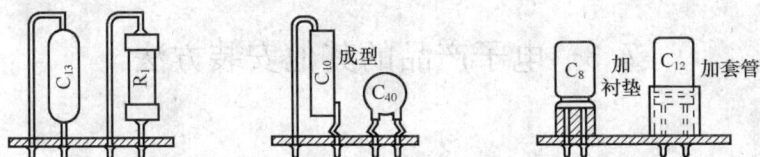

图 7.7 元件直立安装

安装元器件有手工安装和机器自动安装两种方法。电子元器件安装时要遵循一些基本原则：

① 元器件安装的顺序：先低后高，先小后大，先轻后重。

② 元器件安装的方向：电子元器件的标记和色码部位应朝上，以便于辨认；水平安装元件的数值读法应保证从左至右，竖直安装元件的数值读法则应保证从下至上。

③ 元器件的间距：在印制板上的元器件之间的距离不能小于 1mm；引线间距要大于 2mm，必要时，要给引线套上绝缘套管。对水平安装的元器件，应使元器件贴在印制板上，元件离印制板的距离要保持在 0.5mm 左右；对竖直安装的元件，元器件离印制板的距离应在 3～5mm 左右。

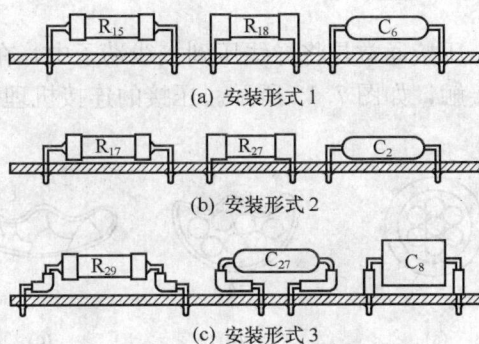

图 7.8 元件水平安装

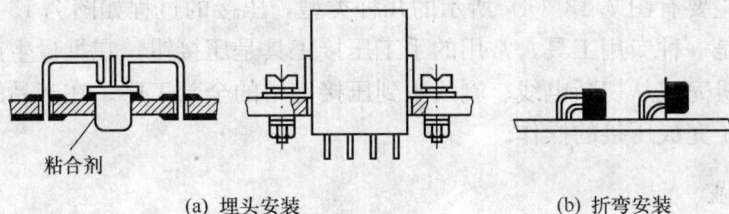

(a) 埋头安装   (b) 折弯安装

图 7.9 元件受高度限制时的安装

粘合剂

支架

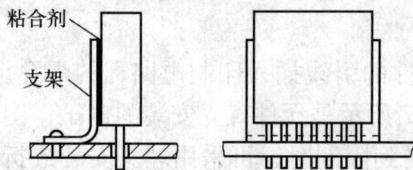

图 7.10　采用支架固定安装

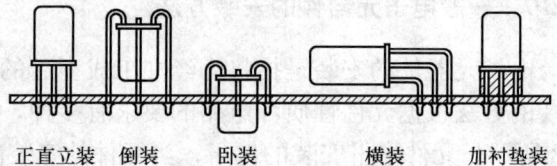

正直立装　倒装　卧装　横装　加衬垫装

图 7.11　小功率三极管的安装

7.3　电子产品的其他安装方法

7.3.1　压接

与其他连接方法相比，压接有其特殊的优点：温度适应性强，耐高温也耐低温，连接机械强度高，无腐蚀，电气接触良好，在导线的连接中应用最多。

1. 压接机理

压接通常是将导线压到接线端子中，在外力的作用下使端子变形挤压导线，形成紧密接触，如图 7.12 所示。压接的连接机理是：

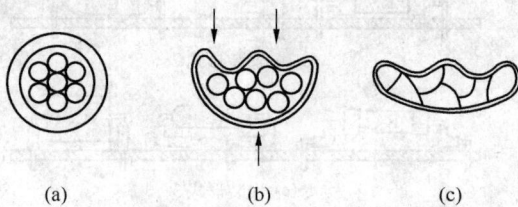

(a)　(b)　(c)

图 7.12　压接原理示意图

① 在压力的作用下，端子发生塑性变形，紧紧挤压导线。

② 导线受到挤压后间隙减小或消失，并产生变形。

③ 在压力去除后端子的变形基本保持，导线之间紧密接触，破坏了导线表面的氧化膜，产生一定程度的金属相互扩散，从而形成良好的电气连接。

2. 压接端子及工具

压接端子主要有图 7.13（a）所示的几种类型，压接的过程如图 7.13（b）所示。

压接工具是一种专用工具，常用的手工压接工具是压接钳。在批量生产中常用半自动或自动压接机完成从切断电线、剥线头到压接完毕的全部工序。在产品的研制工作中也可用普通钳子完成压接的操作。

3. 压接作业

压接操作因使用不同的机械而有各自的压接方法。一般的操作过程如下：

① 剥线。

② 调整工具。

③ 压线。

环圈式　扁铲式　折边扁铲式　对接式　挂钩式　　对接式
　　　　　　　　　　　　　　（裸露的）（绝缘的）绝缘层（绝缘的）

(a) 压接端子

第1步　　第2步　　　第3步　　　　　第4步　　热缩套管

(b) 压接过程

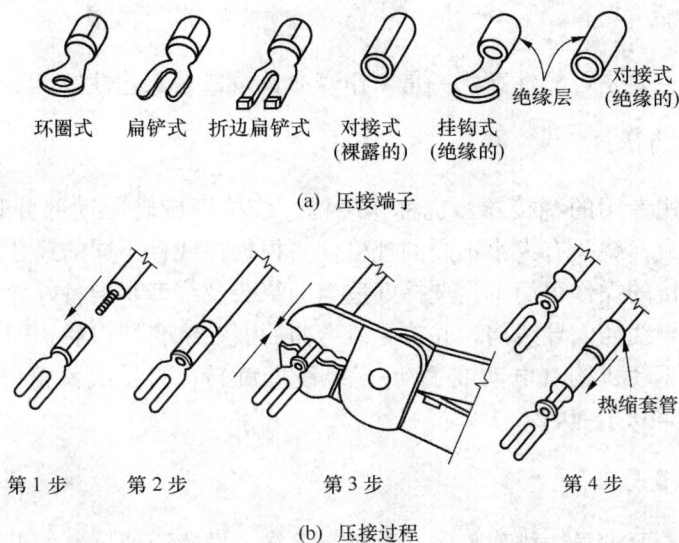

图 7.13　压接端子类型和压接过程

7.3.2　绕接

绕接是直接将导线缠绕在接线柱上，形成电气和机械连接的一种连接技术。由于绕接有独特的优点，在通信设备等要求高可靠性的电子产品中得到广泛使用，成为电子装配中的一种基本工艺。

1. 绕接的机理

绕接所用的材料是接线端子和导线，接线端子（或称接线柱、绕线杆）通常由铜或铜合金制成，截面一般为正方、矩形等带棱边的形状，如图 7.14 所示。导线则一般采用单股铜导线。

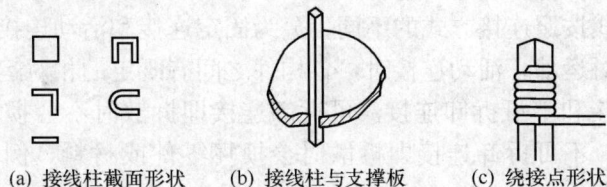

(a) 接线柱截面形状　　(b) 接线柱与支撑板　　(c) 绕接点形状

图 7.14　绕接材料及形式

绕接靠专用的绕接器将导线按规定的圈数紧密绕在接线柱上，靠导线与接线柱的棱角形成紧密连接。由于导线以一定的压力同接线柱棱边相互挤压，形成刻痕，金属的表面氧化物被压破，使两种金属紧密接触，形成金属之间的相互扩散，从而得到良好的连接性能。一般绕接点的接触电阻可达 $10^{-3}\Omega$ 以下。

2. 绕接的特点

绕接的特点主要是可靠性高，一是工作寿命长，二是工艺性好。

3. 绕接工具的使用

绕接需要使用专用的绕接器，也称作绕枪。绕枪由旋转驱动部分和绕接机构（绕头、绕套等）组成。绕头有大小不同的规格，要根据接线柱不同的尺寸及接线柱之间的距离来选用。绕接的操作很简单：选择好适当的绕头及绕套，准备好导线并剥去一定长度的绝缘皮，将导线插入导线槽，并将导线弯曲后嵌在绕套缺口后，即可将绕枪对准接线柱，开动绕线驱动机构（电动或手动），绕线即旋转，将导线紧密绕接在接线柱上，整个绕线过程仅需 0.1～0.2s。

4. 绕接点质量标准

良好的绕接点要求导线排列紧密，不得有重绕，导线不留尾。如果因绕接点的不合格或线路变动需要退绕时，可使用专门的退绕器。由于在绕接时导线会产生刻痕，所以退绕后的导线不能再使用。

7.4 电子产品的整机安装

电子产品的整机安装是指在各部件和组件安装检验合格的基础上，进行整机装联，通常也称总装。

7.4.1 整机安装的内容

整机安装包括机械安装和电气安装两部分。具体地说，总装就是将各零部件、整件（如各机电元件、印制电路板、底座、面板以及在它们上面的元件），按照设计要求，安装在整机上不同的位置，组合成一个整体，再用导线（或线扎）将元器件、部件进行电气连接，完成一个具有一定功能的完整机器，以便进行整机调整和测试。

总装的连接方式按照连接方式的不同可分为固定连接和活动连接。固定连接时，各种构件之间没有相对运动；活动连接时，各构件之间有既定的相对运动。按连接能否拆卸可分为可拆卸连接和不可拆卸连接。可拆卸连接即拆散时不会损坏零件或材料，例如：螺装、销装等；不可拆卸连接即拆散时会损坏零件或材料，例如：锡焊连接、胶粘、铆钉连接等。

7.4.2 整机安装的方式

整机安装的装配方式以整机结构来分，可分为整机装配和组合件装配两种。整机装配是把零、部、整件通过各种连接方式安装在一起，组合成为一个不可分的整体，具有独立工作的功能，例如收音机、电视机等。对于组合件装配，整机是若干个组合件的组合体，每个组合件都具有一定的功能，而且随时可以拆卸，例如大型电气操作控制台等。

7.4.3　整机安装的原则

整机安装的目的是利用合理的安装工艺，实现预定的各项技术指标。整机安装的基本原则是：先轻后重、先铆后装、先里后外、先高后低、先小后大、易碎后装，上道工序不得影响下道工序的安装。

【技能与技巧】有悖于常规的实用安装技巧

按照电子元器件的装配原则，应该是以先小后大、先轻后重、先分立后集成的顺序安装元器件，但对于在印制电路板上没有元件符号标记的情况下，按照这个安装原则往往容易将元件的位置搞错，在实际生产实践中，先安装大器件，再安装小器件，很容易将元件在板上的位置找对，因为大元件将板上的位置占据了很多，剩下来的安装孔就不多了，很容易将元件安装正确。

例如，对分立件收音机的安装，可以采取下列顺序：双连电容→电位器→中周→输出、输入变压器→电阻器→电容器→三极管→二极管。

按照这个顺序安装收音机元件，一般不会出现安装错误，可以试试看。

自　测　题

1. 在元器件布局和排列时应注意哪些问题？
2. 为什么要对元器件引线进行成形加工？引线成形工艺的基本要求是什么？
3. 整机"线把"加工的主要步骤是什么？
4. 常用绑扎线束有哪几种方法？
5. 简述射频电缆的加工方法。
6. 印制电路板元器件的安装方法及安装技术有何要求？
7. 电子产品的整机总装有哪些基本要求？
8. 电子产品的整机总装工艺过程大致有哪几个环节？
9. 将元件引线成形的常用工具有哪些？
10. 固定电子零部件应按什么顺序和要领拧紧螺钉？

实训 7　元件安装和整机装配训练

一、实训目的

（1）熟练掌握电子元件安装的方法，熟悉安装工具的使用。
（2）掌握整机装配的顺序。

二、实训器材

各种金属固定材料。

各种规格的电阻、电容、二极管、三极管、集成电路插座、单芯导线、屏蔽线、多股导线及绑线。

安装工具一套：尖嘴钳、偏口钳、各种规格的螺丝刀、剪刀和镊子。

电子产品整机套件（如收音机套件）。

三、实训步骤

（1）元件引线成形与安装。

（2）集成电路插座的安装。

（3）收音机套件的安装：

① 对照电路图纸核对元件数目。

② 用万用表检测元件质量。

③ 将电阻、电容元件引线成形。

④ 将二极管、三极管引线成形。

⑤ 将中周、双连、电位器、输入和输出变压器安装到板上。

⑥ 将电阻、电容安装到板上。

⑦ 将二极管、三极管安装到板上。

⑧ 焊接元件并将多余的引线剪掉。

⑨ 将磁棒线圈安装到板上。

⑩ 焊接磁棒线圈引线。

⑪ 连接喇叭、电源极板、耳机插孔。

⑫ 检查焊点和引线连接。

⑬ 通电观察、测量各级工作点。

⑭ 整机调试并安装收音机盒盖。

四、实训报告

根据元件引线成形和电子产品整机安装的实践和体会写出实训报告，总结元件安装的体会。

第 **8** 章

电子产品的调试工艺

电子产品的调试工艺包括调整和测试两部分，通常统称为调试。电子产品装配完成之后，必须通过调整与测试才能达到规定的技术要求。装配工作只是把电子元器件按照电路要求连接起来，由于每个元器件特性的参数差异，其综合结果会使电路性能出现较大的偏差，使整机电路的各项技术指标达不到设计要求。在电子行业有句话叫做"三分装七分调"，可见电子产品调整与测试的重要性。

8.1 电子产品的调试内容与设备

在开始调试之前，调试人员应仔细阅读调试说明及调试工艺文件，熟悉整机的工作原理、技术条件及有关指标，并能正确使用调试仪器仪表。

8.1.1 电子产品的调试设备配置与调试内容

1. 电子产品的调试设备配置

常规的电子产品调试可配置下列仪器设备：
① 信号源。
② 万用表。
③ 示波器。
④ 可调稳压电源。
⑤ 扫描仪、频谱分析仪、集中参数测试仪等其他设备。
⑥ 调试工具。

2. 特定产品所需要的检测仪器

对于特定的电子产品的调试，又可分为两种情况：一是小批量多品种，一般是以通用仪器加上专用仪器，即可以完成对产品的调试工作；二是大批量生产，应以专用调试设备为主，主要是提高生产效率。

专用调试仪器是为一个或几个电子产品进行调试而专门设计的，其功能单一，可检测产品的一项或几项参数，如电冰箱测漏仪等。

通用调试仪器是针对电子设备的一项电参数或多项电参数的测试而设计的，可检测多种产品的电参数，例如示波器、函数信号发生器等。

3. 电子产品的调试内容

具体来说，调试工作的内容有以下几项：

① 明确电子产品调试的目的和要求。

② 正确合理地选择和使用测试仪器仪表。

③ 按照调试工艺对电子产品进行调整和测试。

④ 运用电路和元器件的基础理论知识去分析和排除调试中出现的故障。

⑤ 对调试数据进行分析和处理。

⑥ 编写调试工作总结，提出改进意见。

调整主要是对电路参数的调整，一般是对电路中的可调元器件，例如电位器、可调电容器、可调电感等以及相关的机械部分进行调整，使电路达到预定的功能和性能要求。

测试主要是对电路的各项技术指标和功能进行测量和试验，并同设计指标进行比较，以确定电路是否合格。

调整与测试是相互依赖、相互补充的，在实际工作中，两者是一项工作的两个方面，测试、调整、再测试、再调整，直到实现电路的设计指标为止。

调试是对装配技术的总检查，装配质量越高，调试的直通率就越高，各种装配缺陷和错误都会在调试中暴露。调试又是对设计工作的检验，凡是在设计时考虑不周或存在工艺缺陷的地方，都可以通过调试来发现，并为改进和完善产品质量提供依据。

调试工作一般在装配车间进行，严格按照调试工艺文件进行调试。比较复杂的大型产品，根据设计要求，可在生产厂进行部分调试工作或粗调，然后，在安装场地或试验基地按照技术文件的要求进行最后安装及全面调试工作。

4. 电子产品的调试程序

由于电子产品种类繁多，电路复杂，各种设备单元电路的种类及数量也不同，所以调试程序也不尽相同。但对一般电子产品来说，调试程序大致如下。

（1）通电检查

先置电源开关于"关"位置，检查电源变换开关是否符合要求（是交流 220V 还是 110V）、保险丝是否装入，输入电压是否正确，然后插上电源插头，打开电源开关通电。

接通电源后，电源指示灯亮，此时应注意有无放电、打火、冒烟现象、有无异常气味，手摸电源变压器有无过热，若有这些现象，立即停电检查。另外，还应检查各种保险、开关、控制系统是否起作用，各种风冷水冷系统能否正常工作。

（2）电源调试

电子产品中大都具有电源电路，调试工作首先要进行电源部分的调试，才能顺利进行其他项目的调试。电源调试通常分为两个步骤：

① 电源空载。电源电路的调试通常先在空载状态下进行，目的是避免因电源电路未经调试而加载，引起部分电子元器件的损坏。

调试时，插上电源部分的印制板，测量有无稳定的直流电压输出，其值是否符合设计要求或调节取样电位器使之达到预定的设计值。测量电源各级的直流工作点和电压波形，检查工作状态是否正常，有无自激振荡等。

② 加负载时电源的细调。在初调正常的情况下，加上额定负载，再测量各项性能指标，观察是否符合额定的设计要求，当达到要求的最佳值时，选定有关调试元件，锁定有关电位器等调整元件，使电源电路具有加载时所需的最佳功能状态。

有时为了确保负载电路的安会，在加载调试之前，先在等效负载下对电源电路进行调试，以防匆忙接入负载电路可能会受到的冲击。

（3）分级分板调试

电源电路调好后，可进行其他电路的调试，这些电路通常按单元电路的顺序，根据调试的需要及方便，由前到后或从后到前地依次插入各部件或印制电路板，分别进行调试。首先检查和调整静态工作点，然后进行各参数的调整，直到各部分电路均符合技术文件规定的各项技术指标为止。注意在调整高频部件时，为了防止工业干扰和强电磁场的干扰，调整工作最好在屏蔽室内进行。

（4）整机调整

各部件调整好之后，把所有的部件及印制电路板全部插上，进行整机调整，检查各部分连接有无影响，以及机械结构对电气性能的影响等。整机电路调整好之后，测试整机总的消耗电流和功率。

（5）整机性能指标的测试

经过调整和测试，确定并紧固各调整元件。在对整机装调质量进一步检查后，对产品进行全参数测试，各项参数的测试结果均应符合技术文件规定的各项技术指标。

（6）环境试验

有些电子产品在调试完成之后，需进行环境试验，以考验在相应环境下正常工作的能力。环境试验有温度、湿度、气压、振动、冲击和其他环境试验，应严格按技术文件规定执行。

（7）整机通电老化

大多数的电子产品在测试完成之后，均进行整机通电老化试验，目的是提高电子产品工作的可靠性。老化试验应按产品技术条件的规定进行。

（8）参数复调

经整机通电老练后，整机各项技术性能指标会有一定程度的变化，通常还需进行参数复调，使交付使用的产品具有最佳的技术状态。

调试工作对工作者的技术和综合素质要求较高，特别是样机调试工作是技术含量很高的工作，没有扎实的电子技术基础和一定的实践经验是难以胜任的。

5. 电子产品的调试类型

电子产品的调试有两种类型，一种是样机产品调试，另一种是批量产品调试。

样机产品调试，不单纯指电子产品试制过程中制作的样机，而是泛指各种试验电路。样机产品的调试过程如图 8.1 所示，其中故障检测占了很大比例，而且调试和检测工作都是由同一个技术人员完成的。样机产品调试不是一道生产工序，而是产品设计的过程之一，是产品定型和完善的必由之路。

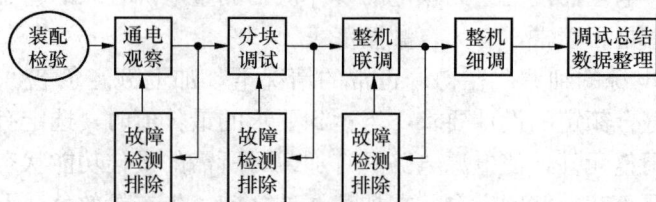

图 8.1　样机调试的过程

批量产品调试是大规模生产过程中的一道工序，是保证产品质量的重要环节。批量产品调试的过程如图 8.2 所示。

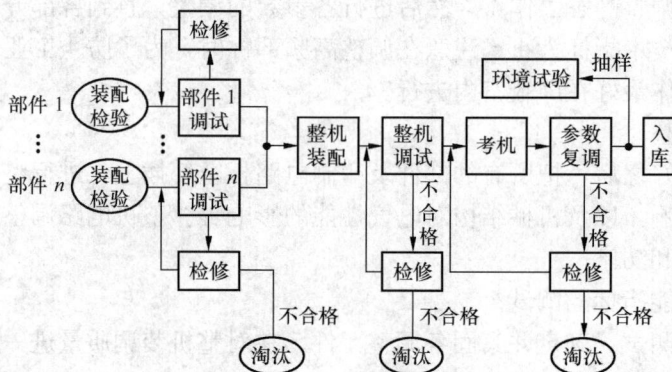

图 8.2　产品调试的过程

采用高集成度专用集成电路和大规模、超大规模通用集成电路，采用高质量的电路元器件再加上 SMT（表面组装技术），高可靠性的制造技术使电子产品走出了传统的反复调整和测试的模式，向免调整、少测试的方向发展。

8.1.2　电子产品样机的调试工作

1. 样机调试工作的技术准备

调试样机前一定要准备好样机的电路原理图、印制电路图、零件装配图、主要元器件接线图和产品的主要技术参数，如果不是自己设计的样机还要先熟悉样机的工作原理、主要技术指标和功能要求。

2. 样机调试工作的条件准备

根据样机的大小准备好调试场地和电源，准备好必需的仪器仪表及辅助设备，对测试仪器设备先进行检查保证其完好和测量精度。在调试有高压危险的电路时，应在调试场地铺设绝缘胶垫并在调试现场挂出警视标记。

3. 在样机调试工作中要确认测试点和需调整元器件

如果对样机不是很熟悉，应先在装配图上标记出测试点和调整点，并尽可能给出测试参数范围和波形图等技术资料。

4. 样机调试工作的调试要点

（1）电源第一

对本身带电源的样机，一定要先调好电源。具体调试时可按以下顺序进行：空载初调；加载细调。

（2）先静后动

进行样机调试时要先进行静态调试，后进行动态调试。对模拟电路而言，先不加输入信号并将输入端接地，即可进行直流测试，包括测量各部分电路的直流工作点、静态电流等参数，若测量时发现参数不符合技术要求，要进行调整，使之符合设计要求。动态调试是指给电路加上输入信号，然后进行测量和调整电路。典型的模拟电子产品如收音机、电视机等产品的调试过程都是按此顺序进行的。

对数字电路来说，静态调试是指先不给电路送入数据而测量各逻辑电路的有关直流参数，然后再输入数据进行逻辑电路的输出状态测量和功能调整。

（3）先分后合

对多级信号处理电路或多种功能组合电路要采用先分级或分块调试，最后进行整理或整个系统调试的方法。这种方法一方面使调试工作条理清楚；另一方面可以避免一部分电路失常影响或损坏其他电路。

（4）使用稳压/稳流电源进行调试

样机在第一次通电时要采用外接的稳压/稳流电源，可避免意外损失。等电路正常工作后，在接入已调好的样机电源。

当调试设备需要使用调压变压器时，要注意调压器的接法，如图 8.3 所示。由于调压变压器的输入端与输出端不隔离，因此接到电网时必须使公共端接零线，这样才能保证安全。如果在调压器后面接一个隔离变压器，则输入端无论如何连接，均可保证安全，如图 8.4 所示，后面连接的电路在必要时可另接地线。

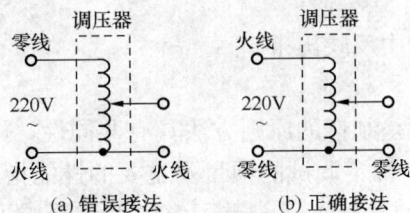

图 8.3 调压器的接法

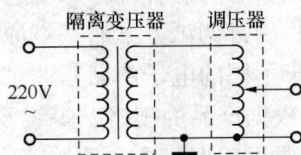

图 8.4 使用隔离变压器

8.1.3 电子产品批量生产的调试工作

在电子产品批量生产的过程中有一些工序也是调试，调试的结果直接影响下一道工序的生产。在规模化生产中，每一个工序都有相应的工艺文件，编制先进的、合理的调试工艺文件是提高调试质量的保证。

1. 批量产品调试的特点

批量产品调试在很大程度上是个操作问题，在调试过程中表现为

① 在正常情况下基本没有大的调整，涉及不到产品工艺是否正确这样的问题。

② 批量产品调试仅解决元器件特性参数的微小差别，或是在可调元件的调整范围内对元件的参数加以调整，一般不会出现更换器件的问题。

③ 由于在批量生产时往往采用流水作业，所以在产品调试中如果发现有装配性故障，则故障基本上带有普遍性。

④ 产品调试是装配车间的一个工序，调试要求和操作步骤完全按调试工艺卡进行，因此产品调试的关键是制定合理的工艺文件。产品调试的质量往往还同生产管理和质量管理水平有直接关系，而不但是调试人员本身的技术水平问题。

2. 产品调试工艺文件的内容

无论是整机调试还是部件调试，在具体生产线上都是由若干个工作岗位完成的，因此调试工艺文件的制定是很重要的。

(1) 调试方案的制订

调试方案是指制订出一套适合某一类电子产品调试的内容及做法，使调试工作进行顺利并能取得良好的效果。它应包括以下基本内容：

① 调试内容应根据国家或企业颁布的标准，及待测产品的等级规格具体拟定。

② 测试设备（包括各种测量仪器、工具、专用测试设备等）的选用。

③ 调试方法及具体步骤。

④ 测试条件与有关注意事项。

⑤ 调试安全操作规程。

⑥ 调试所需要的数据资料及记录表格。

⑦ 调试所需要的工时定额。

⑧ 测试责任者的签署及交接手续。

以上所有的内容都应在有关的工艺文件及表格中反映出来。

(2) 制订调试方案的基本原则

对于不同的电子产品其调试方案是不同的，但是制订的原则方法具有共同性，即：

① 根据产品的规格、等级及商品的主要走向，确定调试的项目及主要的性能指标。

② 要深刻理解该产品的工作原理及性能指标的基础上，着重了解电路中影响产品性能的关键元器件及部件的作用，参数及允许变动的范围，这样不仅可以保证调试的重点，还可提高调试的工作的效率。

③ 考虑好各个部件本身的调整及相互之间的配合，尤其是各个部分的配合，因为这往往影响到整机性能的实现。

④ 调试样机时，要考虑到批量生产时的情况及要求，即要保证产品性能指标在规定范围内的一致性，不然的话，要影响到产品的合格率及可靠性。

⑤ 要考到现有的设备及条件，使调试方法、步骤合理可行，使操作者安全方便。

⑥ 尽量采用先进的工艺技术，以提高生产效率及产品质量。

⑦ 在调试过程中，不要放过任何不正常现象，及时分析总结，采取新的措施予以改进提高，为新的调试工艺提供宝贵的经验与数据。

⑧ 调试方案的制订，要求调试内容订得越具体越好；测试条件要写得仔细清楚；调试步骤应有条理性；测试数据尽量表格化，便于观察了解及综合分析；安全操作规程的内容要具体，要求明确。

8.2 电子产品的检测方法

检测电子产品的关键在于采用合适的检查方法，以便发现、判断和确定产生故障的部位和原因，这样就可以对产品进行维修。检查故障的方法有很多，有些方法是最基本的检查方法。

8.2.1 观察法

观察法是凭人感官的感觉对故障原因进行判断。

1. 电子产品不通电时的观察

在不通电的情况下，仪器设备的面板上的开关、旋钮、刻度盘、插口、接线柱、探测器、指示电表和显示装置、电源插线、熔丝管插塞等都可以用观察法来判断有无故障。对仪器的内部元器件、零部件、插座、电路连线、电源变压器、排气风扇等也可以用观察法来判断有无故障。观察元件有无烧焦、变色、漏液、发霉、击穿、松脱、开焊、短线等现象，一经发现，应立即予以排除，通常就能修复设备。

2. 电子产品通电时的观察

在电子产品通电的情况下凭感官的感觉对故障部位及原因进行判断，是查找故障的重要方法。如果在不通电观察中未能发现问题，就应采用"通电观察法"进行检查。通电观察法特别适用于检查元件跳火、冒烟、有异味、烧熔丝等故障。为了防止故障的扩大，以及便于反复观察，通常要采用逐步加压法来进行通电观察。

采用逐步加压法时，可使用调压器来供电，其测试电路的接法示意图如图 8.5 所示。

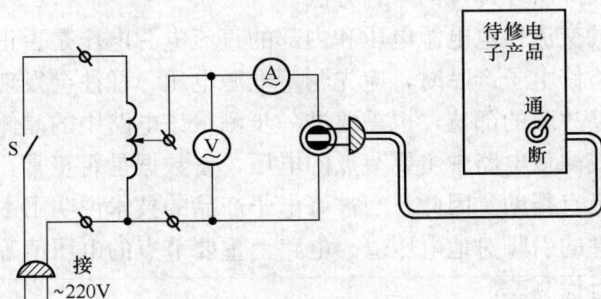

图 8.5 用逐步加压法测试的线路接法示意图

在逐步加压的过程中，若发现设备有元件发红、跳火、冒烟，或整流桥很烫或电解电容器有发烫、吱吱声，或电源变压器、电阻器发烫、发黑、冒烟、跳火等现象时，应立即切断电源，并将调压器的输出退回到0V，如一时看不清楚损坏的器件，可以再开机进行逐步加压的通电观察。

如果在加压不大的情况下（十几伏或几十伏），交流电流指示值已有明显增大，这表明电子产品内部有短路故障存在，此时应将调压器的输出电压调回到0V，然后将被修的电子产品的电路分割，再进行开机逐步加压测试。当电流指示恢复正常时，说明被分割的电路有短路故障。

8.2.2 测量电阻法

在设备不通电的情况下，利用万用表的电阻挡对电子产品进行检查，是确定故障范围和确定元件是否损坏的重要方法。

对电路中的晶体管、场效应管、电解电容器、插件、开关、电阻器、印制电路板的铜箔、连线都可以用测量电阻法进行判断。在维修时，先采用测量电阻法，对有疑问的电路元器件进行电阻检测，可以直接发现损坏和变值的元件，对元件和导线虚焊等故障也是一个有效的方法。

采用测量电阻法时，可以用万用表的R×1挡检测通路电阻，必要时应将被测点用小刀刮干净后再进行检测，以防止因接触电阻过大造成错误判断。

采用测量电阻法时，要注意：

① 不能在电子产品开通电源的情况下检测各种电阻。

② 检测电容器时应先对电容进行放电，然后脱开电容的一端再进行检测。

③ 测量电阻元件时，如电阻和其他电路连通，应脱开被测电阻的一端，然后再进行检测。

④ 对于电解电容和晶体管的检测，应注意测试表笔（棒）的极性，不能搞错。

⑤ 万用表电阻挡的挡位选用要适当，否则不但检测结果不正确，甚至会损坏被测元器件。

8.2.3 测量电压法

测量电压法是通过测量被修电子产品的各部分电压，与电子产品正常运行时的电压值进行对照，找出故障所在部位的一种方法。

检查电子产品的交流供电电源电压和内部的直流电源电压是否正常，是分析故障原因的基础，所以在检修电子产品时，应先测量电源电压，往往会发现问题，查出故障。

对于已确定电路故障的部位，也需要进一步测量该电路中的晶体管、集成电路等各引脚的工作电压，或测量电路中主要节点的电压，看数据是否正常，这对于发现故障和分析故障原因，均极有帮助。因此，当被修电子产品的技术说明书中，附有电路工作电压数据表、电子器件的引脚对地电压值、电路上重要节点的电压值等维修资料时，应先采用测量电压法进行检测。

对于电路中电流的测量，也通常采用测量被测电流所流过的电阻器的两端电压，然后借助欧姆定律进行间接推算。

8.2.4　替代法

替代法又称为试换法，是对可疑的元器件、部件、插板、插件乃至半台机器，采用同类型的部件通过替换来查找故障的方法。

在检修电子产品设备时，如果怀疑某个元件有问题但又不能通过检测给出明确的判断，就可以使用与被怀疑器件同型号的元器件，暂时替代有疑问的元器件。若产品的故障现象消失，说明被替代元件有问题。若替换的是某一个部件或某一块电路板，则需要再进一步检查，以确定故障的原因和元件。替换法对于缩小检测范围和确定元件的好坏很有效果，特别是对于结构复杂的电子产品设备进行检查时最为有效。

替换法在下列条件下适用：有备份件；有同类型的产品；有与机内结构完全一样的零部件。用替代法检查的直接目的在于缩小故障部位的范围，也可以立即确定有故障的元件。

随着电子产品设备所用器件的集成度增大，智能化产品设备迅速增多，使用替换法进行检查具有重要的地位。在进行具体操作时，要脱开有疑问的有源元器件，使用好的元器件来替代，然后开机观察仪器的反应。对于有开路疑问的电阻和电容等元件，可使用好的元器件直接在板上进行并联焊接，以取得该元件的好坏。

在进行器件替代后，若故障现象仍然存在，说明被替代的元器件或单元部件没有问题，这也是确定某个元件或某个部件是好的一种方法。

在进行替代元件的过程中，要切断产品设备的电源，严禁带电进行操作。

8.2.5　波形观察法

对于直流状态正常而交流状态不正常的电子设备，可以用示波器来直接观察被测量点的交流信号波形的形状、幅度和周期，以此来判断电路中各元器件是否损坏和变质。

用电压测量法只能检测电路的静态是否正常，而波形法则能检查电路的动态功能是否正常。用波形法检查振荡电路时不需外加任何信号，而检查放大、整形、变频、调制、检波等有源电路时，则需要把信号源的标准信号馈至电路的输入端。用波形法在检查多级放大器的增益下降、波形失真和检查振荡电路、变频电路、调制电路、检波电路以及脉冲数字电路时是经常采用的一种有效方法。

扫频仪是一种将信号发生器与示波器相结合的测试仪器，用扫频仪可直观地观测到被测电路的频率特性曲线，是调整电路使之频率特性符合规定要求常用的仪器。用扫频仪来观察频率特性也可以归纳为波形法。扫频仪除了可测电路的频率特性外，还可测量电路的增益，是视频设备维修中最重要的常用仪器。

8.2.6　信号注入法

信号注入法是将各种信号逐步注入产品设备可能存在故障的有关电路中，然后利用自身的指示器或外接示波器和电压表等仪器设备，测出输出的波形或数据，从而判断各级电路是否正常的一种检查方法。

用信号注入法检测故障时有两种检查方法：一种方法是顺向寻找法，即把电信号加在电路的输入端，然后再利用示波器或电压表测量各级电路的输出波形和输出电压，从而判断出故障部位。另一种方法是逆向检查法，就是利用被修电子仪器设备的终端指示器或者把示波器、电压表接在输出端，然后自电路的末级向前逐级加电信号，从而查出故障部位。在检查故障的过程中，有时只用一种方法不能解决问题，要根据具体情况采用不同的方法交替使用。无论采用哪种方法，都应遵循以下的顺序原则：先外后内，先粗后细，先易后难，先常见后稀少。

8.3　电子产品的调整方法

8.3.1　电路静态工作点的调整

各级电路的调整，首先是各级直流工作状态（静态）的调整，测量各级直流工作点是否符合设计要求。检查静态工作点也是分析判断电路故障的一种常用方法。

1. 晶体管静态工作点的调整

调整晶体管的静态工作点就是调整它的偏置电阻（通常调上偏电阻），使它的集电极电流达到电路设计要求的数值。调整一般是从最后一级开始，逐级往前进行。调试时要注意静态工作点的调整应在无信号输入时进行，特别是变频级，为避免产生误差，可采取临时短路振荡的措施。例如，将双连中的振荡连短路，或调到无台的位置。各级调整完毕后，接通所有的各级的集电极电流检测点，即可用电流表检查整机静态电流。

2. 集成电路静态的调整

由于集成电路本身的结构特点，其"静态工作点"与晶体管不同，集成电路能否正常工作，一般看其各脚对地电压是否正确。因此只要测量各脚对地电压值与正常数值进行比较，就可判断其"工作点"是否正常。但有时还需对整个集成块的功耗进行测试，除能判断其能正常工作外，还能避免可能造成电路元器件的损坏。测试的方法是将电流表接入供电电路中，测量电流值，计算出耗散功率，若集成块用正负电源供电，则应分别进行测量，得出总的耗散功率。

对于数字集成电路往往还要测量其输出电平的大小。例如各种门电路就是如此，图 8.6 为 TTL 与非门输出电平测试图，R_L 为假负载。

模拟集成电路种类繁多，调整方法不一，以使用最广泛的集成运放为例，除一般直流电压测试外，在使用中还要进行零位调整，如图 8.7 所示，W 为外接调零电路，R_2 一般取 R_1 与 R_F 的并联值，若改变输入电阻 R_1、R_2，则需重新调零。

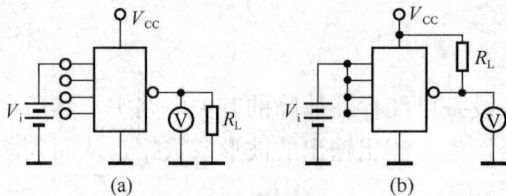

图 8.6　TTL 电路静态调整　　　　　图 8.7　集成运放电路静态调整

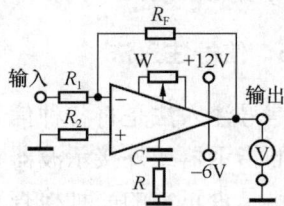

8.3.2　动态特性调整

1. 波形的观察与测试

波形的观测是电子产品调试工作的一项重要内容。各种整机电路中都有波形的产生、变换和传输的电路。通过对波形的观测来判断电路工作是否正常，已成为测试与维修中的主要方法。观察波形使用的仪器是示波器。通常观测的波形是电压波形，有时为了观察电流波形，可采用电阻变换成电压或使用电流探头。

利用示波器进行调试的基本方法，是通过观测各级电路的输入端和输出端或某些点的信号波形，来确定各级电路工作是否正常。若电路对信号变换处理不符合设计要求，则说明电路某些参数不对或电路出现某些故障。应根据机器和具体情况，逐级或逐点进行调整，使其符合预定的设计要求。

这里需要注意的是，电路在调整过程中，相互是有影响的。例如在调整静态电流时，中点电位可能发生变化，这就需要反复调整，达对最佳状态。

示波器不仅可以观察各种波形，而且可以测试波形的各项参数，例如：幅度、周期、频率、相位、脉冲信号的前后沿时间、脉冲宽度、调幅信号的调制度等。

2. 频率特性的测量

在分析电路的工作特性时，经常需要了解网络在某一频率范围内其输出与输入之间关系。当输入电压幅度恒定时，网络输出电压随频率而变化的特性称之为网络幅频特性。频率特性的测量是整机测试中的一项主要内容，如收音机中频放大器频率特性测试的结果反应收音机选择性的好坏；电视接收机的图像质量好坏，主要取决于高频调谐器及中放通道的频率特性。

频率特性的测量，一般有两种方法：一是点频法（又称插点法），二是扫频法。

① 点频法。测试时需保持输入电压不变，逐点改变信号发生器的频率，并记录各点对应的输出幅度的数值。在直角坐标平面描绘出的幅度——频率曲线，就是被测网络的频率特性。点频法的优点是准确度高，缺点是繁琐费时，而且可能因频率间隔不够密，而漏掉被测频率中的某些细节。

② 扫频法。这种方法是利用扫频信号发生器来实现频率特性的自动或半自动测试。因为发生器的输出频率是连续变化的，因此，扫频法简捷、快速，而且不会漏掉被测频率特性的细节。但是，用扫频法测出的动态来讲对于点频法测出的静态特性来讲是存在误差的，因而测量不够准确。用扫频法测频率特性的仪器是"频率特性扫频仪"，简称扫频仪。

3. 瞬态过程的观测

在分析和调整电路时，在有些情况下，为了观测脉冲信号通过电路后的畸变，就会感到应用测量其特性的方法有些繁琐，不够直观。而采用观测电路的过渡特性（瞬态过程），则比直观，而且能直接观察到输出信号的形状，适合于电路调整。

观测的方法如图 8.8 所示。一般在电路的输入端输入一个前沿很陡的阶跃波或矩形脉冲，而在输出端用脉冲示波器观测输出波形的变化。根据波形的变化，就可判断产生变化的原因，明确电路的调整方法。

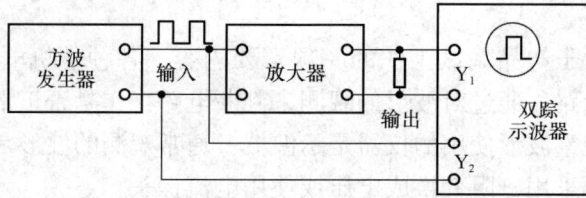

图 8.8　瞬态过程的观测方法

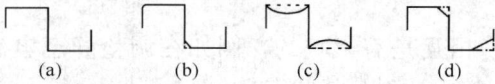

图 8.9　瞬态波形分析

如图 8.9 所示为方波信号通过放大器后的波形，图 8.9（a）为正常波形；图 8.9（b）表示高频响应不够宽；图 8.9（c）表示低频增益不足；图 8.9（d）表示低频响应不足。

8.4　实际电子产品的调试

电子产品装配完毕后，必须要经过调试，调试过程的复杂程度视电路的难易而定。如图 8.10 所示，是某电子治疗仪的直流稳压电源电路图。该电路采用了三端可调式集成稳压块 W317，其输出电压为 $1.25 \sim 37\text{V}$ 连续可调，输出电流最大可达 1.5A，最小输出电流不小于 5mA。

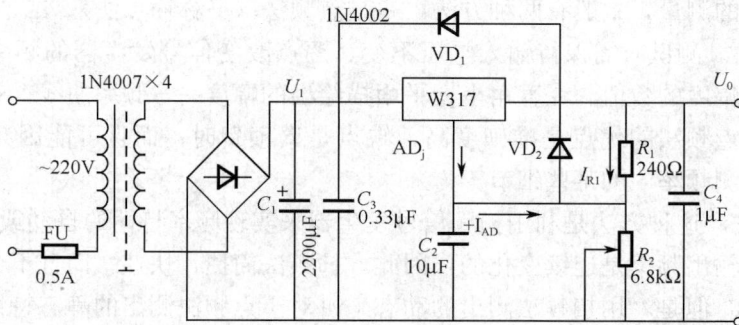

图 8.10　三端可调式集成稳压电源

1. 电路中其他器件的选择

由集成稳压块 W317 的参数可知，其输出端与调整端之间的电压 U_{REF} 固定在 1.25V，调整端的输出电流 $I_{\text{AD}} = 50\mu\text{A}$，并且十分稳定。

（1）R_1 和 R_2 的选择

在图中，R_1 接在稳压块 W317 的输出端与调整端之间，为保证不小于 5mA 的负载

电流，R_1 的最大值应为

$$R_{1MAX} = U_{REF}/5mA = 1.25V/5mA = 250\Omega$$

可取电阻系列值 240Ω，可选择碳膜电阻，其额定功率为 1/8W 即可。

R_2 为输出电压调节电阻器。为了保证输出电压的稳定与精度，R_1、R_2 应选择同一类型的材料，R_2 可选择碳膜电阻器，其阻值精度比较高，温度系数一致。

从图中可以看出：

$$U_0 = I_{R1}R_2 + I_{R1}R_1 + I_{AD}R_2$$

因为 I_{AD} 只有 $50\mu A$，而 I_{R1} 为 5mA，所以上式中的第三项可以忽略不计，于是

$$U_0 = I_{R1}R_2 + I_{R1}R_1 = U_{REF}(1 + R_2/R_1) = 1.25(1 + R_2/R_1)V$$

可见，调节 R_2 即可改变输出电压 U_0。从理论计算，当 $R_2 = 0$ 时，$U_0 = 1.25V$，$R_2 = 6.8k\Omega$ 时，$U_0 \approx 37V$。所以可选择最大阻值为 $6.8k\Omega$、额定功率为 2W 的碳膜可调电位器。

（2）电容的选择

在图中，C_1 为整流滤波电容，根据负载的大小，可取 $2200\mu F/50V$ 的电解电容。C_2 是为了减小取样电阻 R_2 两端的纹波电压而设置的旁路电容。加上 C_2 后，可明显地减小输出纹波电压。C_2 一般可取 $10\mu F/50V$ 的电解电容。

C_3 为稳压块输入端高频滤波电容，可取 $0.01\mu F$ 的瓷片电容。C_4 是为了防止三端稳压块产生自激振荡而设置的补偿电容，可取 $1\mu F/50V$ 的钽电容。

（3）二极管的选择

VD_1 和 VD_2 是保护二极管，当输入端 U_1 发生短路故障时，若没有 VD_1，C_4 就要向稳压块内部放电，会损坏稳压块内部的调整管发射结和集电结，若没有 VD_2，C_2 也会向稳压块内部放电，会损坏稳压块内部的调整管发射结。VD_1 和 VD_2 在正常情况下均处于截止状态，当输入端 U_1 发生短路故障时，VD_1 和 VD_2 导通，其两端电压为 0.7V，从而保护了三端集成稳压块。VD_1 和 VD_2 可选用 1N4004 型整流二极管。

整流二极管可选 1N4007 型，变压器可取输出电压为 36V、额定功率为 60W 的电源变压器。

（4）在安装和调试直流稳压电源时要注意的问题

① 稳压电路是依靠取样电阻来调节输出电压的，为了使用方便，取样电阻一般安装在仪器的外壳上，R_1 和 R_2 之间的连接正确与否至关重要，一定要仔细核对器件的引线，保证连接正确。另外，取样电阻与电路输出端的连线要尽可能缩短，R_2 的接地端要和输出端的接地端在同一点上，这对提高电路输出电压的稳定性有好处。

② 在通电调试之前，一定要在三端稳压块上安装散热片，铝散热片的尺寸为 $50mm \times 50mm \times 3mm$。

2. 直流稳压电源的调试步骤

（1）对电源电路进行检查

与电路图核对两遍，确保安装和连接无误。

（2）不接负载进行调试

① 不接负载，接通电源开关。

② 用万用表的直流电压挡测量滤波电容 C_1 两端的电压，应该在 50V 左右。若有 50V 直流电压，说明电源整流和滤波电路正常。若无 50V，表明电源的整流电路和滤波电路有问题，应关闭电源进行检查。

③ 在滤波电容 C_1 两端电压为 50V 的情况下，再监测电容 C_4 两端的电压（可在 C_4 两端焊上两根导线，与万用表的两只表笔缠绕连接，注意表笔的极性不要接错）。调节电位器 R_2，将其从电阻最小值扭到电阻最大值，监测 C_4 两端的电压，其电压值应在 1.25～37V 连续稳定变化，没有跳动现象。若有电压跳动现象，说明电位器有接触不良现象，应更换。若没有输出电压，说明三端稳压块有问题，应检查更换。

（3）接假负载进行调试

① 选一个额定功率为 60W 的线绕可调电阻，其阻值最大为 750Ω 即可。

② 将线绕可调电阻的阻值调到最大，监测电容 C_4 两端的电压。调节电位器 R_2，将其从电阻最小值扭到电阻最大值，线绕可调电阻两端的电压值应在 1.25～37V 连续稳定变化。

③ 将线绕可调电阻的阻值调到 25Ω 左右，监测电容 C_4 两端的电压。调节电位器 R_2，将其从电阻最小值扭到电阻最大值，线绕可调电阻两端的电压值应在 1.25～37V 连续稳定变化。

④ 当电位器 R_2 的阻值不变时，调节线绕可调电阻的阻值，使其从最大值变为最小值，输出电压应该略有下降，但不应该超过 0.1V，否则说明三端稳压块的性能不良，应予以更换。

【技能与技巧】家用微波炉常见故障维修技巧

在电炊具中，微波炉的致热效率是最高的。近几年来，国产微波炉的价格大幅下降，更由于其使用方便，家庭普及率越来越高。随着微波炉数量的增加，微波炉的维修工作也逐渐增加。许多人对微波炉工作时产生的微波有恐惧感，对维修工作也感到棘手。其实，微波炉的工作原理很简单，真正的核心器件只有四个：电源变压器、高压电容、高压二极管和磁控管，维修工作也很简单。普通型微波炉的电路如图 8.11 所示。

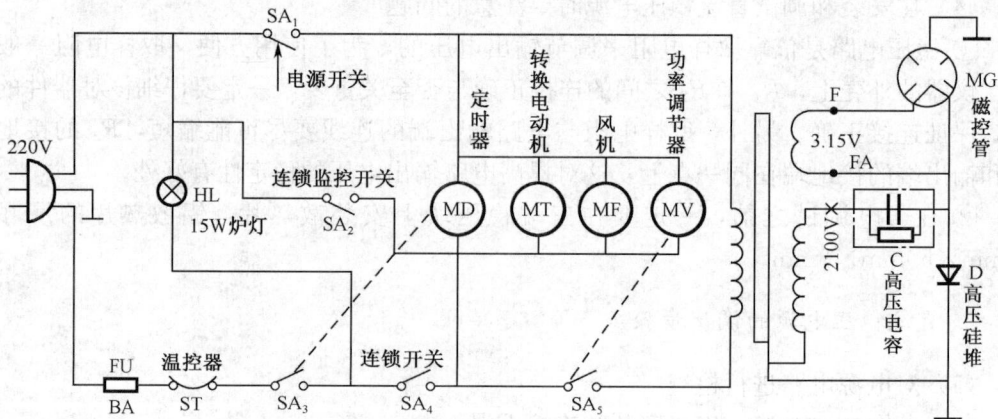

图 8.11 普通型微波炉的控制电路

在图 8.11 中，SA$_1$ 为电源开关，SA$_2$、SA$_3$ 为门连锁开关，SA$_4$ 为定时开关，SA$_5$ 为功率调节开关，ST 为由碟形双金属片构成的磁控管过热保护开关。当需要微波炉工作时，关上炉门，炉门联锁机构动作，主联锁开关 SA$_4$ 闭合，连锁监控开关 SA$_2$ 断开，微波炉处于准备工作状态。当设定烹饪时间后，定时器开关 SA$_3$ 闭合，炉灯 HL 亮。若微波炉的功率调节器设定在最高挡位时，则功率调节开关 SA$_5$ 也闭合，这时只需按下起动按钮，则开关 SA$_1$ 闭合，微波炉开始工作，转盘电动机、风机、定时电动机和功率调节电动机均转动，定时器开始计时，220V/50Hz 电源接通电源变压器的初级回路，变压器的二次绕组输出约 2100V 的高压，再经高压二极管和高压电容组成的半波倍压整流电路后，转换为约 4kV 左右的直流负电压加在磁控管的阴极，使磁控管的阴极和阳极间形成一个高压电场区。同时变压器的灯丝绕组输出 3.15V 的电压直接供给磁控管的灯丝（灯丝就是阴极），使其被加热而发射电子。在电场和磁场的共同作用下，电子在谐振腔内形成振荡，产生 2450MHz 的微波，微波经波导管输入微波炉腔，与腔内放置的食物分子形成共振，食物分子间的振动摩擦使食物被加热。放在转盘上的食物不断旋转，使食物被均匀加热。当设定时间终了时，定时器的复位铃响，开关 SA$_3$ 断开，电源开关 SA$_1$ 也断开，加热结束。按下开门按钮，联锁开关动作，SA$_4$ 断开，SA$_2$ 闭合。炉门打开后，即可取出烹饪的食物。

由以上电路分析可见，微波炉在电路中采取了多重保护措施，防止炉门打开时微波发生电路仍在工作，从而有效的保护了使用者。至于微波辐射对人体的危害，生产厂家在设计微波炉的结构时已经解决了防辐射问题。微波炉问世 30 多年，从未有因微波辐射对人体造成危害的报道。

根据编者的维修经验，微波炉最常见的故障有两种，其维修方法也有技巧。

1. 指示灯不亮，也不能加热

这个故障的原因大多是电路中的熔丝烧断，只要打开微波炉外壳，找到熔丝，将其更换即可。因为微波炉频繁启动，大电流的多次冲击容易使熔丝烧断，根本不是什么微波炉内部有短路故障所致。作为应急维修方法，也可将熔丝两端用导线连接起来即可。

2. 指示灯亮，但不能加热

这个故障的原因大多是电路中的高压电容或高压二极管损坏，又以高压二极管损坏的可能性最大。尤其是在冬季，微波炉内温度很低，高压电容和高压二极管上容易结露，致使高压电容和高压二极管的耐压性能下降，容易被击穿而损坏。所以在冬季，不要将微波炉放在寒冷的地方，可大大降低微波炉故障的发生率。

维修时，只要打开微波炉外壳，找到高压二极管，用万用表的 R×10k 挡，测量其正反向电阻，若两次测量其阻值都无穷大，即可判定是高压二极管损坏，将其更换即可。

自 测 题

1. 电子产品为什么要进行调试？调试工作的主要内容是什么？
2. 如何制订好电子产品的调试方案？

3. 调试仪器的布置和连接要注意哪些问题？

4. 以收音机为例，说明静态工作点的调整方法。

5. 进行动态特性的测试，主要应用哪些方法或手段？

6. 以收音机为例，说明整机动态工作特性调试的方法。

7. 在电子产品调试中，一般要采用哪些安全措施？

实训 8　电子产品调试训练

一、实训目的

（1）掌握功率放大器的调试方法。

（2）掌握信号发生器的调试方法。

（3）掌握晶体管收音机电路的调试方法。

二、实训器材

示波器、低频信号发生器、直流稳压电源、交流毫伏表、万用表各一台。

集成功率放大器元器件一套。

集成函数信号发生器元器件一套。

已经装配好的晶体管超外差式收音机一台。

以上电路的原理图纸和印制电路图纸。

三、实训步骤

1. 集成功率放大器的调试

调试步骤如下：

① 在面包板上按照所选电路安装好器件。

② 调整测试。对安装好的电路先进行静态测量，测量结果正常后再进行动态调试，测出音频最大不失真输出电压、电压放大倍数和输出功率。

2. 压控函数发生器的调试

5G8038 是集成精密函数波形发生器，其振荡频率可通过外接电阻和电容，在 0.001Hz～300kHz 范围内任意调节，也可用外加电压实现调频。它可同时产生高精度的正弦波、矩形脉冲波和锯齿波。

调试步骤如下：

① 在面包板上安装好电路，要求布局布线合理美观，接线正确可靠。

② 调整测试，通电后，用示波器观察 5G8038 的⑨、③、②脚的波形，调整 RP_1、RP_2、RP_3 使波形达到最佳，测出波形频率。改变 U_I，观测⑨、③、②脚波形变化情况并记录。

3. 晶体管超外差式收音机电路的调试

调试步骤如下：

① 测量收音机电路的静态工作点。

② 收音机中频特性的调试。

③ 收音机频率范围的调试。

④ 三点跟踪统调。

四、实训报告

实训报告的主要内容有：调试过程中的电路分析、元件安装图分析、电路元件清单、测试内容及方法、故障现象及分析处理等。

第 **9** 章

电子产品的检验与包装工艺

电子产品生产出来后必须经过检验和包装才能作为成品出厂，并接受运输的考验，这是电子产品生产的最后一道工序。

9.1 电子产品的检验工艺

检验是利用一定的手段测定出产品的质量特征，并与国标、部标、企业标准等公认的质量标准进行比较，然后做出产品是否合格的判定。检验是一项十分重要的工作，它贯穿于产品生产的全过程。

9.1.1 电子产品的检验项目

① 性能。性能指产品满足使用目的所具备的技术特性，包括产品的使用性能、机械性能、理化性能、外观要求等。

② 可靠性。可靠性指产品在规定的时间内和规定的条件下完成工作任务的性能，包括产品的平均寿命、失效率、平均维修时间间隔等。

③ 安全性。安全性指产品在操作、使用过程中保证安全的程度。

④ 适应性。适应性指产品对自然环境条件表现出来的适应能力，如对温度、湿度、酸碱度等的反应。

⑤ 经济性。经济性指产品的成本和维持正常工作的消耗费用等。

⑥ 时间性。时间性指产品进入市场的适时性和售后及时提供技术支持和维修服务等。

9.1.2 电子产品的检验时间

1. 入库前的检验

入库前的检验是保证产品质量可靠性的重要前提。产品生产所需的原材料、元器件等，在新购、包装、存放、运输过程中可能会出现变质和损坏或者本身就是不合格品，因此，这些物品在入库前应按产品技术条件、协议等进行外观检验，检验合格后方可入库。对判为不合格的物品则不能使用，并要进行隔离，以免混料。另外，有些元器件比如晶体管、集成电路以及部分阻容元件等，在装接前还要进行老化筛选。

2. 生产过程中的检验

生产过程中的检验指对生产过程中的各道工序进行检验，采用操作人员自检、生产班组互检和专职人员检验相结合的方式进行。

自检就是操作人员根据本工序工艺指导卡的要求，对自己所组装的元器件、零部件的装接质量进行检查，对不合格的部件进行及时调整和更换，避免流入下道工序。

互检就是下道工序对上道工序的检验。操作人员在进行本工序操作前，检查前道工序的装调质量是否符合要求，对有质量问题的部件及时反馈给前道工序，不能在不合格部件上进行本工序的操作。

专职检验一般为部件、整机装配与调试完成的后道工序进行。检验时根据检验标准，对部件、整机生产过程中各装调工序的质量进行综合检查。检验标准一般以文字、图纸形式表达，对一些不方便使用文字、图纸表达的缺陷，应使用实物建立标准样品作为检验依据。

3. 整机检验

整机检验是产品经过总装、调试合格之后，检查产品是否达到预定功能要求和技术指标。整机检验主要包括直观检验、功能检验和主要性能指标测试等内容。

直观检验的内容有：产品是否整洁；板面、机壳表面的涂覆层及装饰件、标志、铭牌等是否齐全，有无损伤；产品的各种连接装置是否完好；各金属件有无锈斑；结构件有无变形、断裂；表面丝印、字迹是否完整、清晰；量程是否符合要求；转动机构是否灵活；控制开关是否到位等。

功能检验是对产品设计所要求的各项功能进行检查。不同的产品有不同的检验内容和要求，例如对电视机应检验节目选择、图像质量、亮度、颜色、伴音等功能。

主要性能指标测试指通过使用符合规定精度的仪器和设备，查看产品的技术指标，判断产品是否达到国家或行业标准。现行国家标准规定了各种电子产品的基本参数及测量方法，检验中一般只对其主要性能指标进行测试。

9.1.3　电子产品的样品试验

试验是为了全面了解产品的特殊性能，对于定型产品或长期生产的产品所进行的例行验证。为了能如实反映产品质量，试验的样品机应在检验合格的整机中随机抽取。试验包括环境试验和寿命试验。

1. 环境试验

环境试验是一种检验产品适应环境能力的方法，是评价、分析环境对产品性能影响的试验，通常在模拟产品可能遇到的各种自然条件下进行。环境试验的内容包括机械试验、气候试验、运输试验和特殊试验。

机械试验包括振动试验、冲击试验、离心加速度试验等项目。

气候试验包括高温试验、低温试验、温度循环试验、潮湿试验和低气压试验等项目。

运输试验是检验产品对包装、储存、运输环境条件的适应能力。

特殊试验是检查产品适应特殊工作环境的能力，包括烟雾试验、防尘试验、抗霉菌试验和抗辐射试验等项目。

2. 寿命试验

寿命试验是考察产品寿命规律性的试验，是产品最后阶段的试验。是在规定条件下，模拟产品实际工作状态和储存状态，投入一定样品进行的试验。试验中要记录样品失效的时间，并对这些失效时间进行统计分析，以评估产品的可靠性、失效率、平均寿命等可靠性数量特征。

9.2　电子产品的包装工艺

包装是对部件或成品为方便运输、储存和装卸而进行的打包。包装一方面起保护物品的作用，另一方面起介绍产品、宣传企业的作用。对于进入流通领域中的电子整机产品来说，包装是必不可少的一道工序。

9.2.1　电子产品的包装要求

1. 对电子产品本身的要求

在进行包装前，合格的产品应按照有关规定进行外表面处理，如消除污垢、油脂、指纹、汗渍等。在包装过程中保证机壳、荧光屏、旋钮、装饰件等部分不被损伤或污染。

2. 电子产品的防护要求

① 合适的包装应能承受合理的堆压和撞击。
② 合理压缩包装体积。
③ 防尘。
④ 防湿。
⑤ 缓冲。

3. 电子产品的装箱要求

① 装箱时应清除包装箱内的异物和尘土。
② 装入箱内的产品不得倒置。
③ 装入箱内的产品、附件和衬垫以及使用说明书、装箱明细表、装箱单等内装物必须齐全。
④ 装入箱内的产品、附件和衬垫不得在箱内任意移动。

9.2.2　电子产品的包装材料

包装时应根据包装要求和产品特点，选择合适的包装材料。

1. 木箱

包装木箱一般用于体积大、笨重的机械和机电产品。木箱材料主要有木材、胶合板、纤维板、刨花板等。包装木箱体积大，且受绿色生态环境保护限制，因此已日趋减少使用。

2. 纸箱

包装纸箱一般用于体积较小、质量较轻的家用电器等产品。纸箱有单芯、双芯瓦楞纸板和硬纸板等材料。使用瓦楞纸箱包装轻便牢固、弹性好，与木箱包装相比，其运输、包装费用低，材料利用率高，便于实现现代化包装。

3. 缓冲材料

缓冲材料的选择，应以最经济并能对电子产品提供起码的保护能力为原则。根据流通环境中冲击、振动、静电力等力学条件，宜选择密度为 $20\sim30kg/m^3$、压缩强度（压缩 50% 时）大于或等于 2.0×10^5Pa 的聚苯乙烯泡沫塑料做缓冲衬垫材料。衬垫结构一般以成型衬垫结构形式对电子产品进行局部缓冲包装。衬垫结构形式应有助于增强包装箱的抗压性能，有利于保护产品的凸出部分和脆弱部分。

4. 防尘、防湿材料

防尘、防湿材料可以选用物化性能稳定、机械强度大、透湿率小的材料，如有机塑料薄膜、有机塑料袋等密封式或外密封式包装。为了使包装内空气干燥，可以使用硅胶等吸湿干燥剂。

9.2.3　电子产品包装的防伪要求

许多产品的包装，一旦打开，就再也不能恢复原来的形状，起到了防伪的作用。为了防止不法之徒生产、销售假冒伪劣产品谋利，生产厂家都广泛采用各种高科技防伪措施，激光防伪标志就是其中之一。

9.2.4　电子产品的整机包装工艺

电子产品经整机总装、调试、检验合格后，就进入了最后一道工序——包装。现以生产 29 英寸彩色电视机的流水作业方式为例，说明电子产品的整机包装工艺过程。

1. 包装工艺流程

对于 29 英寸彩色电视机的流水作业方式，需要安排 8 个工位来完成整机的包装操作。在将包装用的纸箱、封箱钉、胶带等准备好后，8 个工位的操作内容如下。

① 将产品说明书、合格证、维修点地址簿、三联保修卡、用户意见书装入胶袋中，用胶纸封口。

② 分别将串号条形码标签贴在随机卡、后壳和保修卡（两张）上；用透明胶纸把保修卡贴在电视机的后上方；将电源线折弯理好装入胶袋，用透明胶纸封口，摆放在工

装板上。

③ 将下包装纸箱成型；用胶纸封贴四个接口边；将其放在送箱的拉体上。

④ 取上包装纸箱；在指定位置贴上串号条形码标签；用印台打印生产日期，整机颜色栏用印章打印。

⑤ 将上包装纸箱成型；在上部两边用打钉机各打一颗封箱钉；将其放在送箱的拉体上。

⑥ 将下缓冲垫放入下纸箱内；将胶袋放入纸箱上；自动吊机；将胶袋打开扶整机入箱后，封好胶袋。

⑦ 将上缓冲垫按左右方向放在电视机上；将配套遥控器放入缓冲垫指定位置，并用胶纸贴牢；将附件袋放入电视机下面，并盖好纸板。

⑧ 将上纸箱套入包装整机的下纸箱上；将四个提手分别装入纸箱两边指定位置；将箱体送入自动封胶机封胶带。

2. 包装工艺指导卡

在包装工序中，每个工位的操作内容、方法、步骤、注意事项、所用辅助材料、工装设备等都做了详细规定，操作者只需按包装工艺指导卡进行操作即可。最后，将已包装好的产品搬运到物料区放好，等待入库。

【技能与技巧】电视机遥控失灵故障的判别技巧

当电视机不能使用遥控器进行遥控时，首先需要对电视遥控器进行判断，以分清是电视遥控器的问题，还是电视机本机遥控接收电路的问题。

电视遥控器造成不能遥控的常见原因有电池耗尽或接触不良；电池夹引线脱焊；印制板断裂；晶振引脚开路或内部断路（这是最常见的故障原因）；红外发射二极管脱焊或损坏。判断红外发射二极管好坏，测其正反向电阻即可，与判断普通二极管方法相同。

检查电视遥控器可用下述方法进行快速判别：将电视遥控器靠近一个调幅收音机，按电视遥控器上的任何键，若收音机中发出"嘟嘟"声，可证明遥控发射器振荡电路基本正常。再用万用表的直流电压挡测红外发射二极管两端的电压，当按动电视遥控器的按键时，万用表指针将发生一定幅度的摆动，这即可认为电视遥控器是正常的，否则电视遥控器有故障。

如果电视机本机的键控好用，又经检查确认电视遥控器是正常的，则说明遥控接收电路有故障。当按电视遥控器上任何一个按键时，遥控接收集成电路的信号输出端电压将下降 $0.5\sim1V$，如果电压没有变化，则可进一步证明遥控接收器有故障。

检查电视机遥控接收电路，首先应检查其 $+5V$ 工作电压是否正常，其次再检查光敏二极管。检查光敏二极管的方法是用万用表测其两端的电阻，其阻值应随按电视遥控器的按键而变小。最后再检查遥控接收集成电路各脚外接的阻容元件，若均正常，则是遥控接收集成电路损坏。

自　测　题

1. 什么叫电子产品的检验？对检验的要求是什么？
2. 电子产品整机检验的主要内容有哪些？
3. 电子产品环境试验的主要内容有哪些？
4. 电子产品包装的要求有哪些？
5. 简述电子产品包装的一般工艺流程。

实训 9　电子产品的检验与包装工艺认识

一、实训目的

（1）了解电子产品的检验工艺。
（2）了解电子产品的包装工艺。

二、实训方法

到电子产品生产厂家进行参观实习。

三、实训步骤

（1）参观电子产品的检验工序。
（2）参观电子产品的包装工序。
（3）请工厂负责人介绍产品的检验与包装工艺。

四、实训报告

根据参观电子产品的检验与包装工艺写出实训报告。

第 10 章
电子元件表面安装工艺

电子系统的微型化和集成化是当代技术革命的重要标志,也是未来发展的重要方向。

表面安装技术,也称 SMT 技术,是伴随着无引脚元件或引脚极短的片状元器件(也称 SMD 元器件)的出现而发展起来的,是目前已经得到广泛应用的安装焊接技术。它打破了在印制电路板上要先进行钻孔再安装元器件、在焊接完成后还要将多余的引脚剪掉的传统工艺,直接将 SMD 元器件平卧在印制电路板的铜箔表面进行安装和焊接。现代电子技术大量采用表面安装技术,实现了电子设备的微型化,提高了生产效率,降低了生产成本。

10.1 表面安装技术

表面安装技术是将电子元器件直接安装在印制电路板或其他基板导电表面的装接技术。电子元件在印制板上的表面安装如图 10.1 所示。

在电子工业生产中,SMT 实际是包括表面安装元件(SMC)、表面安装器件(SMD)、表面安装印制电路板(SMB)、普通混装印制电路板(PCB)、点粘合剂、涂焊锡膏、元器件安装设备、焊接以及测试等技术在内的一整套完整的工艺技术的统称。当前 SMT 产品的形式有多种,见表 10.1。

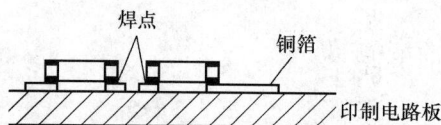

图 10.1 电子元件在印制板上的表面安装

表 10.1 SMT 产品的安装形式

类型		组装方式	组件结构	电路基板	元器件	特 征
I A	全表面装	单面表面组装		PCB 单面陶瓷基板	表面组装元器件	工艺简单,适用于小型、薄型化的电路组装
I B		双面表面组装		PCB 双面陶瓷基板	同上	高密度组装,薄型化

续表

类型	组装方式		组件结构	电路基板	元器件	特　征
ⅡA	双面混装	SMD 和 THT 都在 A 面	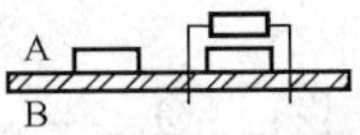	双面 PCB	表面组装元器件及通孔插装元器件	先插后贴,工艺较复杂,组装密度高
ⅡB		THT 在 A 面,A、B 两面都有 SMD	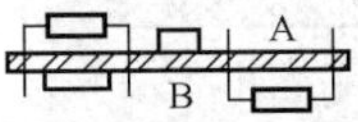	双面 PCB	同上	THT 和 SMC/SMD 组装在 PCB 同一侧
ⅡC		SMD 和 THT 在双面	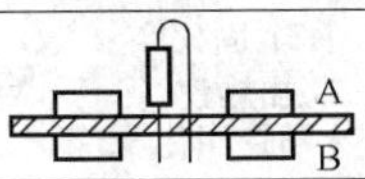	双面 PCB	同上	复杂,很少用
Ⅲ	单面混装	先贴法	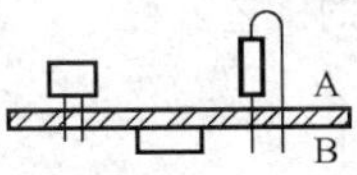	单面 PCB	同上	先贴后插,工艺简单,组装密度低
		后贴法		单面 PCB	同上	先插后贴,工艺较复杂,组装密度高

10.1.1　表面安装技术的优点和存在的问题

1. 表面安装技术的优点

表面安装技术的优点主要是元件的高密集性、产品性能的高可靠性、产品生产的高效率性、产品生产的低成本性。

表面安装元件使 PCB 的面积减小,成本降低;无引线和短引线使元器件的成本也降低,在安装过程中省去了引线成形、打弯,剪线的工序;电路的频率特性提高,减少了调试费用;焊点的可靠性提高,降低了调试和维修成本。在一般情况下,电子产品采用表面安装元件后可使产品总成本下降30%以上。

2. 表面安装技术存在的问题

(1) 表面安装元件本身的问题

(2) 表面安装元件对安装设备要求比较高

(3) 表面安装技术的初始投资比较大

10.1.2　表面安装技术的基本工艺

表面安装技术的基本工艺有两种基本类型,主要取决于焊接方式。

1. 采用波峰焊的工艺流程（如图 10.2 所示）

从图 10.2 中可见,采用波峰焊的工艺流程基本上是四道工序:

① 点胶,将胶水点到要安装元件的中心位置;方法:手动／半自动／自动点胶机。

② 贴片,将无引线元件放到电路板上;方法:手动／半自动／自动贴片机。

③ 固化,使用相应的固化装置将无引线元件固定在电路板上。

④ 焊接,将固化了无引线元件的电路板经过波峰焊机,实现焊接。

这种生产工艺适合于大批量生产,对贴片的精度要求比较高,对生产设备的自动化程度要求也很高。

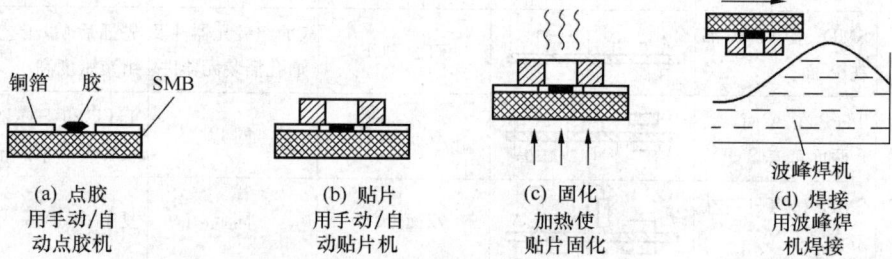

图 10.2　采用波峰焊的工艺流程

2. 采用再流焊的工艺流程（如图 10.3 所示）

从图 10.3 中可见，采用再流焊的工艺流程基本上是三道工序：

① 涂焊膏，将专用焊膏涂在电路板的焊盘上；方法：丝印 / 涂膏机。

② 贴片，将无引线元件放到电路板上；方法：手动 / 半自动 / 自动贴片机。

③ 再流焊，将电路板送入再流焊炉中，通过自动控制系统完成对元件的加热焊接；方法：需要有再流焊炉。

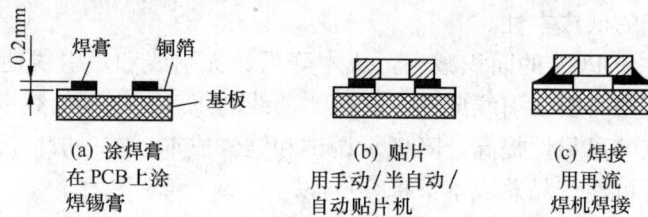

图 10.3　采用再流焊的工艺流程

这种生产工艺比较灵活，既可用于中小批量生产，又可用于大批量生产，而且这种生产方法由于无引线元器件没有被胶水定位，经过再流焊时，元件在液态焊锡表面张力的作用下，会使元器件自动调节到标准位置，如图 10.4 所示。

采用再流焊对无引线元件焊接时，因为在元器件的焊接处都已经预焊上锡，印制电路板上的焊接点也已涂上焊膏，通过对焊接点加热，使两种工件上的焊锡重新融化到一起，实现了电气连接，所以这种焊接也称作重熔焊。常用的再流焊加热方法有热风加热、红外线加热和激光加热，其中红外线加热方法具有操作方便、使用安全、结构简单等优点，在实际生产中使用的较多。

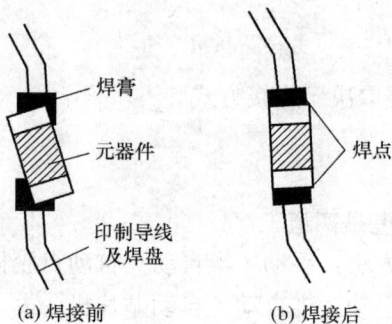

图 10.4　元器件自动调节位置示意图

10.1.3　安装技术的发展

电子产品的安装技术是现代发展最快的制造技术，从安装的工艺特点可将安装技术的发展过程分为五代，如表 10.2 所示。

表 10.2　安装技术的发展过程

	年代	字母缩写	元器件典型代表	安装基板	安装方法	焊接技术
第一代	1950～1960		长引线元件、电子管	接线板、铆接端子	手工安装	手工烙铁焊
第二代	1960～1970	THT	晶体管、轴向引线元件	单面和双面 PCB	手工/半自动插装	手工焊、浸焊
第三代	1970～1980		单列和双列直插 IC、轴向引线元件	单面及多层 PCB	自动插装	波峰焊、浸焊、手工焊
第四代	1980～1990	SMT	片式封装器件、轴向引线元件	高质量多层 PCB	自动贴片机	波峰焊、再流焊
第五代	1990～至今	MPT	微型片式封装器件	陶瓷硅片	自动安装	倒装焊特种焊

由表 10.2 可看出，第二代与第三代安装技术，元器件发展特征明显，而安装方法并没有根本改变，都是以长引线元器件穿过印制板上通孔的安装方式，一般称为通孔安装（THT）。第四代表面安装技术则发生了根本性变革，从元器件到安装方式，从 PCB 板的设计到焊接方法都以全新的面貌出现，它使电子产品体积大大缩小，重量变轻，功能增强，产品的可靠性提高，极大地推动了信息产业高速发展。技术部门预计，将来 90% 以上的电子产品都将采用表面安装技术。

第五代安装技术是表面安装技术的进一步发展，从技术工艺上讲它仍属于"安装"范畴，但与我们通常所说的安装相差甚远，使用一般的工具、设备和工艺是无法完成的，目前正处于技术完善和在局部领域应用的阶段，但它代表了当前电子产品安装技术发展的方向。

10.2　表面安装元器件和材料

表面安装元器件的结构、尺寸和包装形式都与传统的元器件不同，表面安装元器件的发展趋势是元件尺寸逐渐小型化。

片状元器件的尺寸是以四位数字来表示的，前面两位数字代表片状元器件的长度，后面两位数字代表片状元器件的宽度，例如 1005 表示这个片状元器件的长度为 1.0mm，宽度为 0.5mm。片状元器件的尺寸变化：3225→3216→2520→2125→2012→1608→0805→0603，目前最小尺寸的极限产品为 0603，该产品已经面世。

10.2.1　表面安装元器件

按照表面安装元器件的功能分类，表面安装元器件可以分成无源元件、有源元件和机电元件。按照表面安装元器件的形状分类，主要有薄片矩形、扁平封装、圆柱形和其他形状。

在表面安装元件中使用最广泛、品种规格最齐全的是电阻和电容，它们的外形结构、标识方法、性能参数都和普通的安装元件有所不同，在选用时应注意其差别。

1. 表面安装电阻

(1) 矩形片状电阻

矩形片状电阻的结构外形见图 10.5 所示，基片大都采用陶瓷（AI_2O_3）制成，具有较好的机械强度和电绝缘性。电阻膜采用 RuO_2 制作的电阻浆料印制在基片上，再经过烧结制成。由于 RuO_2 的成本较高，近年来又开发出一些低成本的电阻浆料，如氮化系材料（TaN-Ta），碳化物系材料（WC-W）和 Cu 系材料。

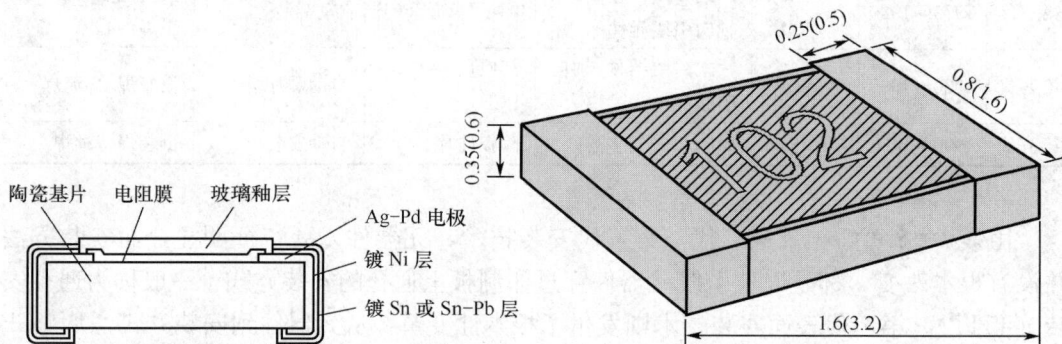

图 10.5　矩形片状电阻的结构和外形尺寸

在电阻膜的外面有一层保护层，采用玻璃浆料印制在电阻膜上，再经过烧结成釉状，所以片状元件看起来都亮晶晶的。

矩形片状电阻的额定功率系列有：1，1 / 2，1 / 4，1 / 8，1 / 8，1 / 16，1 / 32，单位是 W，矩形片状电阻的阻值范围在 $1\Omega \sim 8M\Omega$ 之间，有各种规格。电阻值采用数码法直接标在元件上，阻值小于 8Ω 用 R 代替小数点，例如 8R2 表示 8.2Ω，0R 为跨接片，电流容量不超过 2A。

按照日本工业标准（JIS），片状电阻尺寸分成七个标准，有公制和英制两种代码，即 1005（0402）、1608（0603）、2012（0805）、3216（1206）、3225（1210）、5025（2010）、6432（2512）。括号内的尺寸是英制，括号外的尺寸是公制，目前常用的是英制。在目前的应用中，0603、0805 型号用得最多，1206 用得渐少，而 0402 用得渐多，1206 以上的用得极少。

有些生产工厂仅用英制尺寸代码的后两位数来表示，如 03、05、06 分别表示 0603、0805 及 1206 这些尺寸代码。

片状电阻的包装一般都是编带包装，片状电阻的焊接温度要控制在 $235\pm5℃$，焊接时间为 $3\pm1s$，最高的焊接温度不得超过 260℃。

(2) 圆柱形电阻

圆柱形电阻的结构如图 10.6 所示，可以认为这种电阻是普通圆柱形长引线电阻去掉引线将两端改为电极的产物，外形与普通电阻类似。圆柱形电阻可分为碳膜和金属膜两大类，价格便宜，它的额定功率有 1/10W、1/8W 和 1/4W 三种，对应规格分别为 $\varnothing 1.1 \times 2.0$mm、$\varnothing 1.5 \times 3.5$mm、$\varnothing 2.2 \times 5.9$mm，体积大的功率也大，其标识采用常见的色环法，参数与矩形片状电阻相近。

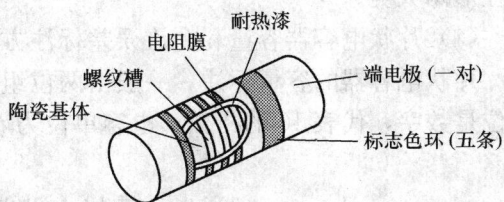

图 10.6　圆柱形表面安装电阻的结构

与矩形片状电阻相比，圆柱形固定电阻的高频特性差，但噪声和三次谐波失真较小，因此，多用在音响设备中。矩形片状电阻一般用于电子调谐器和移动通信等频率较高的产品中，可提高安装密度和可靠性。

矩形片状电阻和圆柱形电阻两种表面安装电阻的主要性能对比见表 10.3。

表 10.3　矩形片状电阻和圆柱形电阻的主要性能对比

电阻项目		矩形片状	圆柱形
结构	电阻材料	RuO_2 等贵金属氧化物	碳膜、金属膜
	电极	Ag-Pd/Ni/焊料三层	Fe-Ni 镀锡或黄铜
	保护层	玻璃釉	耐热漆
	基体	高铝陶瓷片	圆柱陶瓷
阻值标识		三位数码	色环（3，4，5 环）
电气性能		阻值稳定，高频特性好	温度范围宽，噪声电平低，谐波失真低
安装特性		无方向但有正反面	无方向，无反正面
使用特性		提高安装密度	提高安装速度

（3）片状跨接线电阻器

片状跨接线电阻器也称为零阻值电阻，专门用于作跨接线用，以便于使用 SMT 设备装配。片状跨接线电阻器的尺寸及代码与矩形片状电阻器相同，其特点是允许通过的电流大，如 0603 为 1A、0805 以上为 2A。另外，该电阻的电阻值并不为零，一般在 $30m\Omega$ 左右，最大值为 $50m\Omega$，因此，它不能用于不同地线之间的跨接，以免造成不必要的干扰。

（4）片状电位器

片状电位器采用玻璃釉作为电阻体材料，其特点是体积小，一般为 4mm×5mm×2.5mm；重量轻，仅 $0.1 \sim 0.2$g；高频特性好，使用频率可超过 100MHz；阻值范围宽，为 $10\Omega \sim 2M\Omega$；额定功率有 1/20W、1/10W、1/8W 等几种。

2. 表面安装电容

在表面安装电容器中使用最多的是多层片状陶瓷电容，其次是铝和钽电解电容，有机薄膜电容和云母电容用的较少。表面安装电容器的外形同电阻一样，也有矩形片状和圆柱形两大类。

（1）片状电容器容量和允许误差标注方法

片状电容器的容量标注，一般由两位组成，第一位是英文字母，代表有效数字，第二位是数字，代表 10 的指数，电容单位为 pF，具体含义如表 10.4 所示。

表 10.4　片状电容的标记

字母	A	B	C	D	E	F	G	H	I	K	L	M	N
有效数字	1	1.1	1.1	1.3	1.5	1.6	1.8	2	2.2	2.4	2.7	3	3.3
字母	P	Q	R	S	T	U	V	W	X	Y	Z		
有效数字	3.6	3.9	4.3	4.7	5.1	5.6	6.2	6.8	7.5	8.2	9.1		
字母	a	b	c	e	f	m	n	t	y				
有效数字	2.5	3.5	4	4.5	5	6	7	8	9				

例如，一个电容器标注为 K2，查表可知 K＝2.4，2 代表 10^2，那么这个电容器的标称值为 $2.4 \times 10^2 \text{pF} = 240 \text{pF}$。

有些片状电容器的容量采用三位数，单位为 pF。前两位为有效数，后一位数为加的零数。若有小数点，则用 P 表示。如 1P5 表示 1.5pF，100 表示 10pF 等。允许误差用字母表示，C 为 ±0.25pF，D 为 ±0.5pF，F 为 ±1％，J 为 ±5％，K 为 ±10％，M 为 ±20％，I 为 20％～80％。

（2）常见片状电容器

① 片状多层陶瓷电容器。片状多层陶瓷电容器又称片状独石电容器，是片状电容器中用量大、发展最为迅速的一种。若采用的介质材料不同，其温度特性、额定工作电压及工作温度范围亦不同。内部为多层陶瓷组成的介质层，两端头由多层金属组成。电容器的温度特性由介质决定。

② 片状铝电解电容器。由于铝电解电容器是以阳极铝箔、阴极铝箔和衬垫材料卷绕而成，所以片状铝电解电容器基本上是小型化铝电解电容器加了一个带电极的底座结。卧式结构是将电容器横倒，它的高度尺寸小一些，但占印制板面积较大。一般铝电解电容器仅适用于低频，目前一些 DC/DC 变换器的工作频率可达几百千赫到几兆赫，则可选用三洋公司商标为 DS. CON 的有机半导体铝固体电解电容器，它具有较好的频率特性，但价格较贵。

③ 片状钽电解电容器。片状钽电解电容是以高纯钽粉为原料，与粘合剂混合后，将钽引线埋入，加压成型，然后在 1800～2000℃ 的真空中燃烧，形成多孔性的烧结体作为阳极。应用硝酸锰发生电解反应，使烧结体表面固体电解质二氧化锰作为阴极。在二氧化锰的烧结体上涂覆石墨层或涂银的合金层，最后封焊阳极和阴极端子。

片状钽电解电容的参数，它的耐压为 4～50V，电容量为 0.1～470μF；常用的范围为 1～100μF、耐压范围为 10～25V；工作温度范围为 −40～+125℃；其允许误差为 ±10％～±20％。片状钽电解电容器的顶面有一条黑色线，是正极性标志，顶面上还有电容容量代码和耐压值。

片状钽电解电容器的尺寸比片状铝电解电容器小，并且性能好。如漏电小、负温性能好、等效串联电阻（ESR）小、高频性能优良，所以它应用越来越广，除用于消费类电子产品外，也应用于通信、电子仪器、仪表、汽车电器、办公室自动化设备等，但价格要比片状铝电解电容器贵。

3. 表面安装电感器

片状电感器可分为小功率电感器及大功率电感器两类。小功率电感器主要用于视频及通信方面（如选频电路、振荡电路等）；大功率电感器主要用 DC/DC 变换器（如用作储能元件或 LC 滤波元件）。

（1）片状电感器电感量的标注方法

小功率电感器电感量的代码有 nH 及 μH 两种单位，分别用 N 或 R 表示小数点。例如，4N7 表示 4.7nH，4R7 则表示 4.7μH；10N 表示 10nH，而 10μH 则用 100 来表示。

大功率电感上有时印上 680K、220K 字样，分别表示 68μH 及 22μH。

（2）常见片状电感器

小功率片状电感器有三种结构：绕线片状电感器、多层片状电感器、高频片状电感器。

① 绕线片状电感器。绕线片状电感器是用漆包线绕在骨架上做成的有一定电感量的元件。根据不同的骨架材料、不同的匝数而有不同的电感量及 Q 值。它有三种结构：

• A 类是内部有骨架绕线，外部有磁性材料屏蔽经塑料模压封装的结构；B 类是用长方形骨架绕线而成（骨架有陶瓷骨架或铁氧体骨架），两端头供焊接用；C 类为工字形陶瓷、铝或铁氧体骨架，焊接部分在骨架底部。

• A 类结构有磁屏蔽，与其他电感元件之间相互影响小，可高密度安装。B 类尺寸最小，C 类尺寸最大。绕线型片状电感器的工作频率主要取决于骨架材料。例如，采用空心或铝骨架的电感器是高频电感器，采用铁氧体的骨架则为中、低频电感器。

高频电感器（用于 UHF 段）的电感量较小，一般为 1.5～100nH，用于 VHF 段、HF 段的电感器电感量根据不同骨架尺寸为 0.1～1000μH（或更大）。电感量的允许误差一般有 J 级（±5%）、K 级（±10%）、M 级（±20%）。工作温度范围为－25～＋85℃。

② 多层片状电感器。多层片状电感器是用磁性材料采用多层生产技术制成的无绕线电感器。它采用铁氧体膏浆及导电膏浆交替层叠并采用烧结工艺形成整体单片结构，有封闭的磁回路，所以有磁屏蔽作用。该类电感器的特点：尺寸可做得极小，最小的尺寸为 1mm×0.5mm×0.6mm；具有高的可靠性；由于有良好的磁屏蔽，无电感器之间的交叉耦合，可实现高密度安装。该类片状电感器适用于音频/视频设备及电话、通信设备。

③ 高频（微波）片状电感器。高频（微波）片状电感器是在陶瓷基片上采用精密薄膜多层工艺技术制成，具有高的电感精度（±2% 及 ±5%），可应用于无线通信设备中。该电感器主要特点是寄生电容小、自振频率高（例如，8.2nH 的电感器，其自振频率大于 2GHz）。

大功率片状电感器都是绕线型，主要用于 DC/DC 变换器中，用作储能元件或大电流 LC 滤波元件（降低噪声电压输出）。它由方形或圆形工字型铁氧体为骨架，采用不同直径的漆包线绕制而成。

4. 表面安装半导体器件

片状半导体器件有片状二极管、片状三极管、场效应晶体管、各种集成电路及敏感半导体器件。

（1）片状二极管

片状二极管主要有整流二极管、快速恢复二极管、肖特基二极管、开关二极管、稳压二极管、瞬态抑制二极管、发光二极管、变容二极管、天线开关二极管等。它们在小型电子产品及通信设备中得到了广泛的应用。

① 片状整流二极管。整流一般指的是将工频（50Hz）的交流变成脉动直流，常用的是 1N4001～1N4007 系列 1A、50～1000V 整流二极管（圆柱形玻封或塑封）。选择片状整流二极管有两个主要参数：最高反向工作电压（峰值）U_R 和额定正向整流电流（平均值）I_F。为减小印制板面积并简化生产，开发出片状桥式整流器，常用的有 $U_R=200V$，$I_F=1A$ 的全桥，如图 10.7 所示。

图 10.7 片状桥式整流器

② 片状快速恢复二极管。在电子产品的高频整流电路、开关电源 DC/DC 变换器、脉冲调制解调电路、变频调速电路、UPS 电源或逆变电路中，由于工作频率高（几十千赫到几百千赫），一般的整流二极管不能使用（它只能用于 3kHz 以下），需要使用片状快速恢复二极管。它的主要特点是反向恢复时间短。一般为几百纳秒，当工作频率更高时，采用超快速恢复二极管，它的反向恢复时间为几十纳秒。

片状快速恢复二极管反向峰值电压可达几百伏到几千伏。常用的正向平均电流可达 0.5～3A，当工作频率大于 1000MHz 时，则需要采用肖特基二极管。

③ 片状肖特基二极管。片状肖特基二极管最大的特点是反向恢复时间短，一般可做到 10ns 以下（有的可达 4ns 以下），工作频率可在 1～3GHz 范围；正向压降一般在 0.4V 左右（与电流大小有关）；但反向峰值电压小，一般小于 100V（有些仅几十伏，甚至有的还小于 10V）。它的额定正向电流范围从 0.1A 到几安。大电流的肖特基二极管是面接触式，主要用于开关电源、DC/DC 变换器中；还有小电流点接触式的用于微波通信中（称为肖特基势垒二极管，反向恢复时间小于 1ns）。它不仅适用于数字或脉冲电路的信号钳位，而且在自控、遥控、仪器仪表中用作译码、选通电路；在通信中用作高速开关、检波、混频；在电视、调频接收机中用作频道转换开关二极管或代替锗检波二极管 2AP9，性能良好、稳定可靠，并且价格不高。

④ 片状开关二极管。片状开关二极管的特点是反向恢复时间很短，高速开关二极管的反向恢复时间≤4ns（如 1N4148），而超高速开关二极管反向恢复时间≤1.6ns（如 1SS300）。另外，它的反向峰值电压不高，一般仅几十伏；正向平均电流也较小，一般仅 100～200mA。

该二极管主要用于开关、脉冲、高频电路和逻辑控制电路中。由于片状 1N4148 高速开关二极管尺寸小、价格便宜，也可用作高频整流或小电流低频整流及并联于继电器作保护电路。

⑤ 片状稳压二极管。片状稳压二极管主要参数有稳定电压值及功率。常用的稳定电压值为 3～30V，功率为 0.3～1W。低电压（如 2～3V）的稳压特性很差，一般也没有 2V 以下的稳压二极管。

⑥ 片状瞬态抑制二极管（TVS）。片状瞬态抑制二极管用作电路过压（瞬时高压脉冲）保护器，目前主要用于通信设备、仪器、办公用设备及家电等。它的工作原理和稳压二极管相同，有高压干扰脉冲进入电路时，与被保护的电路并联的片状瞬态抑制二极管反向击穿而钳位于电路不损坏的电压上。与普通稳压二极管不同之处是它有很大面积的 PN 结，可以耗散大能量的瞬态脉冲，瞬时电流高达几十或上百安，响应时间快。它有单向及双向结构。

⑦ 片状发光二极管（LED）。片状发光二极管有红绿、黄、橙、蓝色（蓝色的管压降为 3～4V），它的结构有带反光镜的、带透镜的，有单个的及两个 LED 封装在一起的结构（一红、一绿为多数），有普通亮度的、高亮度及超高亮度的，还有将限流电阻做在 LED 中的，外部无需再接限流电阻（可节省空间）。

⑧ 片状变容二极管。片状变容二极管是一个电压控制元件，通常用于振荡电路，与其他元件一起构成 VCO（压控振荡器）。在 VCO 电路中，主要利用它的结电容随反偏压变化而变化的特性，通过改变变容二极管两端的电压便可改变变容二极管电容的大小，从而改变振荡频率。片状变容二极管在手机电路中得到了广泛的应用。

（2）片状三极管

片状三极管及片状场效应管是由传统引线式三极管及场效应管发展过来的，管心相同，仅封装不同，并且大部分沿用引线式的原型号。为增加安装密度，进一步减小印制板尺寸，开发出了一些新型三极管、场效应管、带阻三极管、组合三极管等。近年来，随着通信系统的频率越来越高，又开发出不少通信专用三极管，如砷化镓微波三极管及功放管等。

① 片状三极管的型号识别。我国三极管型号是"3A～3E"开头，美国是"2N"开头，日本是"2S"开头。目前市场上 2S 开头的型号占多数。欧洲对三极管的命名方法是用 A 或 B 开头（A 表示锗管，B 表示硅管）；第二部分用 C、D 或 F、L（C——低频小功率管，F——高频小功率管，D——低频大功率管，L——高频大功率管），用 S 和 U 分别表示小功率开关管和大功率开关管；第三部分用三位数表示登记序号。如：BC87 表示硅低频小功率三极管。还有一些三极管型号是由生产工厂自己命名的（厂标），是不标准的。例如，摩托罗拉公司生产的三极管是以 M 开头的。如在一个封装内带有两个偏置电阻的 NPN 三极管，其型号为 MUN2211T1。相应的 PNP 三极管为 MUN2111T1（型号中 T1 也是该公司的后缀）。

② 片状三极管及场效应管介绍。片状带阻三极管。片状带阻三极管是在三极管芯片上做上一个或两个偏置电阻，这类三极管以日本生产为多。各厂的型号各异。这类三极管在通信装置中应用最为普遍，可以节省空间。

片状场效应管。与片状三极管相比，片状场效应管具有输入阻抗高、噪声低、动态范围大、交叉调制失真小等特点。片状场效应管分结型场效应管（JFET）和绝缘栅场效应管（MOSFET）。JFET 主要用于小信号场合的，MOSFET 既有用于小信号场合的，也有用作功率放大或驱动场合的。可见，场效应管的外形结构与三极管十分相似，应注意区分，场效应管 G、S、D 极分别相当于三极管的 b、e、c 极。

片状 JFET 在 VHF/UHF 射频放大器应用的有 MMBFJ309LTl（N 沟道，型号代码为 6U），用在通用的小信号放大的有 MMBF54S7LTl（N 沟道，型号代码为 M6E）等。它们常用作阻抗变换或前置放大器等。

片状 MOSFET 的最大特点是具有优良的开关特性，其导通电阻很低，一般为零点几欧到几欧，小的仅为几毫欧到几十毫欧。所以自身管耗较小，小尺寸的片状器件却有较大的功率输出。目前应用较广的是功率 MOSFET，常用作驱动器，DC/DC 变换器、伺服/步进马达控制、功率负载开关、固态继电器、充电器控制等。

（3）片状集成电路

随着半导体工艺技术的不断改进，特别是便携式电子产品的迅猛发展，促使片状集成电路有了长足的进步，片状集成电路绝不仅仅是封装形式的改变，而是不断地降低自身的损耗以提高效率，达到最大限度节能的目的。

片状集成电路的封装有小型封装和矩形封装两种形式。小型封装有 SOP 和 SOJ 两种封装形式，这两种封装电路的引脚间距大多为 1.17mm、1.0mm 和 0.76mm。其中 SOJ 占用印制板的面积更小，应用较为广泛。矩形封装有 QFP 和 PLCC 两种封装形式，PLCC 比 QFP 更节省电路板的面积，但其焊点的检测较为困难，维修时拆焊更困难。此外，还有 COB 封装，即通常所称的"软黑胶"封装。它是将 IC 芯片直接粘在印制电路板上，通过芯片的引脚实现与印制板的连接，最后用黑色的塑胶包封。

片状集成电路与传统集成电路相比具有引脚间距小、集成度高的优点，广泛用于家电及通信产品中。片状稳压集成电路种类较多。

目前常用的双列扁平封装集成电路的引线间距有 1.27mm 和 0.8mm 两种，引线数为 8～32 条，最新的引线间距只有 0.76mm，引线数可达 56 条。

针栅阵列（PGA）与焊球阵列（BGA）封装是针对集成电路引线增多、间距缩小、安装难度增加而另辟蹊径的一种封装形式。它让众多拥挤在器件四周的引线排列成阵列，引线均匀分布在集成电路的底面。采用这种封装形式使集成电路在引线数很多的情况下，引线的间距也不必很小。针栅阵列封装通过插座与印制板电路连接，用于可更新升级的电路，如台式计算机的 CPU 等，阵列的间距一般为 2.54mm，引线数从 52 到 370 条或更多。焊球阵列封装则直接将集成电路贴装到印制板上，阵列间距为 1.5mm 或 1.27mm，引线数从 72 到 736 以上。在手机、笔记本电脑、快译通的电路里，多采用这种封装形式。

板载芯片封装即通常所称的"软封装"，它是将集成电路芯片直接粘在 PCB 板上，同时将集成电路的引线直接焊到 PCB 的铜箔上，最后用黑塑胶包封。这种封装形式成本最低，主要用于民用电子产品，例如各种音乐门铃所用的芯片都采用这种封装形式。

10.2.2　表面安装的其他材料

1. 粘合剂

常用的粘合剂有三类：按材料分有环氧树脂、丙烯酸树脂及其他聚合物粘合剂；按固化方式分有热固化、光固化、光热双固化及超声波固化粘合剂；按使用方法分有丝网漏印、压力注射、针式转移所用的粘合剂。

2. 焊锡膏

焊锡膏由焊料合金粉末和助焊剂组成，简称焊膏。焊膏由专业工厂生产成品，使用者应掌握选用方法。

① 焊膏的活性，根据 SMB 的表面清洁度确定，一般可选中等活性，必要时选高活性或无活性级、超活性级。

② 焊膏的黏度，根据涂覆法选择，一般液料分配器用 $100 \sim 200Pa$，丝印用 $100 \sim 300Pa$，漏模板印刷用 $200 \sim 600Pa$。

③ 焊料粒度选择，图形越精细，焊料粒度应越高。

④ 电路采用双面焊时，板两面所用的焊膏熔点应相差 $30 \sim 40℃$。

⑤ 电路中含有热敏感元件时选用低熔点焊膏。

3. 助焊剂和清洗剂

SMT 对助焊剂的要求和选用原则，基本上与 THT 相同，只是更严格，更有针对性。

SMT 的高密度安装使清洗剂的作用大为增加，至少在免清洗技术尚未完全成熟时，还离不开清洗剂。目前常用的清洗剂有两类：CFC-113（三氟三氯乙烷）和甲基氯仿，在实际使用时，还需加入乙醇酯、丙烯酸酯等稳定剂，以改善清洗剂的性能。清洗方式则除了浸注清洗和喷淋清洗外，还可用超声波清洗、汽相清洗等方法。

10.3　表面安装设备与手工操作 SMT

10.3.1　表面安装设备

表面安装设备主要有三大类：涂布设备、贴片设备和焊接设备。

1. 涂布设备

涂布设备的作用是往板上涂布粘合剂和焊膏，有以下三种方法。

（1）针印法

针印法是利用针状物浸入粘合剂中，在提起时针头就挂上一定的粘合剂，将其放到 SMB 的预定位置，使粘合剂点到板上。当针蘸入粘合剂中的深度一定且胶水的黏度一定时，重力保证了每次针头携带的粘合剂的量相等，如果按印制板上元件安装的位置做成针板，并用自动系统控制胶的黏度和针插入的深度，即可完成自动针印工序。

（2）注射法

注射法如同用医用注射器一样的方式将粘合剂或焊膏注到 SMB 上，通过选择注射孔的大小和形状，调节注射压力就可改变注射胶的形状和数量。

（3）丝印法

用丝网漏印的方法涂布粘合剂或焊膏，是现在常用的一种方法。丝网是用 $100 \sim$

200 目的不锈钢金属网，通过涂感光膜形成感光漏孔，制成丝印网板。

丝印方法精确度高，涂布均匀，效率高，是目前 SMT 生产中主要的涂布方法。生产设备有手动、半自动、自动式的各种型号规格商品丝印机。

2. 贴片设备

贴片设备是 SMT 的关键设备，一般称为贴片机，其作用是往板上安装各种贴片元件。

贴片机有小型、中型和大型之分。一般小型机有 20 个以内的 SMC/SMD 料架，采用手动或自动送料，贴片速度较低。中型机有 20～50 个材料架，一般为自动送料，贴片速度为低速或中速。大型机则有 50 个以上的材料架，贴片速度为中速或高速。

贴片机主要由材料储运装置、工作台、贴片头和控制系统组成。

图 10.8 所示是成套表面安装生产设备的生产线示意图。

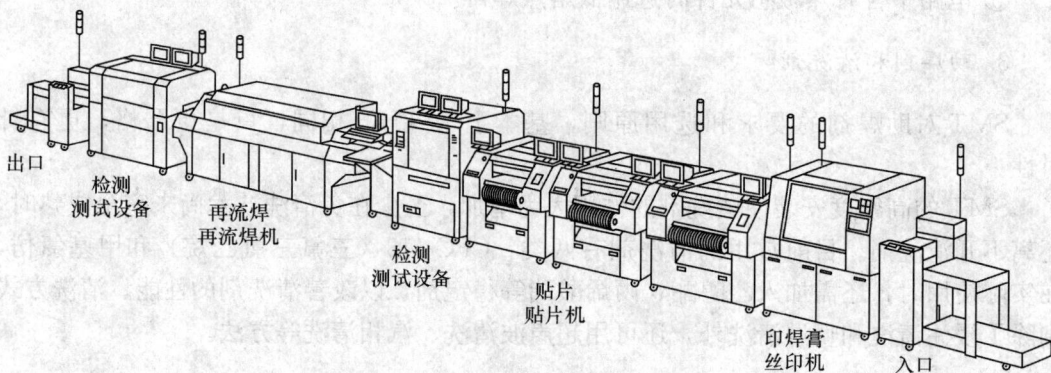

图 10.8　成套表面安装生产设备的生产线示意图

10.3.2　手工 SMT 的基本操作

尽管在现代化生产过程中自动化和智能化是必然趋势，但在研究、试制、维修领域，手工操作方式还是无法取代的，不仅有经济效益的因素，而且所有自动化、智能化方式的基础仍然是手工操作，因此电子技术人员有必要了解手工 SMT 的基本操作方法。

手工 SMT 的技术关键有以下几个。

1. 涂布粘合剂和焊膏

最简单的涂布是人工用针状物直接点胶或涂焊膏，经过训练，技术高超的人同样可以达到机械涂布粘合剂的效果。

手动丝网印刷机及手动点滴机可满足小批量生产的要求，我国已有这方面的专用设备生产，可供使用单位选择。

2. 贴片

贴片机是 SMT 设备中最昂贵的设备。手工 SMT 操作最简单的方法，是用镊子借助于放大镜，仔细地将片式元器件放到设定的位置。由于片式元器件的尺寸太小，特别是窄间距的 QFP 引线很细，用夹持的办法很可能损伤元器件，采用一种带有负压吸嘴的手工贴片装置是最好的选择，这种装置一般备有尺寸形状不同的若干吸嘴以适应不同形状和尺寸的元器件，装置上自带视像放大装置。

还有一种半自动贴片机也是投资少而适应广泛的贴片机，它带有摄像系统通过屏幕放大可准确的将元件对准位置安装，并带有计算机系统可记忆手工贴片的位置，当第一块 SMB 经过手工放置元件后，它就可自动放置第二块 SMB。

3. 焊接

最简单的焊接是手工烙铁焊接，最好采用恒温或电子控温的烙铁，焊接的技术要求和注意事项同普通印制板的焊接相同，但更强调焊接的时间和温度。短引线或无引线的元器件较普通长引线元器件的焊接技术难度大。合适的电烙铁加上正确的操作，可以达到同自动焊接相媲美的效果。

对于小批量生产而言，有一台小型再流焊机是比较理想的。

【技能与技巧】普通发光二极管的检测技巧

普通发光二极管有两只管脚。新的发光二极管管脚长的一端是正极，短的一端是负极。从电路板上焊下来的发光二极管，可以视其内部电极的大小来判别。电极小的一端是发光二极管的正极。

利用具有 R×10k 挡的指针式万用表，可以大致判断发光二极管的好坏。发光二极管的正向电阻值为几十千欧至 $200k\Omega$，反向电阻值为无穷大。如果测得发光二极管的正向电阻值为 0 或为 ∞，或反向电阻值很小或为 0，则表示发光二极管已损坏。这种检测方法，不能如实地看到发光管的发光情况，只能看到有一个小光点，因为 R×10k 挡不能向 LED 提供较大的正向工作电流。

如果有两块指针式万用表（最好同型号），可以检查发光二极管的发光情况。用一根导线将一块万用表的"＋"接线柱与另一块表的"－"接线柱连接。余下的"－"表笔接被测发光二极管的正极，余下的另一支"＋"表笔接被测发光二极管的负极。两块万用表均置于 R×10 挡。在正常的情况下，接好线后发光二极管就能发光。若亮度很低，甚至不发光，可将两块万用表均拨至 R×1 挡，若亮度仍很暗，甚至不发光，则表明该发光二极管性能不良或损坏。应注意，不能一开始测量就将两块万用表置于 R×1 挡，以免电路中电流过大，损坏发光二极管。

自 测 题

1. SMT 技术有什么特点？
2. SMT 技术所用的元件有哪些种类？

3. SMT 元件的焊接有哪些步骤？

4. SMT 元件的焊接需要什么专用设备？

实训 10 工业表面贴装设备的认识训练

一、实训目的

通过参观电子生产厂的表面贴装设备，对工业生产电子产品有所认识。了解 SMT 在实际产品中的应用，了解中、大型 SMT 设备的工艺过程，了解电子产品整机的装配工艺，培养严谨的工作作风。

二、实训预习要求

(1) 了解 SMT 技术的特点和发展趋势。

(2) 了解 SMT 技术的基本工艺过程。

(3) 认识 SMT 元件。

(4) 会测试 SMT 各种元件的主要参数。

(5) 掌握最基本的手工 SMT 操作技艺。

三、实训步骤

(1) 联系生产电子产品并且有 SMT 设备的工厂。

(2) 进行实际参观和考察。

四、实训报告

写出参观工厂的调查报告，对工厂的 SMT 设备进行分类，总结该生产设备的特点。

第 11 章

电子工艺文件的识读

电子工艺文件是指导工人操作和用于生产、管理等技术文件的总称，是根据电子产品的电路设计，结合本企业的实际情况编制而成的。电子工艺文件是实现产品加工、装配和检验的技术依据，也是生产管理的主要依据。在工厂中有句行话："工艺就是法律"，可见工艺文件在生产中的重要性，只有每一步生产都严格按照工艺文件的要求去做，才能生产出合格的产品。

11.1 电子工艺文件的内容

11.1.1 电子工艺文件的种类

根据电子产品的特点，工艺文件通常可分为工艺管理文件和工艺规程文件两大类。

1. 工艺管理文件

工艺管理文件是企业组织生产、进行生产技术准备工作的文件，它规定了产品的生产条件、工艺路线、工艺流程、工具设备、调试及检验仪器、工艺装置、材料消耗定额和工时消耗定额。

2. 工艺规程文件

工艺规程文件是规定产品制造过程和操作方法的技术文件，它主要包括零件加工工艺、元件装配工艺、导线加工工艺、调试及检验工艺和各工艺的工时定额。

11.1.2 电子工艺文件的内容

在电子产品的生产过程中一般包含准备工序、流水线工序和调试检验工序，工艺文件应按照工序编制具体内容。

1. 准备工序工艺文件的编制内容

准备工序工艺文件的编制内容有：元器件的筛选、元器件引脚的成形和搪锡、线圈和变压器的绕制、导线的加工、线把的捆扎、地线成形、电缆制作、剪切套管、打印标记等。这些工作不适合流水线装配，应按工序分别编制相应的工艺文件。

2. 流水线工序工艺文件的编制内容

流水线工序工艺文件的编制内容主要是针对电子产品的装配和焊接工序，这道工序大多在流水线上进行。编制的内容如下。

（1）确定流水线上需要的工序数目

这时应考虑各工序的平衡性，其劳动量和工时应大致接近。例如，收音机印制电路板的组装焊接，可按局部分片分工制作。

（2）确定每个工序的工时

一般小型机每个工序的工时不超过 5min，大型机不超过 30min，再进一步计算日产量和生产周期。

（3）工序顺序应合理

要考虑操作的省时、省力、方便，尽量避免让工件来回翻动和重复往返。

（4）安装和焊接工序应分开

每个工序尽量不使用多种工具，以便工人操作简单，易熟练掌握，保证优质高产。

3. 调试检验工序工艺文件的编制内容

调试和检验工序工艺文件的编制内容应标明测试仪器、仪表的种类、等级标准及连接方法，标明各项技术指标的规定值及其测试条件和方法，明确规定该工序的检验项目和检验方法。

11.1.3　工艺文件的格式

工艺文件包括专业工艺规程、各具体工艺说明及简图、产品检验说明（方式、步骤、程序等），这类文件一般有专用格式，具体包括工艺文件封面、工艺文件目录、工艺文件更改通知单、工艺文件明细表。

1. 工艺文件的格式

电子产品工艺文件的格式现在基本按照电子行业标准 SJ/T10324-92 执行，应根据具体电子产品的复杂程度及生产的实际情况，按照规范进行编写，并配齐成套，装订成册。

2. 工艺文件的格式要求

① 工艺文件要有一定的格式和幅面，图幅大小应符合有关标准，并保证工艺文件的成套性。

② 文件中的字体要正规，图形要正确，书写应清楚。

③ 所用产品的名称、编号、图号、符号、材料和元器件代号等应与设计文件保持一致。

④ 安装图在工艺文件中可以按照工序全部绘制，也可以只按照各工序安装件的顺序，参照设计文件安装。

⑤ 线把图尽量采用 1∶1 图样，以便于准确捆扎和排线。大型线把可用几幅图纸拼接，或用剖视图标注尺寸。

⑥ 在装配接线图中连接线的接点要明确，接线部位要清楚，必要时产品内部的接线可假设移出展开。各种导线的标记由工艺文件决定。

⑦ 工序安装图基本轮廓相似、安装层次表示清楚即可，不必全按实样绘制。

⑧ 焊接工序应画出接线图，各元器件的焊接点方向和位置应画出示意图。

⑨ 编制成的工艺文件要执行审核、批准等手续。

⑩ 当设备更新和进行技术革新时，应及时修订工艺文件。

3. 工艺文件的封面

工艺文件的封面要在工艺文件装订成册时使用。简单的电子设备可按整机装订成一册，复杂的电子设备可按分机单元分别装订成册。

4. 工艺文件的目录

工艺文件的目录是工艺文件装订顺序的依据。目录既可作为移交工艺文件的清单，也便于查阅每一种组件、部件和零件所具有的各种工艺文件的名称、页数和装订次序。

5. 元器件工艺表

为提高插装效率，对购进的元器件要进行预处理加工而编制的元器件加工汇总表，是供整机产品、分机、整件、部件内部电器连接的准备工艺使用的。

6. 导线及扎线加工表

在这个表中列出了整机产品所需的各种导线和扎线等线缆用品。此表要便于观看、标记醒目、不易出错。

7. 工艺说明及简图

工艺说明及简图包括调试说明及简图、检验说明及简图、工艺流程框图、特殊工艺要求等。

8. 装配工艺过程卡

装配工艺过程卡是整机装配中的重要文件，在准备工作的各工序和流水线的各工序都要用到它。其中安装图、连线图、线把图等都采用图卡合一的格式，即在一幅图纸上既有图形，又有材料表和设备表，材料顺序按照操作先后次序排列。有些要求在图形上不易表达清楚，可在图形下方加注简要说明。

11.2　实际电子产品工艺文件示例

这里以 R-218T 型调频调幅收音机的装配为例，介绍电子产品工艺文件的具体编写方法。

R-218T 型调频调幅收音机采用专用大规模集成电路 CXA1691MAM/FM，具有灵敏度高、选择性好、电源电压范围宽、整机输出功率大等特点。表 11.1～表 11.6 列出了生产 R-218T 型调频调幅收音机的工艺文件封面、工艺文件目录、元件工艺表、导线及线把加工表、装配工艺过程卡、工艺说明及简图工艺文件。

表 11.1　工艺文件封面

工艺文件

产品型号　　R-218T

产品名称　　调频调幅收音机

产品图号

本册内容　　元件工艺、导线加工、基板插件

　　　　　　焊接装配

第 1 册

共 6 页

共 1 册

批准

年　　月　　日

表 11.2　工艺文件目录

		工艺文件目录		产品名称或型号		产品图号
				R-218T 调频调幅收音机		
序号	产品代号	零、部、整件图号	零、部、整件图号	页数		备注
1	G1		工艺文件封面	1		
2	G2		工艺文件目录	2		
3	G3		元件工艺表	3		
4	G4		导线及线把加工表	4		
5	G5		装配工艺过程卡	5		
6	G6		工艺说明及简图	6		

底图总号	更改标记	数量	文件名	签名	日期	签名	日期	第 2 页
						拟制		
						审核		共 6 页

表 11.3　元件工艺表

元件工艺表		产品名称或型号		产品图号
		R-218T 调频调幅收音机		

序号	位号	名称、型号、规格	L/mm A端	L/mm B端		L/mm 正端	L/mm 负端		数量	设备	工时定额	备注
1	R1	电阻 RT14-220Ω	10	10					1			
2	R2	电阻 RT14-2.2kΩ	10	10					1			
3	R3	电阻 RT14-100kΩ	10	5					1			
4	C7	电容器 CC1-1pF	10	10					1			
5	C10	电容器 CC1-15pF	10	10					1			
6	C2、C3、C4	电容器 CC1-30pF	10	10					3			
7	C8	电容器 CC1-180pF	10	10					1			
8	C17	电容器 CC1-103	10	10					1			
9	C11	电容器 CC1-473	10	10					1			
10	C6、C21、C22	电容器 CC1-104	10	10					3			
11	C16、C18	电容器 CD11-1μF	8	8					2			
12	C9、C15	电容器 CD11-4.7μF	8	8					2			
13	C5、C19	电容器 CD11-10μF	8	8					2			
14	C20、C23	电容器 CD11-220μF	8	8					2			
15	L1	0.47mm16 圈电感	8	8					1			
16	L2	0.47mm7 圈电感（细）	8	8					1			
17	L3	0.6mm7 圈电感	8	8					1			
18	L4	0.47mm7 圈电感（粗）	8	8					1			
19	CF1	L10.7A 陶瓷滤波器	8	8					1			
20	CF2	465B 陶瓷滤波器	8	8					1			

旧底图总号

简图：

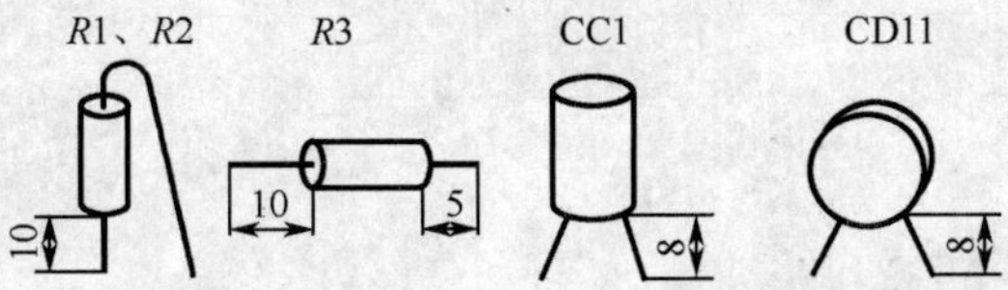

底图总号	更改标记	数量	文件名	签名	日期	签名	日期	第 3 页
						拟制		
						审核		共 6 页
日期　签名								
								第 1 册

表 11.4 导线及线把加工表

序号	线号	材料		导线修剥尺寸/mm				导线焊接处		设备	工时定额	备注
		导线及线把加工表 名称规格	颜色	L 全长	A 剥头	B 剥头	数量	A 端焊接处	B 端焊接处			
1	W1	塑料线 AVR1×12	红	12	4	4	1	印制电路板 A	印制电路板 B			
2	W2	塑料线 AVR1×12	蓝	24	4	4	1	印制电路板 C	印制电路板 D			
3	W3	塑料线 AVR1×12	黄	24	4	4	1	印制电路板 E	印制电路板 F			
4	W4	塑料线 AVR1×12	白	24	4	4	1	印制电路板 G	印制电路板 H			
5	W5	塑料线 AVR1×12	白	24	4	4	1	印制电路板 I	印制电路板 J			
6	W6	塑料线 AVR1×12	白	65	4	4	1	印制电路板 K	印制电路板 L			
7	W7	塑料线 AVR1×12	红	90	4	4	1	印制电路板 B	印制电路板 M			
8	W8	塑料线 AVR1×12	白	70	4	4	1	印制电路板 N	扬声器（一）			
9	W9	塑料线 AVR1×12	黑	70	4	4	1	印制电路板 O	扬声器（＋）			
10	W10	塑料线 AVR1×12	白	70	4	4	1	印制电路板 P	拉杆天线焊盘			

产品名称或型号：R-218T 调频调幅收音机

产品图号：

简图：

旧底图总号

底图总号	更改标记	数量	文件名	签名	日期	签名	日期	
						拟制		第 4 页
						审核		
								共 6 页
								第 1 册

表 11.5　装配工艺过程卡

位号	装入件及辅助材料 代号、名称、规格	数量	车间	工序号	工种	工序(步骤)内容及要求	设备及工装	工时定额	备注
	元件工艺表				装配件名称 基板插件焊接工艺		装配件图号		
IC1	CXA1691M 集成电路	1		1		焊在印制电路板的铜箔面	电烙铁		
R3	电阻 RT14-100kΩ	1		2		按装配图位号插、焊电阻	偏口钳		
L1	0.47mm 16 圈电感	1		3		按装配图位号			
L2	0.47mm 7 圈电感(细)	1		3		按装配图位号			
L4	0.6mm 7 圈电感	1		3		按装配图位号			
L5	0.47mm 7 圈电感(粗)	1		3		按装配图位号			
R1	电阻 RT14-220Ω	1		4		按装配图位号			
R2	电阻 RT14-2.2kΩ	1		4		按装配图位号			
C7	电容器 CC1-1PF	1		4		按装配图位号			
C10	电容器 CC1-15PF	1		4		按装配图位号			
C2、C3、C4	电容器 CC1-30PF	3		4		按装配图位号			
C8	电容器 CC1-180PF	1		4		按装配图位号			
C17	电容器 CC1-0.01μF	1		4		按装配图位号			
C11	电容器 CC1-0.047μF	1		4		按装配图位号			
C6、C21、C22	电容器 CC1-0.1μF	3		4		按装配图位号			
C16、C18	电容器 CD11-1μF	2		4		按装配图位号			
C9、C15	电容器 CD11-4.7μF	2		4		按装配图位号			
C5、C19	电容器 CD11-10μF	2		4		按装配图位号			
C20、C23	电容器 CD11-220μF	2		4		按装配图位号			
CF1	L10.7A 陶瓷滤波器	1		5		按装配图位号			
CF2	455B 陶瓷滤波器	1		5		按装配图位号			
T1	AM 本振线圈(红)	1		5		本振线圈、中周、耳机插口和音量开关电位器要插平后才可焊接			
T2	AM 中周(白)	1		5					
T3	FM 鉴频中周(绿)	1		5					
BE	耳机插口	1		6					
RP	音量开关电位器	1		6					

旧底图总号

底图总号	更改标记	数量	文件名	签名	日期	签名	日期	
						拟制		第 5 页
						审核		共 6 页
								第 1 册

表 11.6　工艺说明及简图

工艺说明及简图		名称	编号或图号
		R-218T 调频调幅收音机	
		工艺名称	工序名称
		基板插件装配图	

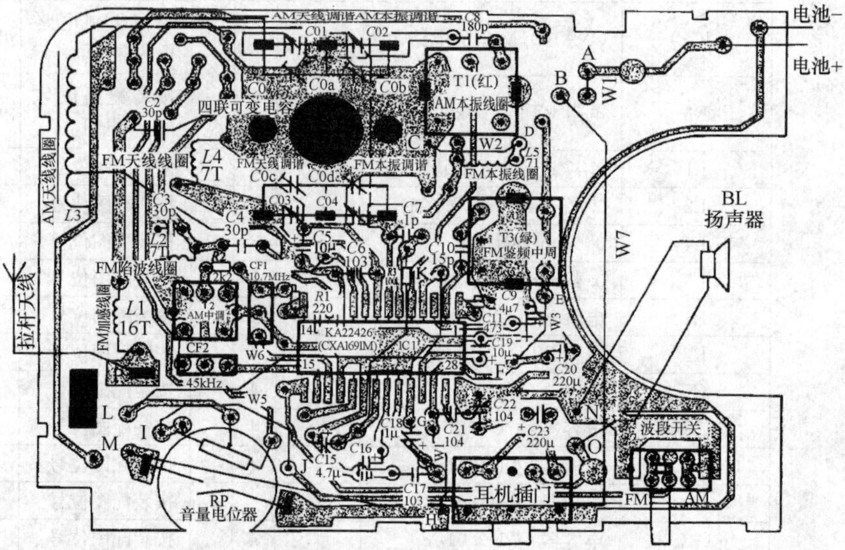

说明：本图所示为印制电路板的铜箔面（正面）。

　　　除集成电路外，其余元器件一律装在印制板的背面。

底图总号	更改标记	数量	文件名	签名	日期	签名	日期	
						拟制		第 6 页
						审核		
								共 6 页
								第 1 册

旧底图总号

自　测　题

1. 电子工艺文件通常可分为几大类？

2. 电子工艺文件包含哪些内容？

3. 怎样识读电子工艺文件？

第 12 章

电子工艺综合训练

12.1 超外差式收音机的装调实训

一、实训目的

通过对一台调幅收音机的安装、焊接和调试，使学生了解电子产品的装配过程，掌握电子元器件的识别方法和质量检验标准，了解整机的装配工艺，培养学生的实践技能。

二、实训要求

(1) 会分析收音机电路图。

(2) 对照收音机原理图能看懂印制电路板图和接线图。

(3) 认识电路图上的各种元器件的符号，并与实物相对照。

(4) 会测试各元器件的主要参数。

(5) 认真细心地按照工艺要求进行产品的安装和焊接。

(6) 按照技术指标对产品进行调试。

三、实训预习内容

1. 标准超外差式调幅收音机简介

标准超外差式调幅收音机，一般是六管中波收音机，采用全硅管线路，具有机内磁性天线，收音效果良好，并设有外接耳机插口。

2. 咏梅 838 型超外差式收音机的技术指标

频率范围：535～1605kHz

输出功率：50mW（不失真）、150mW（最大）

扬声器：$\varnothing$57mm、8Ω

电源：3V（两节 5 号电池）

体积：宽 122mm×高 65mm×厚 25mm

重量：约 175g（不带电池）

四、实训步骤

1. 咏梅 838 型超外差式收音机的材料清单（见表 12.1）

表 12.1　咏梅 838 型超外差式收音机的材料清单

序号	名称与代号		规格	数量	序号	名称与代号	规格	数量
1	电阻	R_1	91kΩ（或 82kΩ）	1	27	T_1	天线线圈	1
2		R_2	2.7kΩ	1	28	T_2	本振线圈（黑）	1
3		R_3	150kΩ（或 120kΩ）	1	29	T_3	中周（白）	1
4		R_4	30kΩ	1	30	T_4	中周（绿）	1
5		R_5	91kΩ	1	31	T_5	输入变压器	1
6		R_6	100kΩ	1	32	T_6	输出变压器	1
7		R_7	620kΩ	1	33	带开关电位器	4.7kΩ	1
8		R_8	510kΩ	1	34	耳机插座（GK）	∅2.5mm	1
9	电容	C_1	双联电容	1	35	磁棒	55×13×5	1
10		C_2	瓷介 223（0.022μ）	1	36	磁棒架		1
11		C_3	瓷介 103（0.01μ）	1	37	频率盘	∅37	1
12		C_4	电解 4.7～10μ	1	38	拎带	黑色（环）	1
13		C_5	瓷介 103（0.01μ）	1	39	透镜（刻度盘）		1
14		C_6	瓷介 333（0.033μ）	1	40	电位器盘	∅20mm	1
15		C_7	电解 47～100μ	1	41	导线		6根
16		C_8	电解 4.7～10μ	1	42	正、负极片		各2
17		C_9	瓷介 223（0.022μ）	1	43	负极片弹簧		2
18		C_{10}	瓷介 223（0.022μ）	1	44	固定电位器盘	M1.6×4	1
19		C_{11}	涤纶 103（0.01μ）	1	45	固定双联	M2.5×4	2
20	三极管	VT_1	3DG201（β值最小）	1	46	固定频率盘	M2.5×5	1
21		VT_2	3DG201	1	47	固定线路板	M2×5	1
22		VT_3	3DG201	1	48	印制线路板		1
23		VT_4	3DG201（β值最大）	1	49	金属网罩		1
24		VT_5	9013	1	50	前壳		1
25		VT_6	9013	1	51	后盖		1
26	二极管	VT_7	1N4148	1	52	扬声器（Y）	8Ω	1

2. 用万用表检测收音机各个元器件

检测顺序和要求见表 12.2，将测量结果填入实习报告。注意：VT_5、VT_6 的 h_{FE} 相差应不大于 20%，同学之间可相互调整使管子性能配对。

表 12.2　用万用表检测元件的参数

类别	测量内容	万用表功能及量程	禁止用量程
R	电阻值	R	U
V	h_{FE}（VT_5、VT_6 管配对）	R×10，h_{FE}	R×1，R×1k
B	绕组，电阻，绕组与壳绝缘	R×1	
C	绝缘电阻	R×1k	
电解 CD	绝缘电阻及质量	R×1k	

3. 用万用表检测输出、输入变压器绕组的内阻

检测顺序和要求见表 12.3，将测量结果填入实习报告。

表 12.3　变压器绕组的内阻测量

T_2（黑）本振线圈	T_3（白）中周 1	T_4（绿）中周 2
万用表挡位 R×1 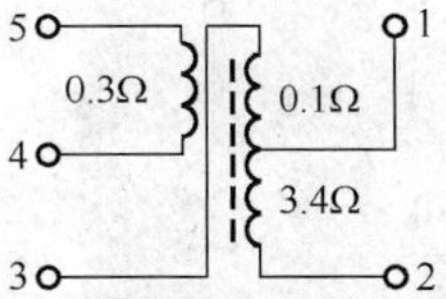	万用表挡位 R×1 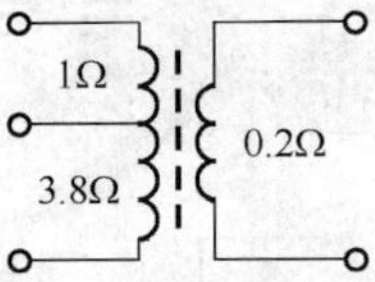	万用表挡位 R×1 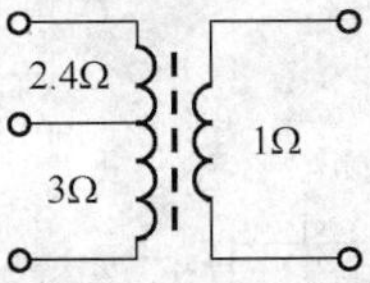

T_5（蓝或绿）输入变压器	T_6（黄或红）输出变压器
万用表挡位 R×10 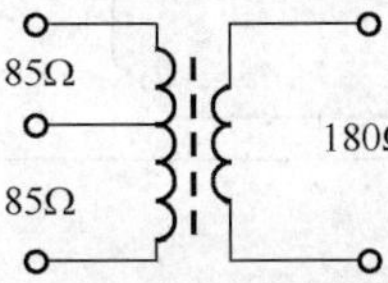	万用表挡位 R×1 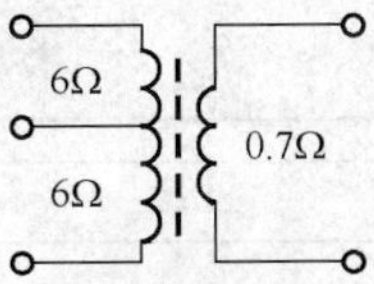

注意：① 为防止变压器原边线圈与副边线圈之间短路，要测量变压器原边与副边之间的电阻。

② 若输入变压器、输出变压器用颜色不好区分，可通过测量线圈内阻来进行区分。线圈内阻阻值大的是输入变压器，线圈内阻阻值小的是输出变压器。

4. 对元器件的引线进行镀锡处理

5. 检查印制板的铜箔线条是否完好

咏梅 838 型超外差式收音机的印制电路板图如图 12.1 所示。要特别注意检查板上的铜箔线条有无断线及短路的情况，还要特别要注意板的边缘是否完好，如图 12.2 所示。

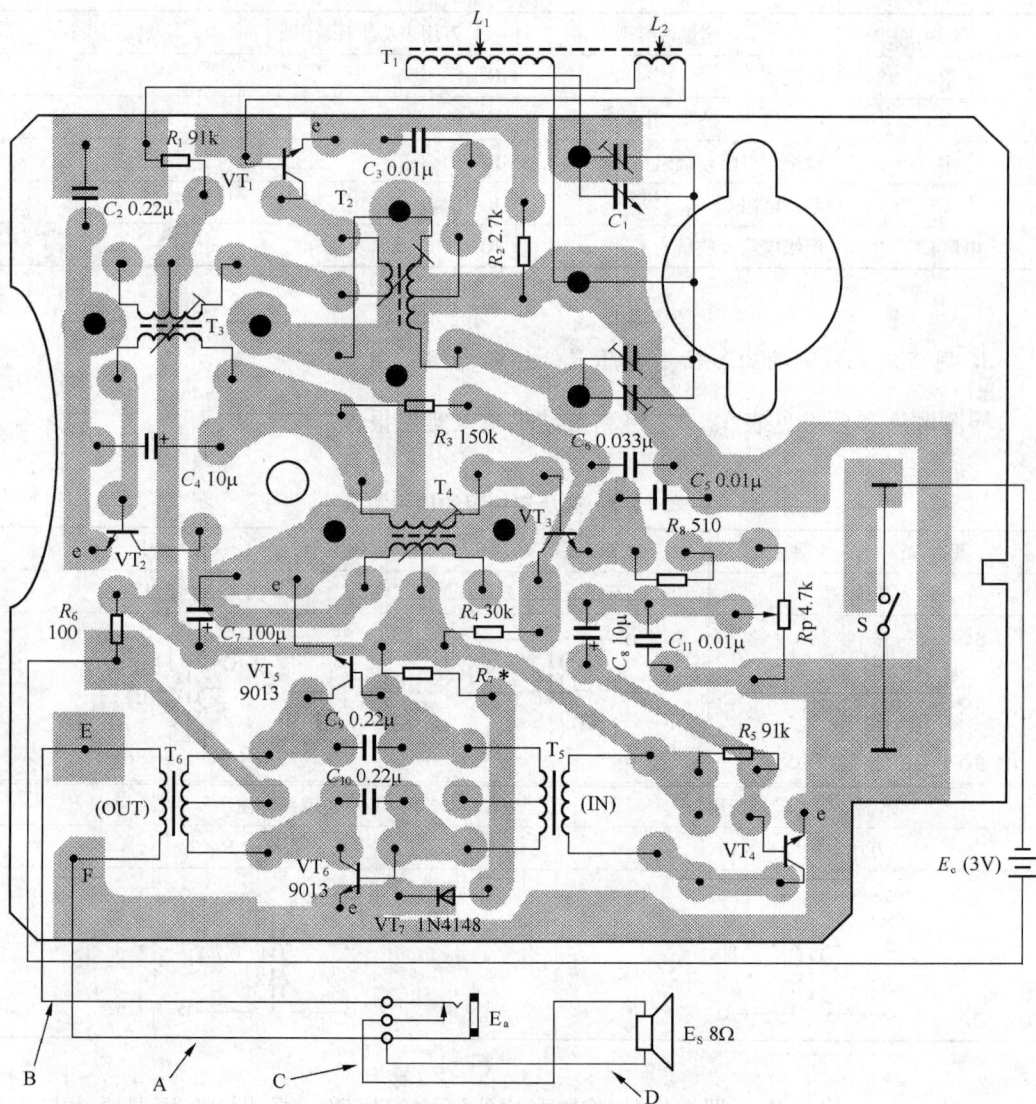

图 12.1　收音机印制电路板图

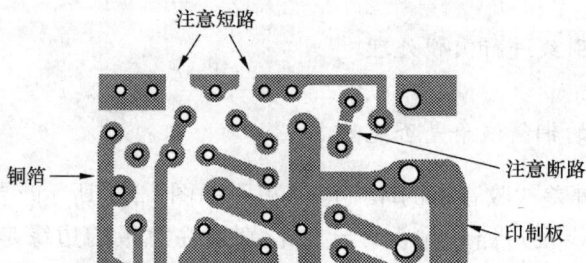

图 12.2　有问题的线路板示意图

6. 安装元器件

元器件的安装质量及顺序直接影响整机的质量与成功率，合理的安装需要思考和经验。表 12.4 中所示的安装顺序及要点是经过实践检验，被证明是较好的一种安装方法。

注意：安装时，所有元器件的高度不得高于中周的高度。

表 12.4 元件的安装顺序及要点（分类安装）

序 号	内 容	注意要点
1	安装 T_2、T_3、T_4	中周要求按到底；外壳固定支脚内弯 90°，要求焊上
2	安装 T_5、T_6	引线固定；经辅导人员检查后可以先焊
3	安装 $VT_1 \sim VT_6$	注意色标、极性及安装高度 E B C
4	安装全部电阻	2mm ≤13mm 色环方向保持一致，注意安装高度
5	安装全部电容	标记向外 极性 注意高度 <13mm
6	安装双联电容、电位器及磁棒架	磁棒架装在印制板和双联之间（焊盘面、印制板、磁棒架、双联）
7	焊前检查	检查已安装的元器件位置，特别注意 VT（三极管）的管脚，经辅导人员检查后才许可进行下列工作
8	焊接已插上的元器件	焊接时注意锡量适中（焊锡、烙铁）
9	修整引线	<2mm 剪断引线多余部分，注意不可留得太长，也不可剪得太短

续表

序　号	内　容	注意要点
10	检查焊点	检查有无漏焊点、虚焊点、短接点
11	焊 T_1、电池引线，装拨盘、磁棒等	焊 T_1 时注意看接线图，其中的线圈 L_2 应靠近双联电容一边，并按图连线（磁棒天线）
12	其他	固定扬声器，装透镜、金属网罩及拎带等

7. 收音机的检测和调试

学生通过对自己组装的收音机的通电检测调试，可以了解一般电子产品的生产调试过程，初步学习调试电子产品的方法。咏梅 838 型超外差式收音机的电原理图如图 12.3 所示。收音机的检测调试步骤，如图 12.4 所示。

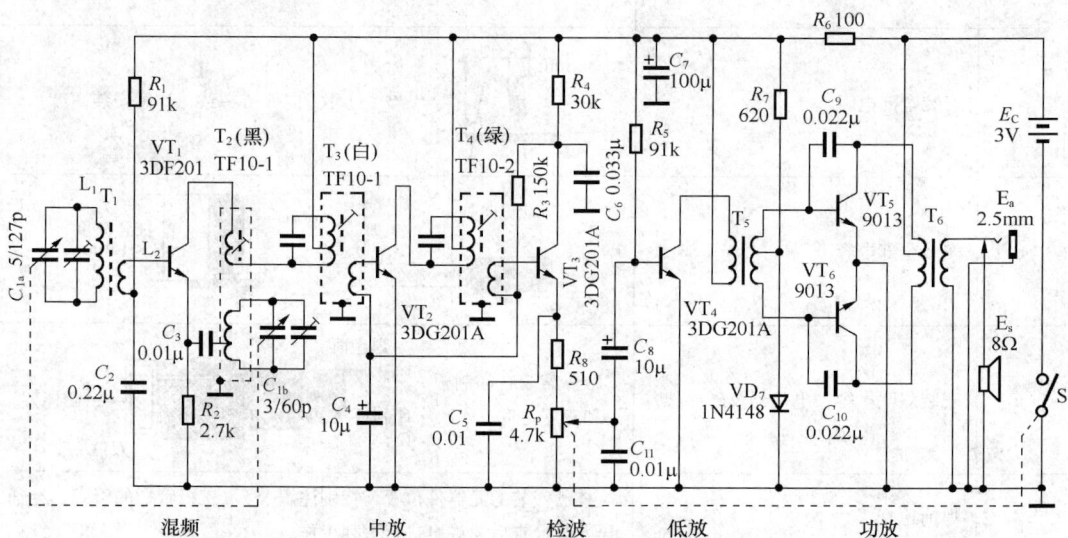

图 12.3　收音机的电原理图

（1）通电前的检测工作

① 同学之间对安装好的收音机进行自检和互检，检查焊接质量是否达到要求，特别注意检查各电阻的阻值是否与图纸所示位置相同，各三极管和二极管是否有极性焊错的情况。

② 收音机在接入电源前，必须检查电源有无输出电压（3V）和引出线的正负极是

印制板上元器件安装完毕（暂不装线圈及扬声器）

检查印制板上元器件及引线

整机电流合适吗？
（参见步骤 2 初测）　否

是

各管脚电位正确吗？
顺序：$VT_1 \sim VT_6$
（测 VT_1 时应焊上线圈）　否　→　查找故障并改正

是

试听有广播声吗？　否　→　检查线圈引线、耳机插座等接法是否正确。耳机插座及嗽叭好坏

是

调中频频率 465kHz：调中周 T_4(绿)、T_3(白)

调频率范围：低端 (525kHz)：调 T_2(黑)；
（装上刻度盘）高端 (1605kHz)：调 C_{1b}'（双联背面）

统调：低端 (525kHz)：调磁棒线圈 T_1；
高端 (1605kHz)：调 C_{1a}'（双联背面）

固定扬声器，装面板及网罩，整理转动件等

交检验

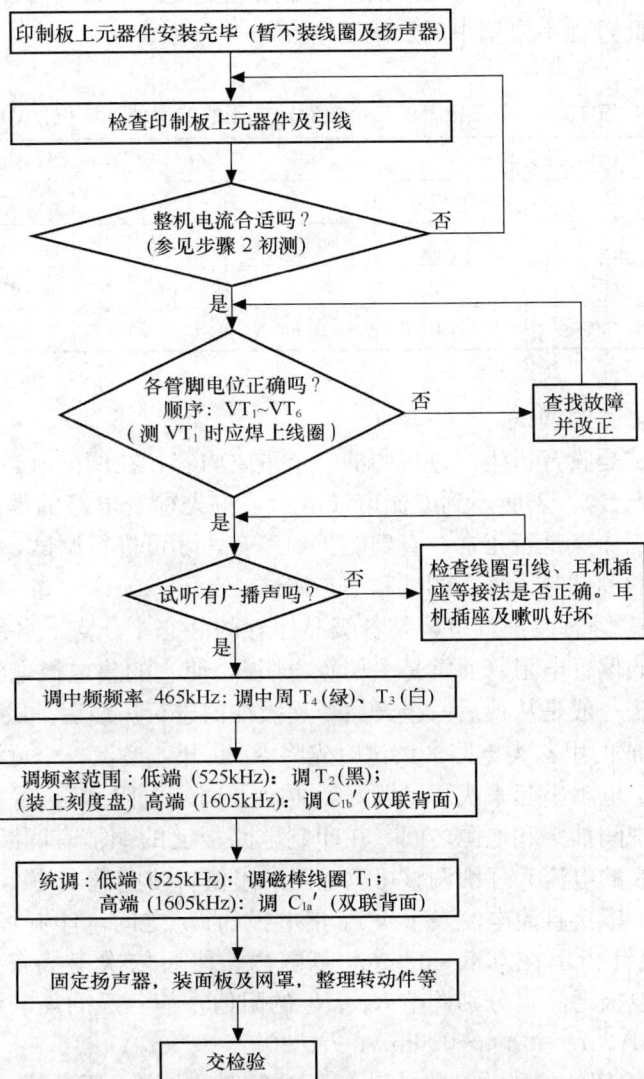

图 12.4　收音机的调试流程图

否正确。

（2）通电后的初步检测

将收音机接入电源，要注意电源的正、负极性，将频率盘拨到 530kHz 附近的无台区，在收音机开关不打开的情况下，首先测量整机静态工作的总电流 I_0。然后将收音机开关打开，分别测量三极管 $VT_1 \sim VT_6$ 的 e、b、c 三个电极对地的电压值（即静态工作点），将测量结果填到实习报告中。注意：该项检测工作非常重要，在收音机开始正式调试前，该项工作必须要做。表 12.5 给出了各个三极管的三个极对地电压的参考值。

（3）试听

如果元器件质量完好，安装也正确，初测结果正常，即可进行试听。将收音机接通

电源，慢慢转动调谐盘，应能听到广播声，否则应重复前面做过的各项检查，找出故障并改正，注意在此过程不要调中周及微调电容。

表 12.5　各三极管的三个极对地电压的参考值（单位：V）

三极管	工作电压：$E_C=3V$			整机工作电流：$I_0=10mA$		
	VT_1	VT_2	VT_3	VT_4	VT_5	VT_6
e	1	0	0.056	0	0	0
b	1.54	0.63	0.63	0.65	0.62	0.62
c	2.4	2.4	1.65	1.85	2.8	2.8

（4）收音机电路的调试

收音机的调试是收音机生产过程中的一个重要内容，在调试前必须确保收音机有沙沙的电流声（或电台），若听不到电流声或电台，应先检查电路的焊接有无错误、元件有无损坏、静态工作点是否正常，直到能听到声音，才可进行调试。

收音机电路的调试分为静态调试和动态调试。

① 静态调试。静态调试就是调整各级晶体管的静态工作点。各级晶体管工作点的调整，是调整它的偏置电阻（通常是上偏置电阻），使它的集电极电流符合电路的设计要求。调整的方法一般是从最后一级开始，逐级往前进行。最后一级为功放级，该级是由 $VT_5\sim VT_6$ 组成的甲乙类电路，调试时先将 R_7 断开，换上一个可调电阻（可用一只电位器与一只固定电阻串起来代替，调好后再换上固定电阻），再将直流电流表串入输出变压器的初级中间抽头和电源之间（在印制电路板上的铜箔有间断点），这时电流表指示的就是功放级的电流。仔细调整可调电阻的阻值，使电流表的读数为 8mA 左右。

调前置级时，串接直流电流表于 VT_4 集电极和 R_6 之间（印制板上有断开点），调整 R_5 阻值，使表针指示在 0.7～0.9mA 范围内。然后依次串接直流电流表于 VT_3、VT_2、VT_1 的集电极通路，分别调整 R_3、R_1 的阻值，使各级的集电极电流达到要求值（$I_{C1}=0.4\sim 0.6mA$、$I_{C2}=0.4\sim 0.6mA$、$I_{C3}=0.7\sim 0.9mA$）。

② 动态调试。超外差式收音机的动态调试有三项内容：调中频、调覆盖和统调。

调中频又叫做调中周，即调整收音机的中频变压器磁芯，使选频回路谐振在 465kHz 频率，这就是调中频的任务。

用调幅高频信号发生器进行中频调整的方法如下：

将音量电位器置于音量最大位置，将收音机调谐到无电台广播又无其他干扰的地方（或者将可调电容调到最大，即接收低频端），必要时可将振荡线圈初级或次级短路，使之停振。

使高频信号发生器的输出载波频率为 465kHz，载波的输出电平为 99dB，调制信号的频率为 1000Hz，调制度为 30%，该调幅信号由磁性天线接收作为调整的输入信号。

用无感螺丝刀微微旋转第一个中周的磁帽（白颜色），如图 12.5 所示，使示波器显示的波形幅度最大，若波形出现平顶，应减小信号发生器的输出，同时再细调一次。再用无感螺丝刀微微旋转第二个中周（绿颜色）的磁帽，使示波器显示的波形幅度最大。在调整中频变压器时，也可以用喇叭监听，当喇叭里能听到 1000Hz 的音频信号，且声音最大，音色纯正，此时可认为中频变压器调整到最佳状态。

调覆盖也叫做对刻度。为了使收音机接收信号的频率与机壳上的刻度频率标志一致，要进行校准调整。调覆盖先要调整本振回路，使它比收音机频率刻度盘的指示频率高 465kHz。在本振电路中，改变振荡线圈的电感值（即调节磁芯）可以较为明显地改变低频端的振荡频率（但对高频端也有影响）。改变振荡回路中微调电容的电容量，可以明显地改变高频端的振荡频率。

对 515kHz 的调整叫做低端频率调整，对 1625kHz 的调整叫做高端频率调整。

低端频率调整：将可变电容器（调谐双联）旋到容量最大处，即机壳指针对准频率刻度的最低频端，将收音机调谐到无电台广播又无其他干扰的地方。

使高频信号发生器的输出频率为 515kHz，载波的输出电平为 99dB，调制信号的频率为 1000Hz，调制度为 30%，高频调幅信号由收音机的磁性天线接收，作为调整的输入信号。

用无感螺丝刀调整中波振荡线圈的磁芯（黑色中周），如图 12.5 所示，使示波器出现 1000Hz 波形，并使波形最大。或直接监听收音机的声音，使收音机发出的声音最响最清晰。

图 12.5 调中周时的可调元件位置

高端频率调整：将可变电容器置容量最小处，这时机壳指针应对准频率刻度的最高频端。使高频信号发生器的输出频率为 1625kHz，载波的输出电平为 99dB，调制信号的频率为 1000Hz，调制度为 30%，高频调幅信号由收音机的磁性天线接收，作为调整的输入信号。

用无感螺丝刀调节并联在振荡线圈上的 C_{1-4b} 补偿电容器，如图 12.6 所示，使示波器的波形最大（或喇叭声音最响）。

这样收音机的频率覆盖就达到 515~1625kHz 的要求了，但因为高低频端的谐振频率的调整相互牵制，所以必须反复调节多次，直到整机的接收频率范围符合要求为止。

统调又称为调跟踪。在整个频率范围内，应该使振荡回路的振荡频率比外来信号的频率始终保持高 465kHz，但实际上是办不到的，只能在几个频率点上保持高 465kHz，则在其余的频率上也就大致能做到高 465kHz 了。这将决定超外差收音机在整个频率范围内的灵敏度和选择性。

我国规定中波段的统调点为 630kHz、1000kHz 和 1400kHz，称为三点跟踪。实际上，只要在低频端和高频端实现两点跟踪，则中间的频率点就会自动实现跟踪。

先统调低频率 630kHz 端。将高频信号发生器的输出频率为 630kHz，电平为 99dB，调制信号的频率为 1000Hz，调制度为 30%，该高频调幅信号作为调整的输入信号由收音机的磁性天线接收。将接收机调谐到刻度指示为 630kHz 频率上，然后调整磁性天线线圈在磁棒上的位置，如图 12.7 所示，使整机输出波形幅度最大（或听到的收音机的声音最响最清晰）。

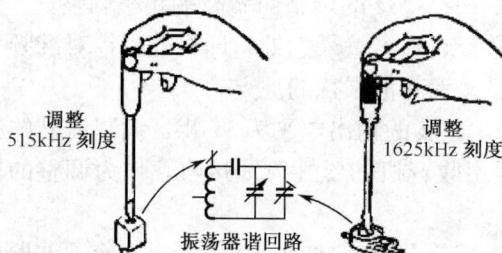

图 12.6　调整频率接收范围　　　　图 12.7　收音机的统调

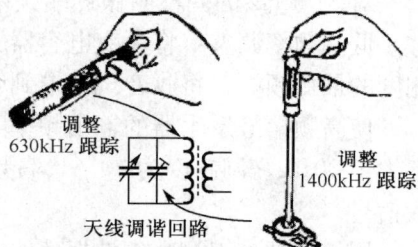

接着统调高频端频率点，由调幅高频信号发生 1400kHz 的信号，将接收机调谐到刻度指示为 1400kHz 频率上，然后用无感螺丝刀调节磁性天线回路的 C_{1-1b} 补偿电容，如图 12.7 所示，使整机输出波形最大（或听到的收音机的声音最响最清晰）。

至此，收音机的调试工作结束。

【技能与技巧】没有专用仪器时收音机的调试技巧

在没有专用仪器的情况下，对于初学者，一般不要轻易调整收音机的线圈、中周（中频变压器）以及可变电容和电位器等。当然，这不是说绝对不能碰，而是有一定方法和技巧。

① 进行静态调试可利用万用表的电压挡。可利用万用表测量各放大管的 b、e 结电压来进行判断，正常电压硅管约为 0.7V，该电压过低或反偏，则该管处于截止状态。也可通过测量集电极电压进行判别，该电压过高或等于电源电压，可能是该管开路；若该电压过低，则可能是该管处于饱和。

② 在进行动态调试前应记住被调整件的原始位置，最好做标记，避免调乱。

③ 调整旋具应使用无感旋具（不锈钢、塑料等材料），其尺寸大小应适当。调整时不能用力过大，应适当轻柔地旋转，以防磁芯破碎。

④ 调试无改善时要及时归位。当用无感旋具顺时针调整磁芯一定角度仍不能改善接收效果时（听声音的大小和音质），应及时退回到起始位置，然后再试着反时针调整磁芯。如此，反复调整对比效果，使之达到最佳。若反调也不能改善接收效果，就应及时调回到起始位置，因为问题也许不是出在本级。如果不及时退回到磁芯的起始位置，将会越调越乱。

8. 收音机产品的验收

要按产品出厂的要求进行验收：

① 外观：机壳及频率盘清洁完整，不得有划伤、烫伤及缺损。

② 印制板安装整齐美观，焊接质量好，无损伤。

③ 导线焊接要可靠，不得有虚焊，特别是导线与正负极片间的焊接位置和焊接质量要好。

④ 整机安装合格：转动部分灵活，固定部分可靠，后盖松紧合适。

⑤ 性能指标要求：

- 频率范围：525～1605kHz。
- 灵敏度较高。
- 收音机的音质清晰、洪亮、噪音低。

9. 六管超外差式收音机的维修指南

（1）维修基本方法

① 信号注入法：收音机是一个信号捕捉、处理、放大系统，通过注入信号可以判定故障位置。用万用表 R×10 电阻挡，红表笔接电池负极（地）黑表笔触碰放大器输入端（一般为三极管基极），此时扬声器可听到"咯咯"声。然后用手握螺丝刀金属部分去碰放大器输入端，从扬声器听反应，此法简单易行，但相应信号微弱，不经三极管放大则听不到声音。

② 电位测量法：用万用表测各级放大管的工作电压，可具体判定造成故障的元器件。

③ 测量整机静态总电流法：将万用表拨至 250mA 直流电流挡，两表笔跨接于电源开关的两端，此时开关应置于断开位置，可测量整机的总电流。本机的正常总电流约为 $10\pm2\text{mA}$。

（2）故障位置的判断方法

判断故障在低放之前还是低放之中（包括功放）的方法：

①接通电源开关，将音量电位器开至最大，喇叭中没有任何响声，可以判定低放部分肯定有故障。

②判断低放之前的电路工作是否正常，方法如下：将音量减小，万用表拨至直流电压挡。挡位选择 0.5V，两表笔并接在音量电位器非中心端的两端上，一边从低端到高端拨动调谐盘，一边观看电表指针，若发现指针摆动，且在正常播出时指针摆动次数约在数十次左右。即可断定低放之前电路工作是正常的。若无摆动，则说明低放之前的电路中也有故障，这时仍应先解决低放中的问题，然后再解决低放之前电路中的问题。

（3）完全无声故障的检修方法

将音量电位器开至最大，用万用表直流电压 10V 挡，黑表笔接地，红表笔分别触电位的中心端和非接地端（相当于输入干扰信号），可能出现三种情况：

① 碰非接地端喇叭中无"咯咯"声，碰中心端时喇叭有声。这是由于电位器内部接触不良，可更换或修理排除故障。

② 碰非接地端和中心端均无声，这时用万用表 R×10 挡，两表笔并接碰触喇叭引线，触碰时喇叭若有"咯咯"声，说明喇叭完好。然后将万用表拨至电阻挡，点触 T_6 次级两端，喇叭中如无"咯咯"声，说明耳机插孔接触不良，或者喇叭的导线已断；若

有"咯咯"声，则把表笔接到 T_6 初级两组线圈两端，这时若无"咯咯"声，就是 T_6 初级有断线。

③ 将 T_6 初级中心抽头处断开，测量集电极电流。

若电流正常。说明 VT_5 和 VT_6 工作正常，T_5 次级无断线。

若电流为 0，则可能是 R_7 断路或阻值变大；VT_7 短路；T_5 次级断线；VT_5 和 VT_6 损坏。（同时损坏情况较少。）

若电流比正常情况大，则可能是 R_7 阻值变小；VT_7 损坏；VT_5 和 VT_6 损坏；T_5 初级和次级间有短路；C_9 或 C_{10} 有漏电或短路。

④ 测量 VT_4 的直流工作状态，若无集电极电压，则 T_5 初级断线；若无基极电压，则 R_5 开路；C_8 和 C_{11} 同时短路较少，C_8 短路而电位器刚好处于最小音量处时，会造成基极对地短路。若红表笔触碰电位器中心端无声，碰触 VT_4 基极有声，说明 C_8 开路或失效。

⑤ 用干扰法触碰电位器的中心端和非接地端，喇叭中均有声，则说明低放工作正常。

（4）无台故障的检修

无声故障是指将音量开大，喇叭中有轻微的"沙沙"声，但调谐时收不到电台。

① 测量 VT_3 的集电极电压；若无，则 R_4 开或 C_6 短路；若电压不正常，检查 T_4 是否良好。测量 VT_3 的基极电压，若无，则可能 R_3 开路（这时 VT_2 基极也无电压），或 T_4 次级断线，或 C_4 短路。注意，此时工作在近似截止的工作状态，所以它的发射极电压很小，集电极电流也很小。

② 测量 VT_2 的集电极电压。无电压，是 T_4 初级断线；电压正常而干扰信号的注入在喇叭中不能引起声音，是 T_4 初级线圈或次级线圈有短路，或槽路电容（200pF）短路。

③ 测量 VT_2 的基极电压；无电压，是 T_3 次级断线或脱焊。电压正常，但干扰信号的注入不能在喇叭中引起响声，是 VT_2 损坏。电压正常，喇叭有声。

④ 测量 VT_1 的集电极电压。无电压，是 T_2 次级线圈，初级线圈有断线。电压正常，喇叭中无"咯咯"声，为 T_3 初级线圈或次线圈有短路，或槽路电容短路。如果中周内部线圈有短路故障时，由于其匝数较少，所以较难测出，可采用替代法加以证实。

⑤ 测量 VT_1 的基极电压。无电压，可能是 R_1 或 T_1 次级开路；或 C_2 短路。电压高于正常值，系 VT_1 发射结开路。电压正常，但无声，是 VT_1 损坏。

到此时如果仍收听不到电台，可进行下面的检查。

⑥ 将万用表拨至直流电压 10V 挡，两表笔分别接于 R_2 的两端。用镊子将 T_2 的初级短路一下，看表针指示是否减少（一般减少 0.2～0.3V 左右）。若电压不减小，说明本机振荡没有起振，振荡耦合电容 C_3 失效或开路。C_2 短路（VT_1 射极无电压）。T_2 初级线圈内部断路或短路。双连质量不好。若电压减小很少，说明本机振荡太弱，或 T_2 受潮，印制板受潮，或双连漏电，或微调电容不好，或 VT_1 质量不好，用此法同时可检测 VT_1 偏流是否合适。若电压减小正常，可断定故障在输入回路。检查双连对地有无短路，电容质量如何，磁棒线圈 T_1 初级有否断线。到此时收音机应能收听到电台播音，可以进行整机调试。

12.2 数字万用表的装调实训

一、实训目的

通过数字万用表的安装与调试训练，使学生了解数字万用表的特点，熟悉装配数字万用表的基本过程，掌握基本的装配技艺，学习整机的装配工艺，培养同学的实践技能。

二、实训要求

（1）了解数字万用表的特点和发展趋势。

（2）熟悉数字万用表的装配工艺过程。

（3）认识液晶显示器件。

（4）根据数字万用表的技术指标测试数字万用表的主要参数。

（5）实际安装制作一台数字万用表。

三、实训预习内容

DT830B型便携式三位半数字万用表是常用的数字式检测仪表。

1. DT830B数字万用表的主要特点

（1）技术成熟

DT830B数字万用表的主电路，采用典型的数字表集成电路ICL7106，这个芯片在很多电路中得到应用，性能稳定可靠。

（2）性价比高

由于DT830B数字万用表的制作技术成熟、应用广泛，达到的规模效益使产品的价格低到凡需要者皆可拥有。DT830B数字万用表还具有精度高、输入电阻大、读数直观、功能齐全、体积小巧等优点。

（3）结构合理

DT830B数字万用表采用单板结构，集成电路ICL7106采用COB封装，只要具有一般的电子装配技术即可以成功组装。

2. DT830B数字万用表的工作原理

DT830B数字万用表的电路原理图如图12.8所示。集成电路ICL7106的详细技术资料可查阅有关资料。有关三位半数字万用表的工作原理，请参见童诗白教授所编《模拟电子技术基础》（第二版）（高等教育出版社）。

四、实训步骤

DT830B数字万用表由机壳塑料件（包括上下盖、旋钮）、印制板部件（包括插口）、液晶屏及表笔等部分组成，组装能否成功的关键是装配印制板部件，整机安装流程如图12.9所示。

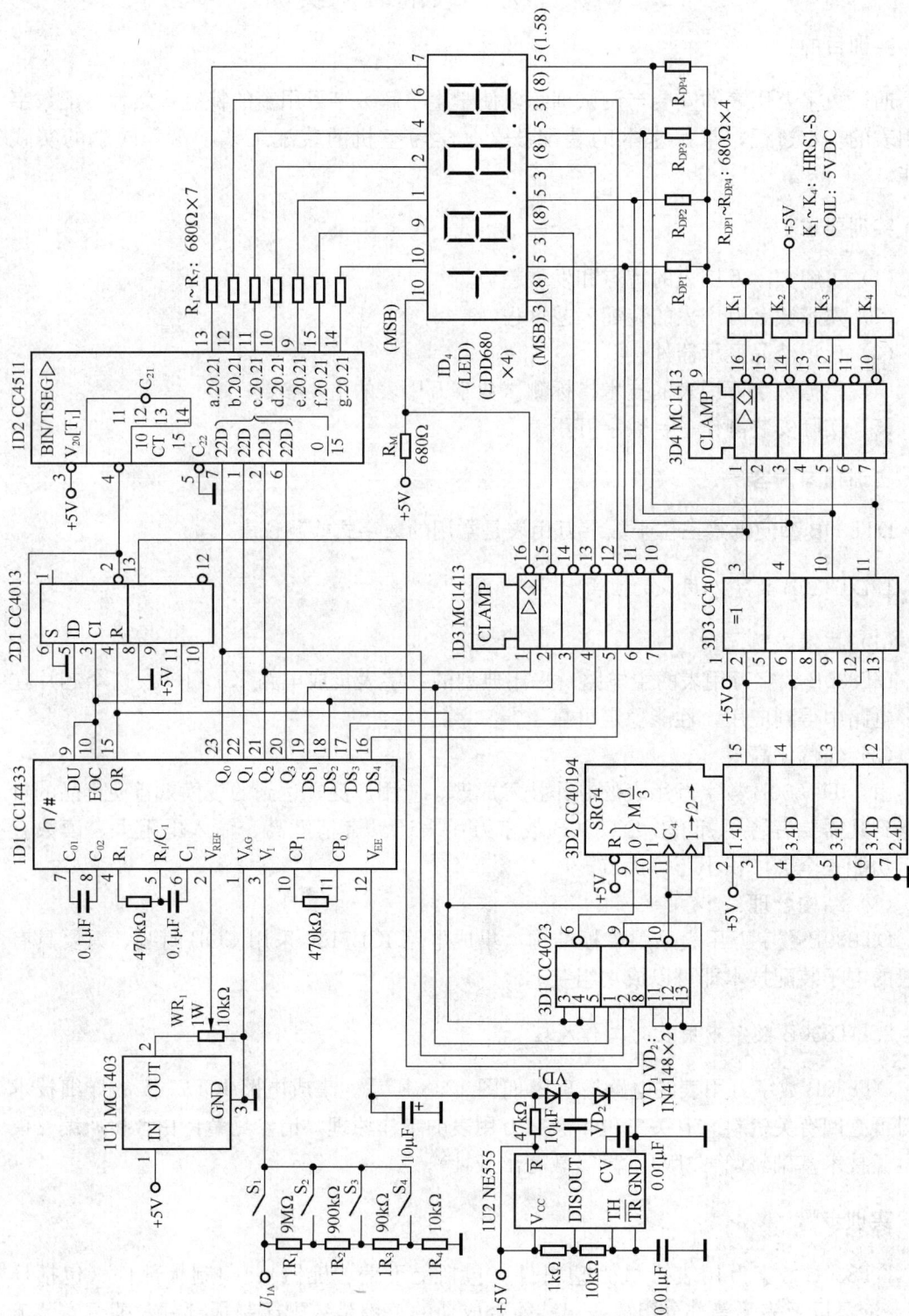

图12.8　DT830B数字万用表电路原理图

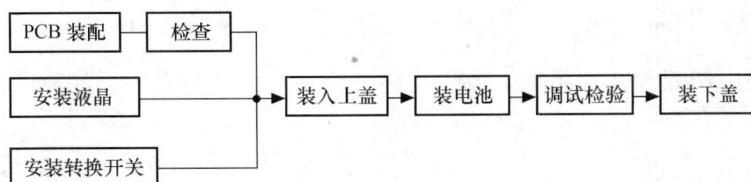

图 12.9　DT830B 数字万用表的安装流程图

1. 印制板上元件的装配

DT830B 数字万用表的印制板是一块双面板，板的 A 面是焊接面，中间圆形的印制铜导线是万用表的功能和量程转换开关电路，如果铜导线被划伤或有污迹，则对整机的电气性能会有很大影响，必须小心加以保护。

安装步骤：

① 安装电阻、电容和二极管。安装电阻、电容、二极管时，如果安装孔距＞8mm，可进行卧式安装；如果孔距＜5mm，则应进行立式安装（板上的其他电阻，在丝印图上画有"○"符号）。一般的片状电容亦采用立式安装。

② 元件在板上的安装方法。一般额定功率在 1/4W 以下的电阻可贴板安装，立式安装的电阻和电容元件与 PCB 板的距离一般为 0～3mm。

③ 安装电位器和三极管插座。三极管插座装在 A 面，而且应使定位凸点与外壳对准，在 B 面进行焊接。

④ 安装保险座、插座、R_0 和弹簧。

⑤ 安装电池线。电池线由板的 B 面穿到 A 面再插入焊孔，在 B 面进行焊接。红线接"＋"，黑线接"－"。在进行焊接时，应注意焊接时间要足够但不能太长。

2. 液晶屏组件的安装

液晶屏组件由液晶片、支架和导电胶条组成。液晶片的镜面为正面，用来显示字符，白色面为背面，在两个透明条上可见条状的引线为引出电极，通过导电胶条与印制板上镀金的印制导线实现电气连接。由于这种连接靠表面接触导电，因此导电面若被污染或接触不良都会引起电路故障，表现为显示缺笔画或显示为乱字符，所以在进行安装时，务必要保持清洁并仔细对准引线位置。

支架是固定液晶片和导电胶条的支撑，通过支架上面的五个爪与印制板固定，并由四角及中间的三个凸点定位。

安装步骤：

① 将液晶片放入支架，支架爪向上，液晶片镜面向下。

② 安放导电胶条。导电胶条的中间是导电体，在安放时必须小心保护，用镊子轻轻夹持并准确放置。

③ 将液晶屏组件安装到 PCB 板上。

3. 组装转换开关

转换开关由塑壳和簧片组成，要使用镊子将簧片装到塑壳内，注意两个簧片的位置是不对称的。

4. 组装其他元件

① 安装转换开关、前盖。

② 用左手按住转换开关，双手翻转使面板向下，将装好的印制板组件对准前盖位置装入机壳，注意要对准螺孔和转换开关轴的定位孔。

③ 安装两个螺钉，固定转换开关，务必要拧紧。

④ 安装保险管（0.2A）。

⑤ 安装电池。

⑥ 贴屏蔽膜。

要注意将屏蔽膜上的保护纸揭去，露出不干胶面，然后将其贴到后盖的里面。

5. 调试

数字万用表的功能和性能指标由集成电路的指标和合理选择外围元器件得到保证，只要安装无误，仅作简单调整即可达到设计指标。

调整方法 1：在装后盖前将转换开关置于 200mV 电压挡，注意此时固定转换开关的 4 个螺钉还有 2 个未装，转动开关时应按住保险管座附近的印制板，防止在开关转动时将滚珠滑出。

将表笔插入面板上的孔内，测量集成电路引脚 35 和引脚 36 之间的基准电压，调节表内的电位器 VR_1，使表显示为 100mV 即可。

调整方法 2：在装万用表的后盖前，将转换开关置于 2V 电压挡（注意防止开关转动时将滚珠滑出），此时，用待调整表和另一个数字表（已校准后的或 4 位半以上的数字表）测量同一个电压值（例如测量一节电池的电压），仔细调节表内的电位器 VR_1，使两块表显示的数字一致即可。

6. 总装

盖上万用表的后盖，安装好后盖上的两个螺钉，至此安装全部完毕。

12.3 充电器和稳压电源两用电路的装调实训

一、实训目的

通过制作此电路，让学生了解电子产品的生产制作全过程，训练学生的动手能力，培养学生的工程实践观念。

二、实训要求

（1）认真分析电路图，说明每个元件的名称和作用。

（2）对元件进行认真检测，熟悉检测方法。

（3）绘制印刷电路板图，要求元件分布合理。

（4）按照安装工艺安装元件。

（5）调试电路使之达到设计指标。

三、实训预习内容

充电器和稳压电源两用电路可将 220V 市电电压转换成 3～6V 的直流稳压电源，既可作为收音机等小型电器的外接电源，又可对 1～5 节镍铬或镍氢电池进行恒流充电，性能优于市售的一般充电器，具有较高的性价比，是一种用途广泛的实用电器。这个电路的元件和外壳可以采用清华科教公司的产品套件，也可以自己设计和制作。

1. 主要性能指标

① 输入电压：AC：220V。

输出电压（直流稳压）：分三挡（即：3V、4.5V、6V），各挡误差为 10%。

② 输出直流电流：额定值 150mA，最大值 300mA。

③ 具有过载、短路保护，故障消除后自动恢复正常工作。

④ 充电恒定电流：60mA（±10%），可对 1～5 节 5 号镍铬或镍氢电池进行充电，充电时间 10～12h。

2. 电路工作原理

充电器和稳压电源两用电路的电路原理图如图 12.10 所示。

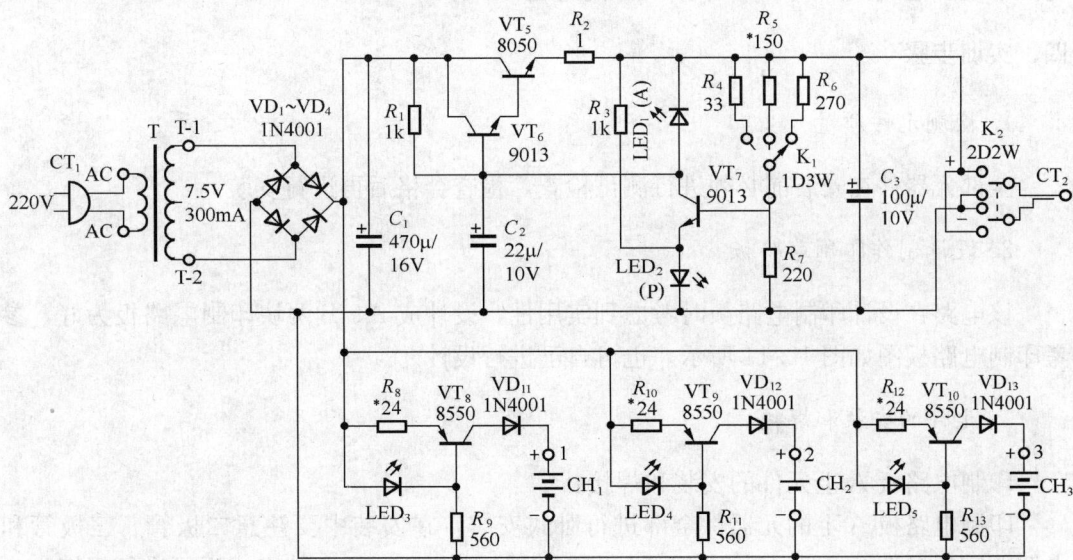

图 12.10 充电器和稳压电源两用电路的电路图

变压器 T 及二极管 VD_1～VD_4、电容 C_1 构成典型的桥式整流、电容滤波电路，在稳压电路中若去掉 R_2 及 LED_1，则是典型的串联稳压电路，其中 LED_2 兼做电源指示及基准稳压管，当流经该发光二极管的电流变化不大时，其正向压降较为稳定，约为 1.9V 左右，但此值会因发光二极管的规格不同而有所不同，对同一种 LED 则变化不大，因此发光二极管可作为低电压稳压管来使用。R_2 和 LED_1 组成简单的过载和短路保护电路，LED_1 还兼做电流过载指示。当输出过载（输出电流增大）时，R_2 上的压降增大，当增大到一定数值后会使 LED_1 导通，使调整管 VT_5、VT_6 的基极电流不再增大，限制了输出电流的增加，起到了限流保护作用。

K_1 为输出电压选择开关，K_2 为输出电压极性变换开关。

VT_8、VT_9、VT_{10} 及其相应元器件组成三路完全相同的恒流源电路，以 VT_8 单元为例，LED_3 在该处兼做稳压和充电指示作用，VD_{11} 可防止将充电电池的极性接错，通过电阻 R_8 的电流（即输出电流）可近似表示为

$$I_0 = \frac{U_z - U_{be}}{R_8}$$

其中：I_0——输出电流；

U_{be}——VT_8 的基极和发射极间的压降（约 0.7V）；

U_z——LED_3 上的正向压降，取 1.9V。

由此可见输出电流 I_0 的值主要取决于 U_z 的稳定性，而与负载的大小无关，实现了充电电路的恒流特性。

由上式可知，改变电路中 R_8 的大小即可调节输出电流的大小，因此该电路也可改为大电流快速充电方式工作，但大电流充电会影响充电电池的寿命。若减小该电路的充电电流即可对 7 号电池进行充电。当增大输出电流时可在 VT_8 的 c、e 极之间并接一个电阻（电阻值约数十欧）以减小 VT_8 的功耗。

四、实训步骤

1. 检测元件质量

全部元器件在安装前必须进行测试检查，检查合格后再进行安装。

2. 设计制作印制电路板

该电路在设计印制电路板时考虑到实用性，设计成 A、B 两块印制电路板为好，参考印制电路板图如图 12.11 所示，也可自己进行设计。

3. 元件的安装和焊接

印制电路板 A 上元件的安装和焊接：

印制电路板 A 上的元器件全部进行卧式安装，在安装中要注意二极管、三极管和电解电容的极性，元件卧式安装的结果应如图 12.12 所示，安装完成后可进行焊接。

印制电路板 B 上元件的焊接：

① 先将开关 K_1、K_2 从板的元件面插入，且必须装到底。

② 发光二极管 $LED_1 \sim LED_5$ 的焊接高度一定要如图 12.11（a）所示，要求发光管顶部距离印制板高度为 13.5～14mm，保证让 5 个发光管露出机壳 2mm 左右，且排列

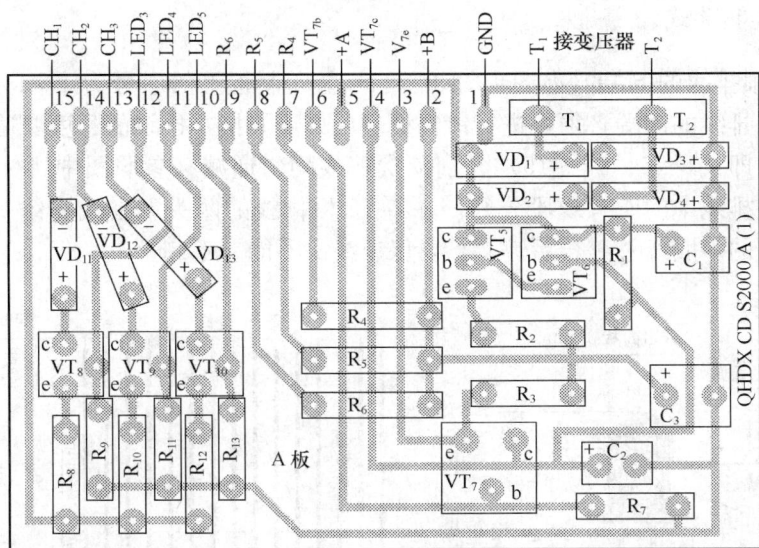

(a)

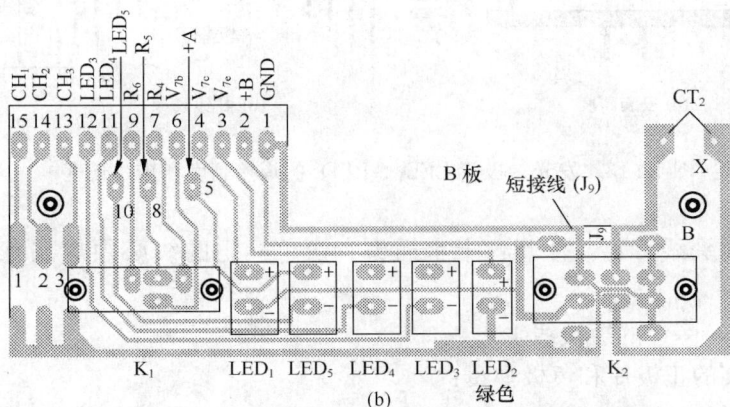

(b)

图 12.11　参考印制电路板设计图

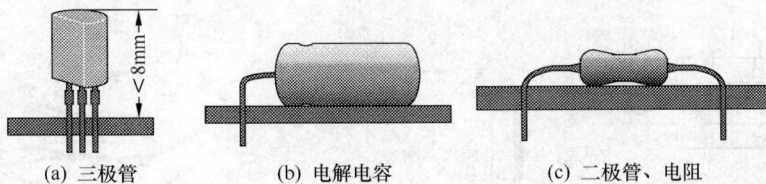

(a) 三极管　　　(b) 电解电容　　　(c) 二极管、电阻

图 12.12　元件卧式安装的结果

整齐。要注意发光二极管的颜色和极性。也可先不焊接 LED，将 LED 插入 B 板装入机壳调好位置后再进行焊接。

4. 焊接连接导线

先将 15 根排线的 B 端（如图 12.13 所示）与印制板上的序号为 1～15 的焊盘依顺序进行焊接。排线的两端必须先进行镀锡处理后方可焊接，排线的长度要适当。左右两边各 5 根线（即：1～5、11～15）分别依次剪成均匀递减（参照图中所标长度）的形状。再按图将排线中的所有线段分开，并将 15 根排线的两头剥去线皮约 2～3mm，然后把每个线头的多股线芯绞合后镀锡，要保证线头不能有毛刺。

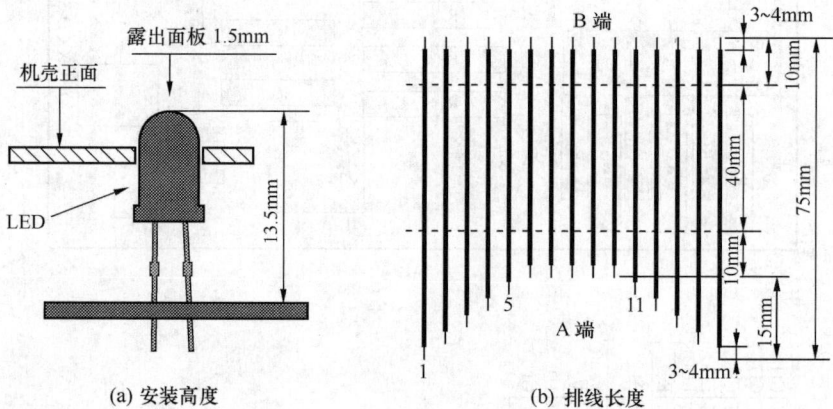

图 12.13　发光二极管 LED_1～LED_5 的焊接高度和排线长度

焊接十字插头线 CT_2，注意：十字插头有白色标记的线必须焊在有 X 标记的焊盘上。

焊接开关 K_2 旁边的短接线 J_9。

装接电池夹的正极片和负极弹簧：

① 将电池夹的正极片凸面向下，将 J_1、J_2、J_3、J_4、J_5 五根导线分别焊在正极片的凹面焊接点上，正极片的焊点处应先进行镀锡，然后将正极片插入外壳插槽中，再将极片弯曲 90 度，如图 12.14（a）所示。

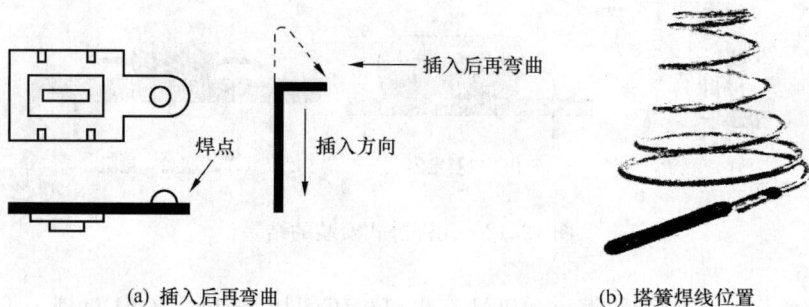

图 12.14　正极片和塔簧的焊接和安装

② 安装负极弹簧（即塔簧）。在距塔簧第一圈起始点 5mm 处镀锡，分别将 J_6、J_7、J_8 三根导线与塔簧进行焊接，如图 12.14（b）所示。

③ 电源线的连接。把电源线 CT_1 焊接至变压器交流 220V 的输入端，一定要将两个接点用热缩套管进行绝缘，热缩管套上后须加热两端，使其收缩固定，如图 12.15 所示。

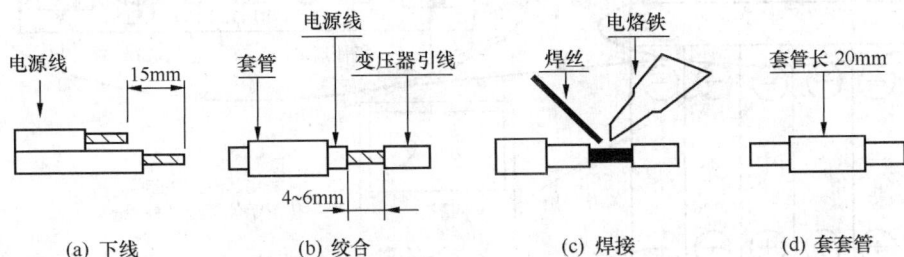

图 12.15　电源线的接点用热缩套管进行绝缘

④ 焊接 A 板与 B 板以及变压器上的所有连线。将变压器副边的引出线焊接至 A 板的 T_1、T_2；将 B 板与 A 板用 15 根排线对号按顺序进行焊接。

⑤ 焊接印制板 B 与电池片之间的连线。将 J_1、J_2、J_3、J_6、J_7、J_8 分别焊接在 B 板的相应点上。

5. 对电路进行自检和互检

以上安装和焊接步骤全部完成后，按图进行检查，正确无误后，再进行整机装接。按下述步骤将板插入机壳：

① 将焊好的正极片先插入机壳的正极片插槽内，然后将其弯曲 90°。注意：为防止电池片在使用中掉出，应注意焊线牢固，最好一次性插入机壳。

② 将塔簧插入槽内，要保证焊点在上面。在插左右两个塔簧前应先将 J_4、J_5 两根线焊接在塔簧上后再插入相应的槽内。

③ 将变压器副边引出线放入机壳的固定槽内。

④ 用 M2.5 的自攻钉固定 B 板的两端。

6. 通电检查和技术指标的检测调试

(1) 先进行目视检验

总装完毕，按原理图及工艺要求检查整机安装情况，着重检查电源线、变压器连线、输出连线及 A 和 B 两块印制板的连线是否正确、可靠，连线与印制板相邻导线及焊点有无短路及其他缺陷。

(2) 通电检测

① 电压可调功能的检查：在十字头输出端测输出电压（注意电压表极性），所测电压应与面板指示相对应。拨动开关 K_1，输出电压应相应变化（与面板标称值误差在 ±10% 为正常），并记录该值。

② 极性转换功能的检查：按面板所示开关 K_2 位置，检查电源输出电压极性能否转换，应与面板所示位置相吻合。

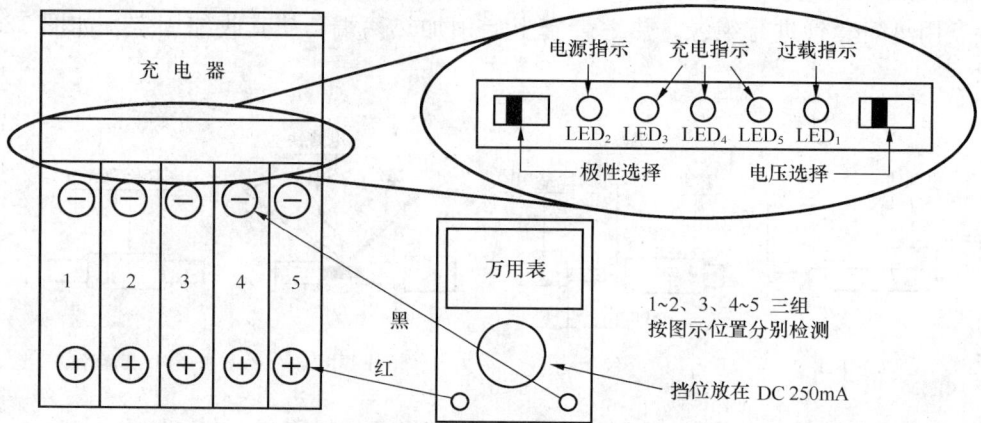

图 12.16　稳压电源和充电器的面板功能和充电电源检测示意图

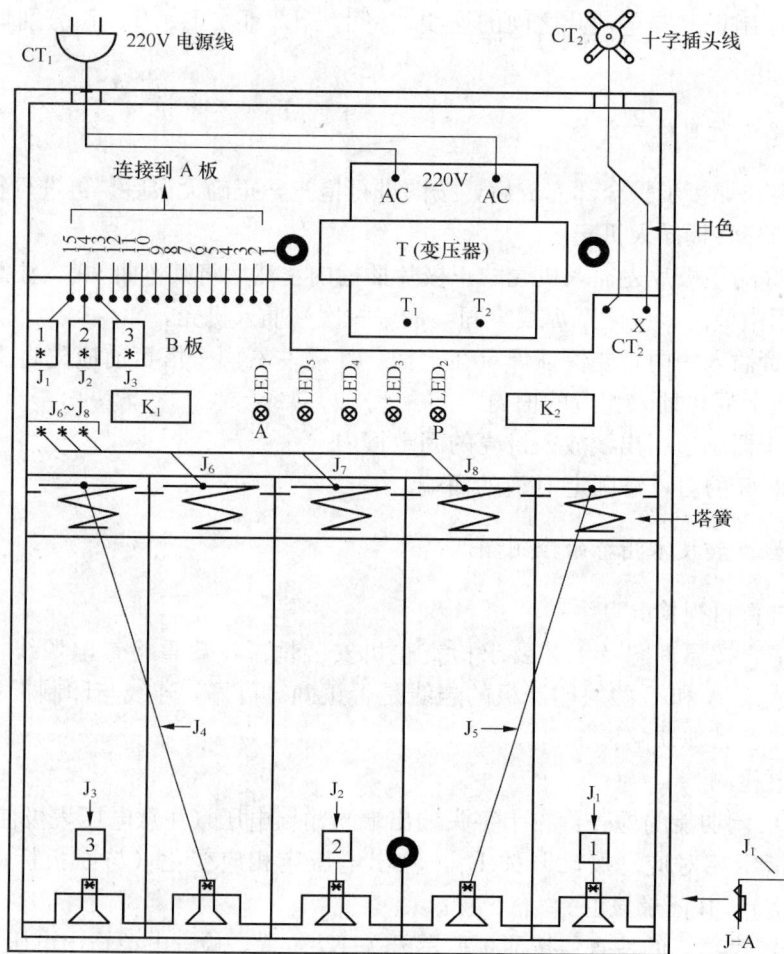

图 12.17　稳压电源和充电器两用电路的整机装配图

③ 带负载能力的检查：用一个 $47\Omega/2W$ 以上的电位器作为负载，接到直流电压输出端，串接万用表 500mA 挡。调电位器使输出电流为额定值 150mA；用连接线替下万用表，测此时的输出电压（注意换成电压挡）。将所测电压与（1）中所测值比较各挡电压下降均应小于 0.3V。

④ 过载保护功能的检查：将万用表 DC 500mA 挡串入电源负载回路，逐渐减小电位器阻值，面板指示灯 A 应逐渐变亮，电流逐渐增大到一定数时（大于 500mA）不再增大，则保护电路起作用。当增大阻值后 A 指示等熄灭，恢复正常供电。

注意：过载时间不可过长，以免烧坏电位器。

⑤ 充电功能的检测：用万用表 DC 250mA（或数字表 200mA 挡）作为充电负载代替被充电电池，$LED_3 \sim LED_5$ 应按面板指示位置相应点亮，电流值应为 60mA（误差为 $\pm 10\%$），注意表笔不可接反，也不得接错位置，否则没有电流。稳压电源和充电器的面板功能和充电功能检测示意图如图 12.16 所示。

稳压电源和充电器两用电路的整机装配图如图 12.17 所示。

12.4　集成电路扩音机的装调实训

一、实训目的

（1）掌握放大器电路系统的设计、组装及调试技能。

（2）熟悉音频功率放大集成电路的应用，加深对模拟电子技术知识的理解。

（3）通过对扩音机电路的安装和调试，提高学生综合运用电子技术知识的工程能力。

二、实训要求

（1）设计一个对音频信号具有不失真放大能力的扩音机。

（2）扩音机的技术指标：

① 对输入信号的灵敏度：$0 \sim 5mV$。

② 最大不失真输出功率：8W。

③ 负载阻抗：8Ω。

④ 频带宽度：BW 为 $80 \sim 6000Hz$。

⑤ 失真度：$THD \leqslant 3\%$（在频带宽度内满功率）。

⑥ 音调控制功能：在1kHz 为0dB,在100Hz 和10kHz 处各为正负12dB的调节范围。

三、实训预习内容

扩音机是音响系统中必不可少的重要设备，实际上是一个典型的多级放大器。扩音机的组成框图如图 12.18 所示。

因为一般情况下的输入信号非常微弱，为了改善信噪比，提高扩音机的性能，一般在扩音机中都要设计一级前置放大级，完成对小信号的放大，简称前置

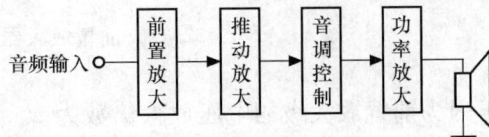

图 12.18　扩音机的组成框图

级。对前置级的要求是输入阻抗高、输出阻抗低、频带要宽度、噪声要小，经前置级放大后的信号再到推动放大级。

音调控制级要按一定的规律提升和衰减输入信号中的高音和低音，调节放大器的频率响应，达到美化音色的目的，以满足各人的音质欣赏要求。在音调控制网络之后一般要接一个音量控制电位器，用于调节扩音机输出音量的大小，以适应各种不同场合的要求。

最后一级是功率放大级，用来对信号进行功率放大，推动一定功率的扬声器发声。为使放大器能稳定的工作，在电路中都需要采用负反馈电路。

功率放大器的技术指标决定了整机的输出功率和非线性失真系数等指标。对功率放大器的要求是效率要高，失真要小，输出功率要满足要求。在进行扩音机的设计时，应首先根据技术指标的要求，对整机电路作适当的安排，确定各级的增益分配，然后再对各级电路进行具体设计。

因为该实训中对扩音机的最大输出功率要求是 $P_{\text{omax}}=8\text{W}$、负载阻抗是 8Ω，所以依此可知扩音机的输出电压：

$$U_{\text{O}} = \sqrt{PR} = \sqrt{8 \times 8} = 8(\text{V})$$

要使幅值为 5mV 的输入信号放大到 8V，所需要的总电压放大倍数应为

$$A_{\text{v}} = 8\text{V}/5\text{mV} = 1600$$

可以将扩音机中各级放大器增益的分配为：前置级电压放大倍数为 10，推动级电压放大倍数为 10，音调控制级电压放大倍数为 1，功率放大级电压放大倍数为 20，则总的电压放大倍数为

$$A_{\text{v}} = 10 \times 10 \times 1 \times 20 = 2000$$

1. 前置放大级的设计

扩音机的前置放大器电路采用集成运算放大器 A_1 构成，考虑到对噪声和频率响应的要求，集成运算放大器选用双运放 CF353。CF353 是场效应管输入型的高速低噪声集成器件，其输入阻抗极高，用它做音频前置放大器十分理想，用 CF353 设计的前置放大器和推动放大器电路如图 12.19 所示。

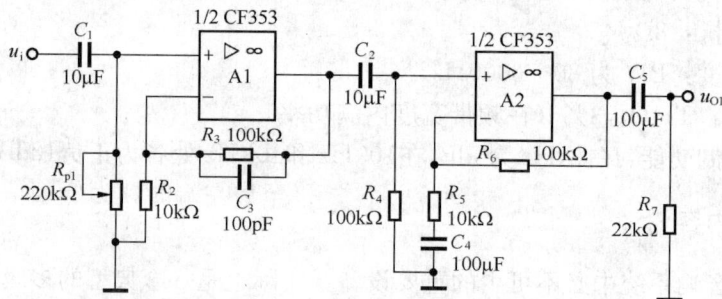

图 12.19　前置放大器和推动放大器的电路图

因为前置放大级的电压放大倍数为

$$A_{\text{v1}} = 1 + R_3/R_2 = 11$$

所以可取 $R_2=10\text{k}\Omega$，$R_3=100\text{k}\Omega$。耦合电容 C_1、C_2 均取 $10\mu\text{F}$ 即可。

2. 推动放大级的设计

推动放大级的作用是为功率放大级提供足够的推动信号，采用集成运算放大器 A_2 构成。A_1 和 A_2 各用 CF353 双运放的二分之一。可取 $R_5=10\text{k}\Omega$，$R_6=100\text{k}\Omega$，这样推动级的电压放大倍数为

$$A_{v2}=1+R_6/R_5=11$$

电阻 R_{P1} 和 R_4 为放大器的偏置电阻，可取 $R_{P1}=R_4=100\text{k}\Omega$，耦合电容 C_4、C_5 均取 $100\mu\text{F}$，以保证扩音机的低频响应。

3. 音调控制级的设计

音调控制电路有多种形式，如衰减式音调控制、反馈式音调控制等电路，为简便起见，可采用集成运算放大器 CF741 和阻容元件构成反馈式音调控制电路，电路如图 12.20 所示。

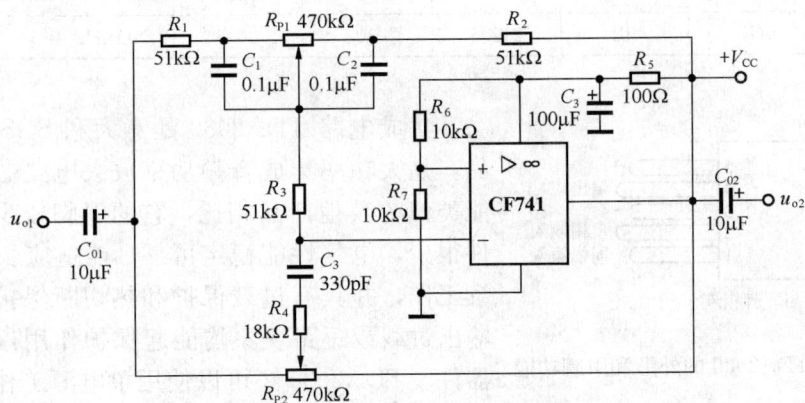

图 12.20　反馈式音调控制电路

在图 12.20 中，PR_1 为低音调节电位器，PR_2 为高音调节电位器，电路中其他元件的选取要满足 C_1 和 C_2 的容量要远大于 C_3 的容量，R_{P1} 和 R_{P2} 的总阻值要远大于 R_1、R_2、R_3、R_4 的阻值。

当输入信号的频率在低频区时，C_3 和 R_4 支路可视作开路，信号传输和反馈作用主要通过 R_3 以上的电路来完成。当 R_{P1} 的滑动端移至最左端时，为低频信号提升最大；当 R_{P1} 的滑动端在最右端时，为低频信号的衰减最大。

当信号频率在高频区时，C_1 和 C_2 可视作短路，C_3 和 R_4 支路开始起作用。当 R_{P2} 滑动端移至最左端时，为高频信号提升最大；当 R_{P2} 滑动端移至最右端时，为高频信号的衰减最大。

4. 功率输出级的设计

功率输出级的电路结构有许多种形式，选择分立元件组成功率放大器或选用单片集

成功率放大器均可。由于电子技术的迅速发展，目前市场上已有多种性能优良的集成功放产品，采用集成功放将使电路的设计变的十分简单，只需查阅手册便可得知功放块外围电路的元件值。这里选用集成功率放大器 TDA2030 构成扩音机的功率放大输出级，其性能参数见表 12.6，TDA2030 的引脚功能如图 12.21 所示。

表 12.6　TDA2030 的性能参数

参数名称	符号	单位	参数值			测试条件
			最小	典型	最大	
电源电压	V_{CC}	V	±6		±18	
静态电流	I_{CC}	mA		40	60	$V_{CC}=\pm18V$，$R_L=4\Omega$
输出功率	P_O	W	12	14		$R_L=4\Omega$，THD$=0.5\%$
			8	9		$R_L=8\Omega$，THD$=0.5\%$
输入阻抗	R_i	MΩ	0.5	5		开环，$f=1$kHz
谐波失真	THD	%		0.2	0.5	$P_O=0.1\sim12$W，$R_L=4\Omega$
频率响应	BW	Hz	10		140k	$P_O=12$W，$R_L=4\Omega$
电压增益	G_v	dB	212.5	30	30.5	$f=1$kHz

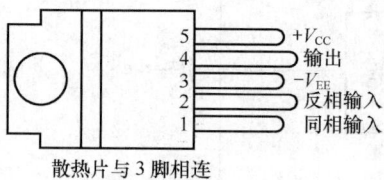

图 12.21　TDA2030 的外形和引脚功能

集成电路 TDA2030 是意大利 SGS 公司的产品，是大功率集成音频功率放大电路芯片，与性能类似的其他产品相比，它的引脚较少，外部元件很少，电气性能稳定可靠，能适应长时间的连续工作，并具有过载保护和热切断保护电路，对输出过载或短路现象均能起保护作用，不会损坏器件。TDA2030 还可以使用单电源工作，此时散热片可直接固定在金属片上与地线相通，无需进行绝缘隔离，应用十分方便。TDA2030 不仅适用于在较高级的收音机、收录机和家庭音响设备中作大功率高保真输出级，而且在自动控制系统和测控仪器中都有广泛的应用。TDA2030 采用带散热片的单边双列 5 脚塑料封装，由 TDA2030 组成的典型 OTL 功率放大器电路如图 12.22所示。

四、实训步骤

将功率放大器电路的各个部分安装起来，然后进行调试：

① 首先照电路图检查电路的接线和元件的安装是否正确可靠。

② 测试电路的各点静态直流电位是否正常，如 TDA2030 引脚 4 电压值应为电源电压一半即 $V_{CC}/2$ 等。

③ 检查电路的音频输出波形是否失真，如果波形上部失真，则应检查自举电容是否接好或是损坏；如果波形上下都有失真，则应检查输入信号是否过大、整机放大倍数是否太大、负反馈回路是否开路；如电路产生高频振荡，则应检查消振电容是否接好或是否损坏。

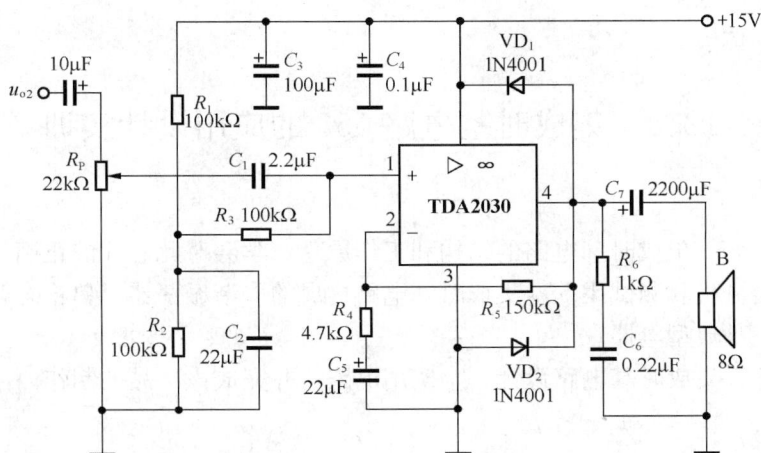

图 12.22　TDA2030 组成 OTL 功率放大器电路

④ 电路的高音和低音调节及音量调节的检查。

⑤ 检查电路的功率输出，如果输出功率不够，应检查集成电路是否正常。

五、实训器材

模拟电子实验箱 1 台。

万用表 1 只。

实验电源 1 台。

低频信号发生器 1 台。

集成电路及其他元件的名称、型号及数量详见表 12.7。

表 12.7　扩音机电路主要器件的名称、型号及数量

序号	名称	型号	数量
1	高速低噪声集成双运放	CF353	1 块
2	通用集成运放	CF741	1 块
3	集成音频功率放大器	TDA2030	1 块
4	输入信号控制电位器	WT-3-220kΩ-0.25W-X	1 只
5	音调调节电位器	WT-3-470kΩ-0.25W-Z	2 只
6	带开关的音量电位器	WTK-5-22kΩ-0.25W-D	1 只
7	扬声器	YD200-3-15W-8Ω	1 只
8	电阻、电容	详见各电路图	若干

六、实训报告

（1）画出本次实训的扩音器电路原理详图、整机布局图、整机电路配线接线图。

（2）写出各部分电路的工作原理及性能分析。

（3）对出现的故障进行分析。

（4）测量数据。

（5）实训体会。

12.5　集成时基电路 555 的应用设计实训

一、实训目的

（1）掌握 555 集成时基电路的结构和工作原理，学会对此芯片的正确使用。

（2）学会分析和测试用 555 集成时基电路构成的多谐振荡器、单稳态触发器、施密特触发器等三种典型电器。

（3）用 555 集成时基电路设计一个实用电路，并完成该产品的制作。

二、实训要求

（1）正确使用 TTL 型 555 和 CMOS 型 555 电路。

（2）所设计的电路必须是一个实用电路。

（3）从选件、检测、制版、安装到调试要独立完成。

（4）正确使用仪器进行电路技术指标的测试。

（5）独立完成产品的工艺流程设计。

（6）写出产品使用说明书。

（7）完成实训报告。

三、实训预习内容

555 集成时基电路的电源电压范围比较宽，双极型 555 的电源电压可取 $5\sim18V$，CMOS 型 555 的电源电压可取 $3\sim18V$。555 电路的输出有缓冲器，因而有较强的带负载能力。双极型 555 时基集成电路最大的灌电流和拉电流都在 200mA 左右，因而可直接推动 TTL 或 CMOS 电路中的各种电路，包括能直接推动蜂鸣器、小型继电器、喇叭和小型电动机等器件。在实训电路中使用的电源电压一般为 $V_{CC}=5V$。

如图 12.23 所示是 555 的内部结构图和外引线排列图，电路中有三个 $5k\Omega$ 的电阻构成的电阻分压器，两个电压比较器 A_1 和 A_2，一个基本 RS 触发器，一个开关三极管 VT。电阻分压器为两个比较器 A_1 和 A_2 提供基准电平，在引脚 5 悬空的情况下，比较

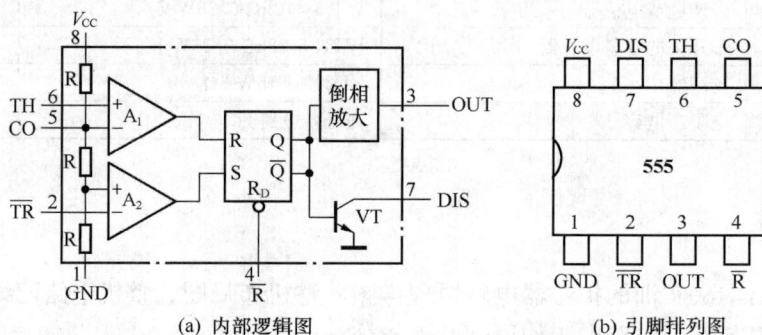

(a) 内部逻辑图　　　　　　(b) 引脚排列图

图 12.23　555 集成时基电路

器 A_1 的基准电平为 $2/3V_{CC}$，比较器 A_2 的基准电平为 $1/3V_{CC}$。如果在引脚 5 上外接电压，则可改变两个比较器 A_1 和 A_2 的基准电平。当引脚 5 不需要外接电压时，一般是通过一个 $0.01\mu F$ 的电容接地，以抑制交流干扰。引脚 2 是低电平触发信号输入端，引脚 6 是高电平触发信号输入端，引脚 4 是直接清零端（低电平有效），引脚 3 是输出端，引脚 8 是电源端。

四、实训内容

1. 555 集成时基电路的功能测试

本实训所用的 555 集成时基电路芯片为 NE556，在同一芯片上集成了两个各自独立的 555 集成时基电路，556 各管脚的功能简述如下：

TH：高电平触发端。当 TH 端电平大于 $2/3V_{CC}$ 时，输出端 OUT 呈低电平，DIS 端导通。

TR：低电平触发端。当 TR 端电平小于 $1/3V_{CC}$ 时，OUT 端呈现高电平，DIS 端关断。

R：复位端。低电平有效，在 R＝0 时，OUT 端输出低电平，DIS 端导通。

V_{CC}：控制电压端。VC 接不同的电压值可以改变 TH、TR 的触发电平值。

DIS：放电端。其导通或关断为 RC 回路提供了放电或充电的通路。

OUT：输出端。

2. 用 555 集成时基电路构成多谐振荡器

① 用 555 集成时基电路构成多谐振荡器电路图如图 12.24 所示。

图中各元件参数可取如下数值：

$R_1=47k\Omega$　$R_2=47k\Omega$　$C_1=0.1\mu F$　$C_2=0.01\mu F$

② 用示波器观察并测量 OUT 端波形的频率，和理论估算值比较，算出频率的相对误差值。

③ 若将电阻值改为：$R_1=15k\Omega$，$R_2=10k\Omega$，电容容量不变。重测电路的输出频率，看数据有何变化？

④ 根据电路原理，充电回路的支路是 R_1、R_2、C_1，放电回路的支路是 R_2、C_1，将电路略作修改，在放电回路中增加一个电位器 Rw 和两个引导二极管，构成占空比可调的多谐振荡器。合理选择元件参数（电位器选用 $22k\Omega$），调试正脉冲宽度为 0.2ms，调试电路，测出所用元件的数值，估算电路的频率，测量输出波形，读出实际频率数值。

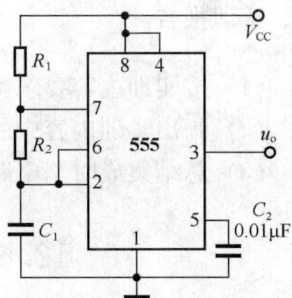

图 12.24　多谐振荡器电路图

3. 用 555 构成单稳态触发器

① 用 555 构成的单稳态触发器电路图如图 12.25 所示。

在图 12.25 中，各元件的参考数值如下：$R=10k\Omega$，$C_1=0.33\mu F$，$C_2=0.01\mu F$，u_i 是频率约为 10kHz 左右的方波信号，用双踪示波器观察 OUT 端的输出波形，并和 u_i

的波形相比较，测出脉冲的宽度 TW。

② 调节输入信号 u_i 的频率，分析并记录 OUT 端波形的变化。

③ 若想使输出信号的脉宽 TW＝10s，怎样调整电路？测出此时各有关元件的参数值。

4. 用集成时基电路 555 构成施密特触发器

① 用集成时基电路 555 构成的施密特触发器电路图如图 12.26 所示，在实验板上安装此电路。

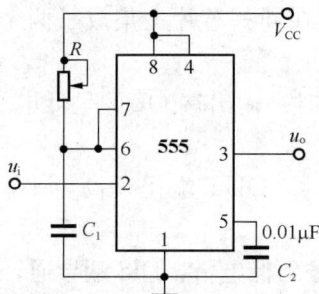

图 12.25　单稳态触发器电路图　　　　图 12.26　施密特触发器电路图

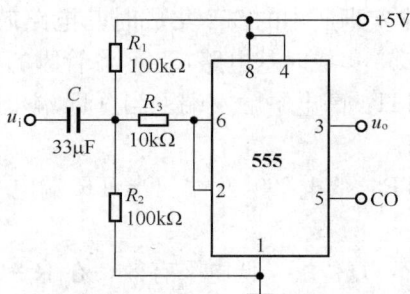

② 这个电路的回差电压为 $1/3V_{CC}$，在电压控制端引脚 5 上外接可调电压，可改变回差电压的大小。

③ 用双踪示波器测出 u_i 和 u_o 的波形，并加以比较，记录数据。

五、实训报告

（1）按实训内容要求整理实验数据。

（2）画出实训内容中的电路图、接线图和测量所得的波形图。

（3）总结集成时基电路 555 的三种最基本电路及应用电路。

12.6　多路竞赛抢答器的装调实训

一、实训目的

（1）掌握多路竞赛抢答器电路的设计思路，会制定设计方案。

（2）掌握数字电路的设计、组装与调试方法。

（3）熟悉中小规模集成电路的综合应用。

（4）通过电路的设计、组装和调试，培养学生综合分析问题的能力和提高工程实践的能力。

二、实训要求

（1）完成设计任务：用中小规模集成电路设计并制作出多路竞赛抢答器电路。

（2）技术指标要求：多路竞赛抢答电路要具有：八组抢答功能，若任意一组抢答成功，则显示该组组号并伴有音乐提示，其他组则被封锁，不能完成抢答，直到裁判宣布重新开始抢答时，各组才可以进行下一次抢答。

三、实训预习内容

1. 多路竞赛抢答器电路的总体设计方案

多路竞赛抢答电路的总体设计参考框图如图 12.27 所示，电路由抢答器按键电路、8-3 线优先编码电路、锁存器电路、译码显示驱动电路、门控电路、"0"变"8"变号电路和音乐提示电路七部分组成。

当主持人按下再松开"清除/开始"开关时，门控电路使 8-3 线优先编码器开始工作，等待数据输入，此时优先按动开关的组号立即被锁存，并由数码管进行显示，同时电路发出音乐信号，表示该组抢答成功。与此同时，门控电路输出信号，将 8-3 线优先编码器处于禁止工作状态，对新的输入数据不再接受。按照此设计方案设计的多路竞赛抢答器电路图如图 12.28 所示。

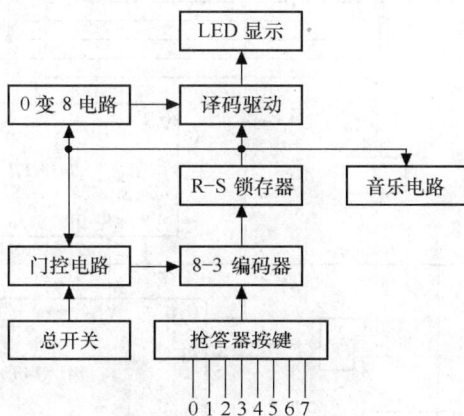

图 12.27　多路竞赛抢答器电路的总体设计参考框图

2. 多路竞赛抢答器电路的电路功能分析

（1）门控电路

门控电路采用基本 RS 触发器组成，接收由裁判控制的总开关信号，非门的使用可以使触发器输入端的 R、S 两端输入信号反相，保证触发器能够正常工作，禁止无效状态的出现。门控电路接收总开关的信号，其输出信号经过与非门 2 和其他信号共同控制 8-3 线优先编码器的工作。基本 RS 触发器可以采用现成的产品，也可以用两个与非门进行首尾连接来组成。

（2）8-3 线优先编码电路 74LS148

8-3 线优先编码 74LS148 电路完成抢答电路的信号接收和封锁功能，当抢答器按键中的任一个按键 S_n 按下使 8-3 线优先编码电路的输入端出现低电平时，8-3 线优先编码器对该信号进行编码，并将编码信号送给 RS 锁存器 74LS279。8-3 线优先编码器的优先扩展输出端 Y_{EX} 上所加电容 C_2 的作用是为了消除干扰信号。

（3）RS 锁存器 74LS279

RS 锁存器 74LS279 的作用是接收编码器输出的信号，并将此信号锁存，再送给译码显示驱动电路进行数字显示。

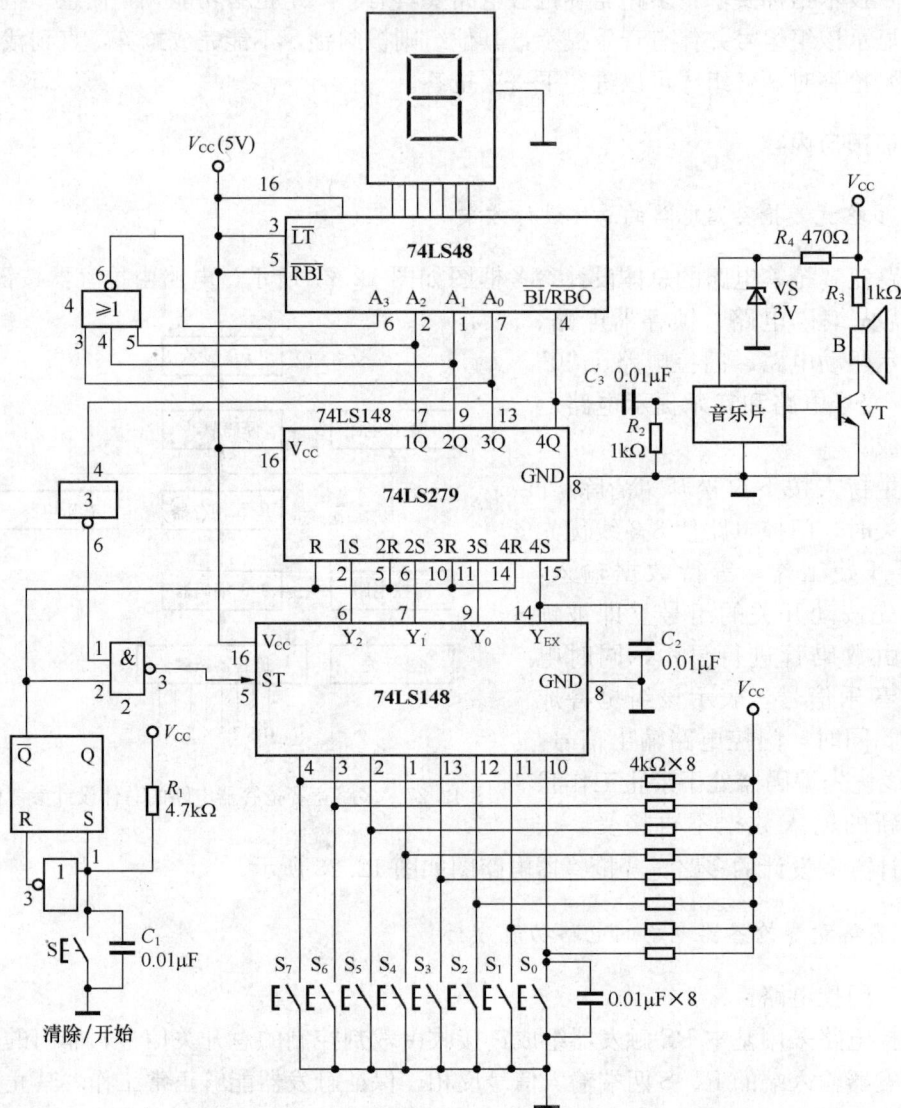

图 12.28　多路竞赛抢答器电路图

（4）译码显示驱动电路 74LS48

译码显示驱动电路 74LS48 将接收到的编码信号进行译码，译码后的七段数字信号驱动数码显示管显示抢答成功的组号。

（5）抢答器按键电路

抢答器按键电路采用简单的常开开关组成，开关的一端接地，另一端通过 $4k\Omega$ 的上拉电阻接高电平，当某个开关被按下时，低电平被送到 8-3 线优先编码电路的输入端，8-3 线优先编码器对该信号进行编码。每个按键旁并联一个 $0.01\mu F$ 的电容，其作用是为了防止在按键过程中产生的抖动所形成的重复信号。

（6）音乐提示电路

音乐提示电路采用集成电路音乐片，它接受锁存器输出的信号作为触发信号，使音乐片发出音乐信号，经过三极管放大后推动扬声器发出声音，表示有某组抢答成功。

（7）显示数字的"0"变"8"变号电路

因为人们习惯于用第一组到第八组表示八个组的抢答组号，而编码器是对"0"到"7"八个数字编码，若直接显示，会显示出"0"到"7"八个数字，用起来不方便。采用或非门组成的变号电路，将 RS 锁存器输出的"000"变成"1"送到译码器的 A_3 端，使第"0"组的抢答信号变成四位信号"1000"，则译码器对"1000"译码后，使显示电路显示数字"8"。若第"0"组抢答成功，数字显示的组号是"8"而不是"0"，符合人们的习惯。由于采用了或非门，所以对"000"信号加以变换时，不会影响其他组号的正常显示。

3. 多路竞赛抢答器电路的工作过程

在抢答开始前，裁判员合上"清除/开始"开关 S，使基本 RS 触发器的输入端 S＝0，由于有非门 1 的作用，使触发器的输入端 R＝1，则触发器的输出端 Q 为"1"，$\overline{Q}$ 为"0"，使与非门 2 的输出为"1"，74LS148 编码器的 ST 端信号为"1"；ST 端为选通输入端，高电平有效，使集成 8-3 线优先编码器处于禁止编码状态，使输出端 Y_2、Y_1、Y_0 和 Y_{EX} 均被封锁。同时，触发器的输出端 $\overline{Q}$ 为"0"，使 RS 锁存器 74LS279 的所有 R 端均为"0"，此时锁存器 74LS279 清零，使 BCD 七段译码驱动器 74LS48 的消隐输入端 $\overline{BI}/\overline{RBO}$＝0，数码管不显示数字。

当裁判员将"清除/开始"开关 S 松开后，基本 RS 触发器的输入端 S＝1，R＝0，触发器的输出端 Q 为"0"、$\overline{Q}$ 为"1"，使 RS 锁存器 74LS279 的所有 R 端均为高电平，锁存器解除封锁并维持原态，使 BCD 七段译码驱动器 74LS48 的消隐输入端 $\overline{BI}/\overline{RBO}$＝0，数码管仍不显示数字。此时，RS 锁存器 4Q 端的信号"0"经非门 3 反相变"1"，使与非门 2 的输入端全部输入"1"信号，则与非门 2 的输出为"0"，使集成 8-3 线优先编码器 74LS148 的选通输入端 ST 为"0"，74LS148 允许编码。从此时起，只要有任意一个抢答键按下，则编码器的该输入端信号为"0"，编码器按照 BCD8421 码对其进行编码并输出，编码信号经 RS 锁存器 74LS279 将该编码锁存，并送入 BCD 七段译码驱动器进行译码和显示。

与此同时，74LS148 的 Y_{EX} 端信号由"1"翻转为"0"，经 RS 锁存器 74LS279 的 4S 端输入后在 4Q 端出现高电平，使 BCD 七段译码驱动器 74LS48 的消隐输入端 $\overline{BI}/\overline{RBO}$＝1，数码管显示该组数码。

另外，RS 锁存器 4Q 端的高电平经非门 3 取反，使与非门 2 的输入为低电平，则与非门 2 的输出为"1"，使 74LS148 的选通输入端 ST 为"1"，编码器被禁止编码，实现了封锁功能。数码管只能显示最先按动开关的对应数字键的组号，实现了优先抢答功能。

多路竞赛抢答器电路的工作状态见表 12.8 所示。

表 12.8　多路竞赛抢答器电路的工作状态表

	门控电路			RS 锁存器								编码器		译码器	数码管
	S	R	$\overline{Q}$	1R	1S	2R	2S	3R	3S	4R	4S	ST	Y_{EX}	$\overline{BI/RBO}$	
清除	0	1	0	1	×	0	×	0	×	0	×	1	1	0	灭
开始	1	0	1	1	1	1	1	1	1	1	1	0	1	0	灭
按键	1	0	1	1	Y2	1	Y1	1	Y0	1	1	1	0	1	显示

此外，当 74LS148 的 Y_{EX} 端信号由"1"翻转为"0"时，经 RS 锁存器 74LS279 的 4S 端输入后在 4Q 端出现高电平，触发音乐电路工作，发出音响。注意音乐集成电路的电源一般为 3V，当电压高于此值时，电路将发出啸叫声，因此在电路中选用了一个 3V 的稳压管稳定电源电压；R_4 为稳压管的限流电阻，音乐电路的输出经晶体管 VT 进行放大，驱动扬声器发出音乐。R_2、C_3 组成的微分电路为音乐电路提供触发信号，同时起到电平隔离的作用。

这个多路竞赛抢答器的电路图只实现了抢答成功后音乐提示和抢答组号的显示，功能还不够完善，还可以加上倒计时提示和记分显示电路，请大家自己研究设计，这里略加提示。

倒计时提示电路：可采用振荡电路产生的振荡信号，作为加减计数器的计数脉冲，抢答开始时就进行预置时间，可以控制抢答电路的工作时间。

记分显示电路：可以用三位数码显示输出，采用加减计数器控制驱动电路，驱动三位数码管显示分数。

四、实训器材

数字逻辑实验箱 1 台。

万用表 1 只。

其他元器件（清单见表 12.9）。

表 12.9　多路竞赛抢答器元器件清单

序号	名称	型号	数量
1	8-3 线优先编码器	74LS148	1
2	RS 锁存器	74LS279	1
3	四-七段译码/驱动器	74LS48	1
4	共阴极数码管	BS205	1
5	四-二输入与非门	74LS00	2
6	二-四输入与非门	74LS20	1
7	三-三输入与非门	74LS27	1
8	音乐片	KD-9300	1
9	电阻	4.7kΩ	12
10	电容器	0.01μF	11
11	晶体管	9013	1
12	扬声器	8Ω/2W	1
13	面包板连线		若干
14	常开开关		9

五、实训步骤

（1）复习有关数字电路的基本知识。

（2）查找编码电路、锁存器、译码驱动电路等集成电路的有关资料，熟悉其内部组成和外围电路的接法。

（3）熟悉和掌握多路抢答器电路的设计思路，分析和理解整个电路的工作原理，熟悉电路的测量方法。

（4）根据电路图，安装电路，检查无误后，通电进行检测，在各个集成电路正常工作后，进行模拟抢答比赛，查看数字显示是否正常，音乐电路是否正常工作。

（5）电路的基本功能实现后，再进行电路功能的扩展设计，并进行电路的安装和实验。

六、实训报告

（1）写出各部分电路的工作原理分析。

（2）画出实训电路的原理详图、元器件布局图和整机电路配线图。

（3）列出电路所用器件的逻辑功能表和集成电路的引脚排列功能图。

（4）设计数据表格，将实测数值与理论计算值相比较，分析产生误差的原因。

（5）针对实训内容进行总结，对出现的故障进行分析，说明解决问题的方法。

12.7　交通信号控制系统的装调实训

一、实训目的

（1）掌握交通信号控制系统电路的设计、组装及调试过程。

（2）进一步熟悉中小规模集成电路的综合应用，加深理解系统电路的控制原理。

（3）通过对交通信号控制系统电路的装调，提高学生综合运用所学知识的工程实践能力。

二、实训任务

（1）用中小规模集成电路设计并制作出交通信号控制电路。

（2）十字交叉路口的交通信号控制系统平面布置如图 12.29 所示。

① 主干道和支干道各有红、黄、绿三色信号灯。信号灯正常工作时有四种可能状态，且四种状态必须如图 12.30 所示的工作流程自动转换。

② 因为主干道的车辆多，故放行时间应比较长，设计放行时间为 48s；支干道的车辆少，放行时间比较短，设计放行时间为 24s。每次绿灯变红灯之前，要求黄灯亮 4s；此时，另一干道的红灯状态不变，黄灯为间歇闪烁。

③ 在主干道和支干道均设有倒计时数字显示，作为时间提示，以便让行人和车辆直观掌握通行时间。数字显示变化的情况与信号灯的状态是同步的。

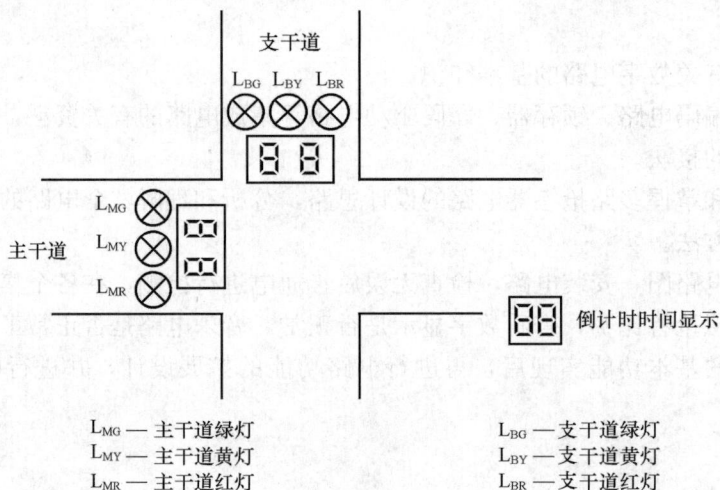

图 12.29　十字交叉路口的交通信号控制系统平面布置图

LMG —— 主干道绿灯　　　　LBG —— 支干道绿灯
LMY —— 主干道黄灯　　　　LBY —— 支干道黄灯
LMR —— 主干道红灯　　　　LBR —— 支干道红灯

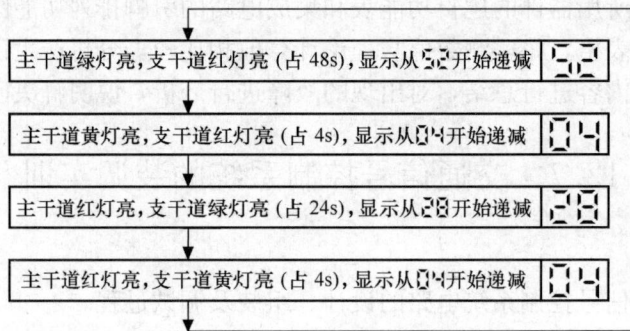

主干道绿灯亮，支干道红灯亮（占 48s），显示从 52 开始递减

主干道黄灯亮，支干道红灯亮（占 4s），显示从 04 开始递减

主干道红灯亮，支干道绿灯亮（占 24s），显示从 28 开始递减

主干道红灯亮，支干道黄灯亮（占 4s），显示从 04 开始递减

图 12.30　信号灯正常工作的工作流程图

三、实训预习内容

为保证十字路口交通的安全畅通，一般都采用自动控制的交通信号灯来指挥车辆的通行。红灯（R）亮，表示禁止通行，黄灯（Y）亮表示警示；绿灯（G）亮灯表示允许通行。近几年来，在灯光控制的基础上又增设了数字显示，作为时间提示，便于行人更直观地准确把握时间，以利人车通行。

1. 系统框图及逻辑电路的设计

交通信号控制系统电路框图如图 12.31 所示，逻辑电路图如图 12.32 所示。

2. 交通信号控制系统的电路分析

① 时钟信号源：由 NE555 时基电路组成，用于产生 1Hz 的标准秒信号。

② 分频器：由 2 片 74LS74 构成。第一片 74LS74 对 1Hz 的秒信号进行 4 分频，获得周期为 4s 的信号，另一片 74LS74 对 4s 的信号进行 2 分频，获得周期为 8s 的信号。

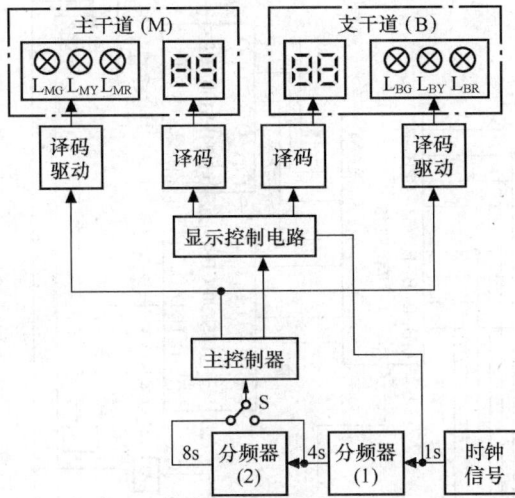

图 12.31 交通信号控制系统电路框图

周期为 4s、8s 的信号分时送到主控制器的时钟信号输入端，用于控制信号灯处在不同状态的时间。

③ 主控制器及信号灯的译码驱动电路：

主控制器：主控制器是由一片 74LS164（MSI 八位移位寄存器）构成的十四进制扭环形计数器，是整个电路的核心，用于定时控制两个方向红、黄、绿信号灯的亮与灭，同时控制数字显示电路进行有序的工作。

十四进制扭环形计数器定时控制各色信号灯亮与灭及持续的时间，十四进制扭环形计数器的状态转换表见表 12.10。

表 12.10 十四进制扭环形计数器的状态转换表

输入 CP 顺序	计数器的状态						
	Q_0	Q_1	Q_2	Q_3	Q_4	Q_5	Q_6
0	0	0	0	0	0	0	0
1	1	0	0	0	0	0	0
2	1	1	0	0	0	0	0
3	1	1	1	0	0	0	0
4	1	1	1	1	0	0	0
5	1	1	1	1	1	0	0
6	1	1	1	1	1	1	0
7	1	1	1	1	1	1	1
8	0	1	1	1	1	1	1
9	0	0	1	1	1	1	1
10	0	0	0	1	1	1	1
11	0	0	0	0	1	1	1
12	0	0	0	0	0	1	1
13	0	0	0	0	0	0	1
14	0	0	0	0	0	0	0

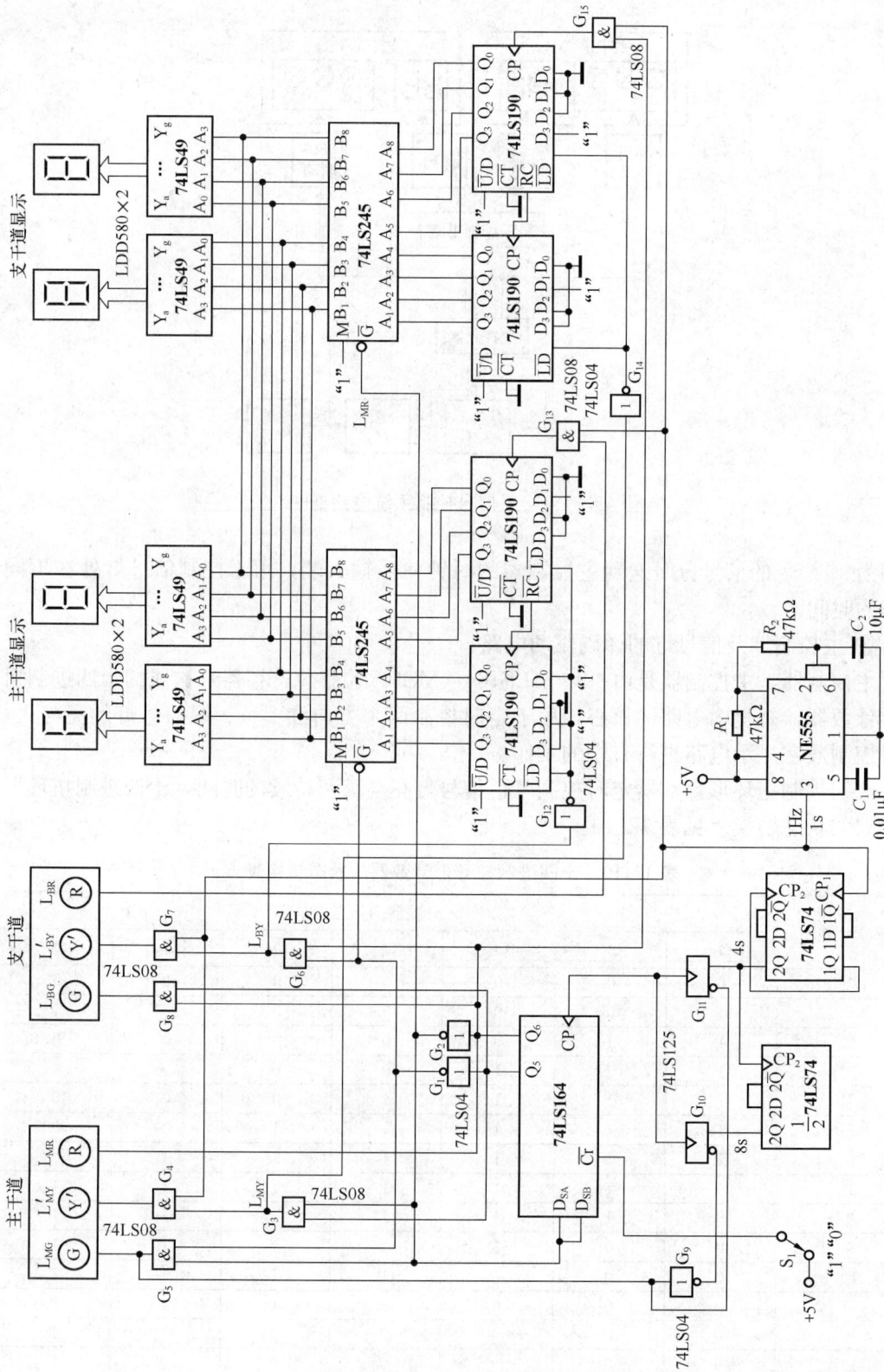

图12.32 交通信号控制系统逻辑电路图

令扭环形计数器中 Q_5Q_6 的四种状态 00、01、11、10 分别代表主干道和支干道交通灯的四种工作状态：主干道绿灯亮、支干道红灯亮；主干道黄灯亮、支干道红灯亮；主干道红灯亮、支干道绿灯亮；主干道红灯亮、支干道黄灯亮。

信号灯的译码驱动电路：由若干个门电路组成，用于对主控制器中 Q_5Q_6 的四种状态进行译码并直接驱动红、黄、绿三色信号灯。

令灯亮为"1"，灯灭为"0"，则信号灯译码驱动电路的真值表见表 12.11。

表 12.11 交通信号灯译码驱动电路的真值表

主控制器状态		主干道			支干道		
Q_5	Q_6	L_{MG}	L_{MY}	L_{MR}	L_{BG}	L_{BY}	L_{BR}
0	0	1	0	0	0	0	1
1	0	0	1	0	0	0	1
1	1	0	0	1	1	0	0
0	1	0	0	1	0	1	0

由此真值表，可得出各信号灯的逻辑表达式：

$$L_{MG} = \overline{Q_5} \cdot \overline{Q_6} \qquad L_{MY} = Q_5 \cdot \overline{Q_6} \qquad L_{MR} = Q_6$$

$$L_{BG} = Q_5 \cdot Q_6 \qquad L_{BY} = \overline{Q_5} \cdot Q_6 \qquad L_{BR} = \overline{Q_6}$$

由于黄灯要间歇闪烁，所以将 L_{MY}、L_{BY} 与 1s 的标准秒信号 CP 相"与"，即可得

$$L_{MY}' = L_{MY} \cdot CP \qquad L_{BY}' = L_{BY} \cdot CP$$

根据主控制器及信号灯译码驱动电路的工作原理，可以得到主干道和支干道信号灯工作的时序图，如图 12.33 所示。

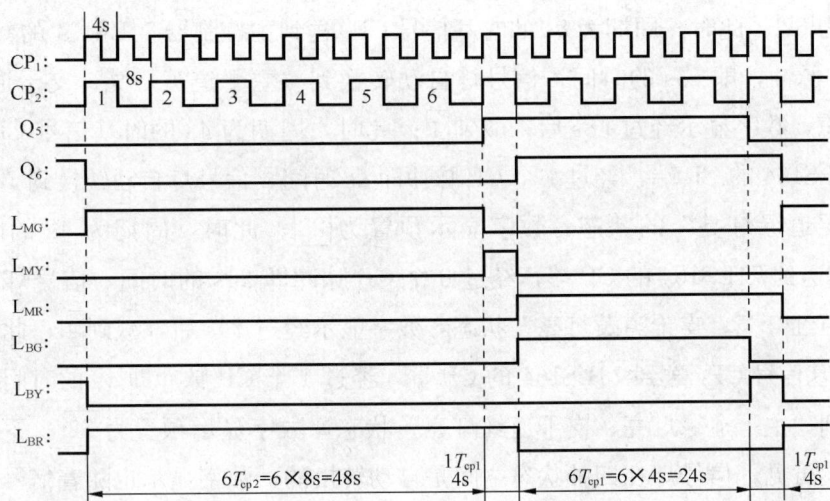

图 12.33 主干道和支干道信号灯工作的时序图

因为主干道要放行 48s，所以，当 $Q_5Q_6 = 00$ 时，将周期为 8s 的时基信号 CP_2 送入扭环形计数器的 CP 端；又因为支干道要放行 24s，黄灯亮 4s，所以当 Q_5Q_6 处于 10、

11、01 三种状态时，将周期为 4s 的时基信号 CP 送入扭环形计数器的 CP 端。

④ 数字显示控制电路：数字显示控制电路是由四片 74LS190 组成的两个减法计数器组成，用于进行倒计时数字显示的控制。

当主干道绿灯亮、支干道红灯亮时，对应主干道的两片 74LS190 构成的五十二进制减法计数器开始工作。从数字"52"开始，每来一个秒脉冲，显示数字减 1，当减到 0 时，主干道红灯亮而支干道绿灯亮。同时，主干道的五十二进制减法计数器停止计数，支干道的两片 74LS190 构成的二十八进制减法计数器开始工作，从数字"28"开始，每来一个秒脉冲，显示数字减 1。减法计数前的初值，是利用另一个道路上的黄灯信号对 74LS190 的 LD 端进行控制实现的。从图 12.30 可以看出，当黄灯亮时，减法电路置入初值；当黄灯灭而红灯亮时，减法计数器开始进行减计数。

⑤ 显示电路部分：显示电路部分是由两片 74LS245 和四片 74LS49 集成芯片及四块 LED 七段数码管 LDD580 构成的，用于进行倒计时数字的显示。

主干道、支干道的减法计数器是分时工作的，而任何时刻两方向的数字显示均为相同的数字。采用两片 74L5245（八总线三态接收/发送器）就可以实现这个功能。当主干道减法计数器计数时，对应于主干道的 74LS245 工作，将主干道计数器的工作状态同时送到两个方向的译码显示电路。反之，当支干道减法计数器开始计数时，对应于支干道的 74LS245 开始工作，将支干道计数器的工作状态同时送到两个方向的译码显示电路。

3. 整机电路的工作过程

当电路接通电源后，信号电路处于图 12.32 所示四种工作状态中的某一状态是随机的。可通过清零开关 S_1 置信号灯处在"主干道绿灯亮、支干道红灯亮"的工作状态，数字显示为 52；此时，周期为 8s 的时基信号 CP_2 送到主控制器 74LS164 的 CP 端，经过 6 个 CP 脉冲，即 48s 的时间，信号灯自动转换到"主干道黄灯亮、支干道红灯亮"的工作状态，数字显示经过 48s 后，减到 4；此时，周期为 4s 的时基信号 CP_1 送到主控制器 74LS164 的 CP 端，经过 1 个 CP 脉冲即 4s 时间，信号灯自动转换到"主干道红灯亮、支干道绿灯亮"的状态，数字显示预置为 28；此时，周期为 4s 的时基信号 CP_1 继续送到 74LS164 的 CP 端，经过 6 个 CP 脉冲即 24s 的时间，信号灯自动转换到"主干道红灯亮、支干道黄灯亮"状态，数字显示经过 24s 后，减到 4；此时，周期为 4s 的时基信号 CP_1 送到 74LS164 的 CP 端，经过 1 个 CP 脉冲即 4s 的时间，信号灯自动转换到"主干道绿灯亮、支干道红灯亮"状态，数字显示预置为 52，下一个周期开始。由此可见，信号灯在四种状态之间是自动转换的，数字显示也随着信号灯状态的变化而自动进行变化。

图 12.32 所示的电路只实现了交通信号灯的自动控制，但是交通指挥功能尚不完善，还可以加上如下一些控制功能。

（1）手动控制

在某些特殊情况下，往往要求信号灯处在某一特定的状态不变，所以要增加手动控制功能。利用电子数字逻辑实验箱上的开关 S_2，当 $S_2=1$ 时，将周期为 4s、8s 的时基信号轮流输入 74LS164 的 CP 端，实现自动控制。当 $S_2=0$ 时，送单脉冲至 74LS164 的 CP 端，每送一个单脉冲，74LS164 右移一位，直到所需的状态。

（2）夜间控制

夜间的车辆比较少，为节约能源，保障安全，要求信号灯在夜间工作时只有黄灯闪烁，并且关闭数字显示系统。

（3）任意改变主干道、支干道的放行时间

比如可以设置主干道的放行时间为 60s，支干道的放行时间为 30s，黄灯闪烁的时间为 5s。改变分频器的分频系数即可实现这个功能，将 1Hz 的标准秒信号经一个上升沿触发的 5 分频器分频得到一个周期为 5s 的信号，再经过 2 分频得周期为 10s 的信号，将周期为 5s 和 10s 的信号轮流送入 74LS164 的 CP 端即可。其中，5 分频器可利用 74LS290 来实现。

四、实训器材

数字逻辑实验箱 1 台。

万用表 1 只。

集成电路及其他元器件的名称、型号及数量见表 12.12。

表 12.12　交通信号控制电路所用元器件的名称、型号及数量

序号	名称	型号	数量
1	八位移位寄存器	74LS164	1 块
2	十进制同步加/减计数器	74LS190	4 块
3	双上升沿 D 触发器	74LS74	2 块
4	四-七段译码器/驱动器	74LS48	4 块
5	八总线接收器/发送器	74LS245	2 块
6	四总线缓冲器	74LS125	1 块
7	时基电路	NE555	1 块
8	七段 LED 显示器	LDD580	4 块
9	六反相器	74LS04	2 块
10	四-二输入与门	74LS08	2 块
11	三-三输入与门	74LS11	1 块
12	四-二输入或门	74LS32	1 块
13	电阻、电容		若干

五、实训步骤

（1）分析理解整个电路系统的工作原理。

（2）画出整个电路系统的配线图。

（3）按照电路图进行连线和安装。

（4）检查无误后进行通电观察。

（5）进行手动设置后，让电路进行工作，看能否实现自动转换工作状态。

（6）实现自动控制功能后，设计并画出功能扩展部分的电路图，并进行连接。

（7）检查无误后，让电路工作，看能否实现扩展功能。

六、实训报告

（1）写出各部分电路的工作原理及功能分析。

（2）画出实训的实验逻辑电路原理详图、整机布局图、整机电路配线图。

（3）画出相应电路的时序图、状态转换表或状态转换图。

（4）整理实验结果，进行故障分析。

（5）排除故障方法和装调电路的体会

12.8 数字电子钟的装调实训

一、实训目的

（1）熟悉数字电子钟的组成和工作原理。

（2）掌握设计简单数字系统的方法。

二、实训要求

完成数字电子钟电路的设计、安装和调试。

三、实训预习内容

1. 系统框图及逻辑电路的设计

数字电子钟的总体电路可划分为五部分：脉冲信号发生器、分频器、计数器、译码器显示电路和校时电路等，其逻辑电路的总体框图如图 12.34 所示。按照这个框图设计的电子钟逻辑电路原理图如图 12.35 所示。

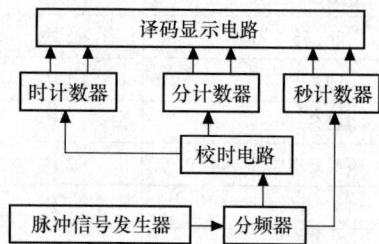

图 12.34　数字电子钟的总体电路框图

2. 数字电子钟的逻辑电路工作原理分析

（1）脉冲信号发生器

石英晶体振荡器的振荡频率最稳定，其产生的信号频率为 100kHz，通过整形缓冲级 G_3 输出矩形波信号。

（2）分频器

石英晶体振荡器产生的信号频率很高，要得到 1Hz 的秒脉冲信号，则需要进行分频。在图 12.33 中采用五个中规模计数器 74LS90，将其串接起来组成 10^5 分频器。每块 74LS90 的输出脉冲信号为输入信号的十分频，则 1MHz 的输入脉冲信号通过五级分

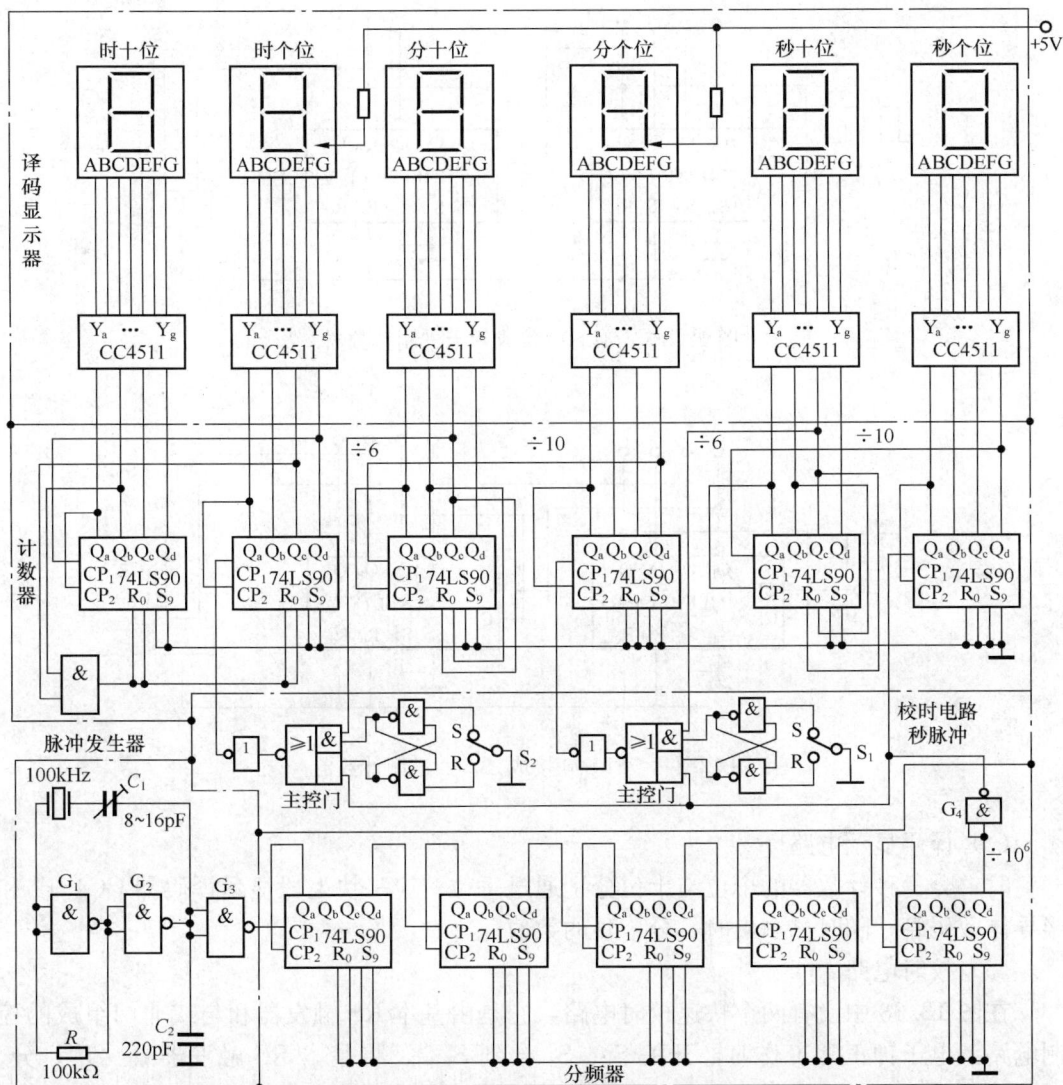

图 12.35 数字电子钟的逻辑电路原理图

频正好获得秒脉冲信号，秒信号送到计数器的时钟脉冲 CP 端进行计数。

首先，将 74LS90 连成十进制计数器（共需五块），再把第一级的 CP_1 接脉冲发生器的输出端。第一级的 Q_d 端接第二级的 CP_1，第二级的 Q_d 端接第三级的 CP_1，……第五级的输出 Q_d 就是秒脉冲信号。

（3）计数器

秒计数器采用两块 74LS90 接成六十进制计数器，如图 12.36 所示。分计数器也采用两块 74LS90 接成六十进制计数器。时计数器则采用两块 74LS90 接成二十四进制计数器，如图 12.37 所示。秒脉冲信号经秒计数器累计，达到 60 时，向分计数器送出一个分脉冲信号。分脉冲信号再经分计数器累计，达到 60 时，向时计数器送出一个时脉冲信号。时脉冲信号再经时计数器累计，达到 24 时进行复位归零。

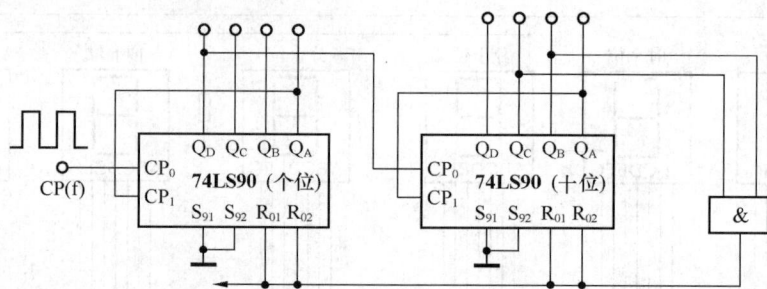

图 12.36　74LS90 接成六十进制计数器

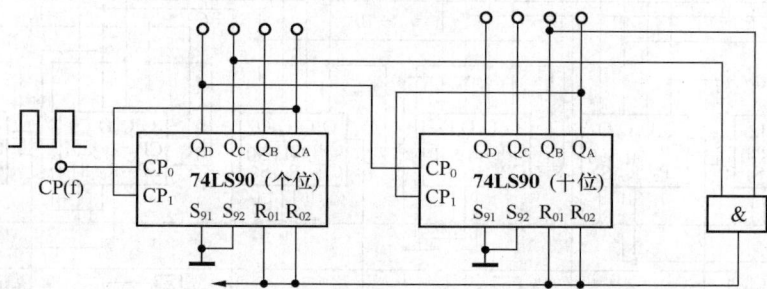

图 12.37　74LS90 接成二十四进制计数器

（4）译码显示电路

时、分、秒计数器的个位与十位分别通过每位对应一块七段显示译码器 CC4511 和半导体数码管，随时显示出时、分、秒的数值。

（5）校时电路

在图 12.33 中设有两个快速校时电路，它是由基本 RS 触发器和与或非门组成的控制电路。电子钟正常工作时，开关 S_1、S_2 合到 S 端，将基本 RS 触发器置"1"，分、时脉冲信号可以通过控制门电路，而秒脉冲信号则不可以通过控制门电路。当开关 S_1、S_2 合到 R 端时，将基本 RS 触发器置"0"，封锁了控制门，使正常的计时信号不能通过控制门，而秒脉冲信号则可以通过控制门电路，使分、时计数器变成了秒计数器，实现了快速校准。

该电路还可以附加一些功能，如进行定时控制、增加整点报时功能等。整点报时功能的参考设计电路如图 12.38 所示。此电路每当"分"计数器和"秒"计数器计到 59 分 50 秒时，便自动驱动音响电路，在 10s 内自动发出 5 次鸣叫声，每隔 1s 叫一次，每次叫声持续 1s。并且前 4 声的音调低，最后一响的音调高，此时计数器指示正好为整点（"0"分"0"秒）。音响电路采用射极跟随器推动喇叭发声，晶体管的基极串联一个 1kΩ 限流电阻，是为了防止电流过大烧坏喇叭，晶体管选用高频小功率管，如 9013 等，报时所需的 1kHz 及 500Hz 音频信号分别取自前面的多级分频电路。

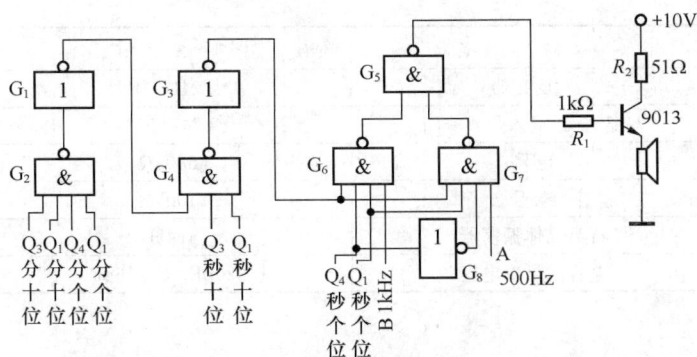

图 12.38　整点报时功能的参考设计电路

四、实训步骤

1. 整机电路的安装

将数字钟的五个部分如图 12.35 所示连接好，电路检查无误后，可通电进行调试。

2. 整机电路的调试

调试可分级进行：

① 用数字频率计测量晶体振荡器的输出频率，用示波器观察波形。

② 将 100kHz 信号分别送入分频器的各级输入端，用示波器检查分频器是否工作正常；若都正常，则在分频器的输出端即可得到"秒"信号。

③ 将"秒"信号送入秒计数器，检查秒计数器是否按 60 进位；若正常，则可按同样的办法检查分计数器和时计数器；若不正常；则可能是接线问题，或需更换集成块。

④ 各计数器在工作前应先清零。若计数器工作正常而显示有误，则可能是该级译码器的电路有问题，或计数器的输出端 Q_d、Q_c、Q_b、Q_a 有损坏。

⑤ 安装调试完毕后，将时间校对正确，则该电路可以准确地显示时间。

五、实训器材

数字逻辑实验箱 1 台。

万用表 1 只。

集成电路及其他元器件的名称、型号及数量见表 12.13。

表 12.13　数字电子钟电路所用元器件的名称、型号及数量

序号	名称	型号	数量
1	二-五-十进制计数器	74LS90	11
2	七段显示译码器	CC4511	6
3	半导体共阴极数码管	BS202	6
4	两输入四与非门	74LS00	2

序号	名称	型号	数量
5	六反相器	74LS04	1
6	双路二-二输入与或非门	74LS51	1
7	电阻	680kΩ	2
8	电阻	100kΩ	1
9	石英晶体振荡器	1MHz	1
10	电容、可变电容	220pF、8~16pF	各1

六、实训报告

（1）画出整个电路的逻辑电路图。

（2）写出各部分电路的工作原理及功能分析。

（3）画出整机布局图、整机电路配线图。

（4）根据故障现象进行分析，写出排除方法。

12.9　数字调谐式收音机（SMT）的装调实训

一、实训目的

通过本次实训让学生对 SMT 的技术特点有所了解，并且掌握用 SMT 技术组装电调谐调频收音机的步骤和方法，同时巩固对调频收音机工作原理的理解。

二、实训要求

（1）认真分析并读懂电路原理图。

（2）认识元件的符号，并与实物相对照。

（3）掌握对元器件进行检测的方法。

（4）认真细心地安装焊接。

（5）调试电路使之达到设计指标。

三、实训器材

（1）材料清单中的所有元器件、零部件 1 套，见表 12.14 零部件清单。

表 12.14　电调谐调频收音机元器件清单

类别	代号	规格	型号/封装	数量	备注
电阻	R_1	222	2012（2125） RJ1/8W	1	
	R_2	154		1	
	R_3	122		1	
	R_4	562		1	
	R_5	681		1	

续表

类别	代号	规格	型号/封装	数量	备注
电容	C_1	222	2012（2125）	1	
	C_2	104		1	
	C_3	221		1	
	C_4	331		1	
	C_5	221		1	
	C_6	332		1	
	C_7	181		1	
	C_8	681		1	
	C_9	683		1	
	C_{10}	104		1	
	C_{11}	223		1	
	C_{12}	104		1	
	C_{13}	471		1	
	C_{14}	330		1	
	C_{15}	820		1	
	C_{16}	104		1	
	C_{17}	332	CC	1	
	C_{18}	100	CD	1	
芯片	IC		SC1088		
电感	L_1			1	
	L_2			1	
	L_3		70mH	1	8 匝
	L_4		78mH	1	5 匝
晶体管	VL		LED	1	发光
	VD		BB910	1	变容
	VT_1	9014	SOT-23	1	
	VT_2	9012	SOT-23	1	
塑料件	前盖			1	
	后盖			1	
	电位器钮（内、外）			各 1	
	开关钮（有缺口）			1	Scan 键
	开关钮（无缺口）			1	Reset 键
	卡子			1	
金属件	电池片			1	
	自攻螺钉			1	
	电位器螺钉			1	
其他	耳机	$32\Omega\times2$		1	
	R_P	$51k\Omega$		1	开关电位器
	SB_1、SB_2			各 1	轻触开关

（2）焊膏印刷机（全班共用）1 台。

（3）台式自动再流焊机（全班共用）1 台。

（4）手工焊接工具 1 套。

四、实训原理

电路的核心是单片 FM 收音机集成电路 SC1088，它采用先进的低中频（70kHz）技术，外围电路省去了中频变压器和陶瓷滤波器，使电路简单可靠，调试方便，SC1088 采用 SOT16 脚封装，表 12.15 是 SC1088 的引脚功能，图 12.39 是电调谐调频收音机电原理图。

表 12.15　FM 收音机集成电路 SC1088 的引脚功能

引脚	功能	引脚	功能
1	静噪输出	9	IF 输入
2	音频输出	10	IF 限幅放大器的低通电容器
3	AF 环路滤波	11	射频信号输入
4	V_{CC}	12	射频信号输出
5	本振调谐回路	13	限幅器失调电压电容
6	IF 反馈	14	接地
7	1dB 放大器的低通电容器	15	全通滤波电容搜索调谐输入
8	IF 输出	16	电谐调 AFC 输出

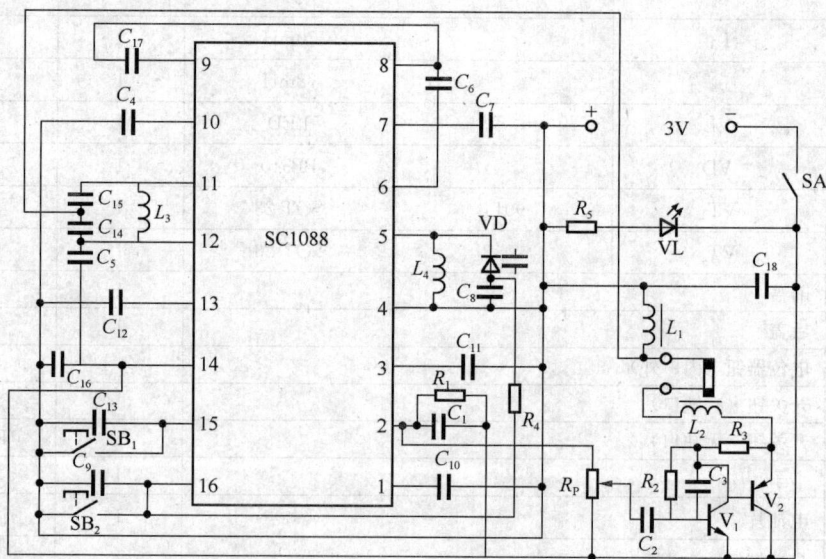

图 12.39　电调谐 FM 收音机电原理图

调频信号由耳机线馈入，经 C_{13}、C_{14}、C_{15} 和 L_3 的输入电路进入 IC 的引脚 11、引脚 12 混频电路。此处的调频信号是没有调谐的调频信号，即所有调频电台均可进入。

本振电路中关键元器件是变容二极管，它是利用 PN 结的电容与偏压有关的特性制成的"可变电容"。本电路中控制变容二极管 VD 的电压由 IC 的引脚 16 给出。当按下扫描开关 SB_1 时，IC 内部的 RS 触发器打开恒流源，由引脚 16 向电容 C_9 充电，C_9 两端电压不断上升，VD 电容量不断变化，由 VD、C_8、L_4 构成的本振电路的频率随之不断变化而进行调谐。当收到电台信号后，信号检测电路使 IC 内的 RS 触发器翻转，恒流源停止对 C_9 充电，同时在 AFC 电路作用下，锁住所接收的广播节目频率，从而可以稳定接收电台广播，直到再次按下 SB_1 开始新的搜索。当按下 Reset 开关 SB_2 时，电容 C_9 放电，本振频率回到低端。

电路的中频放大、限幅及鉴频电路的有源器件及电阻均在 IC 内。FM 广播信号和本振电路信号在 IC 内混频器中混频产生 70kHz 的中频信号，经内部 1dB 放大器、中频限幅器，送到鉴频器检出音频信号，经内部环路滤波后由引脚 2 输出音频信号。电路中引脚 1 的 C_{10} 为静噪电容。引脚 3 的 C_{11} 为 AF（音频）环路滤波电容，引脚 6 的 C_6 为中频反馈电容，引脚 7 的 C_7 为低通电容，引脚 8 与引脚 9 之间的电容 C_{17} 为中频耦合电容，引脚 10 的 C_4 为限幅器的低通电容，引脚 13 的 C_{12} 为限幅器失调电压电容，C_{13} 为滤波电容。

由于用耳机收听，所需功率很小，本机采用了简单的晶体管放大电路，引脚 2 输出的音频信号经电位器 R_P 调节后，由 V_1、V_2 组成复合管甲类放大电路放大。R_1 和 C_1 组成音频输出负载，线圈 L_1 和 L_2 为射频与音频隔离线圈。

五、实训步骤

1. 按材料清单清点全套零件

2. 安装前检测

（1）印制板检查
主要检查图形是否完整，有无短、断缺陷，孔位及尺寸是否准确，表面涂覆（阻焊层）是否均匀。

（2）外壳及结构件检查
主要检查按材料表清查零件品种规格及数量。检查外壳有无缺陷及外观损伤，以及耳机是否正常。

（3）THT 组件检测（用万用表）
主要检查电位器的阻值调节特性是否正常，LED、线圈、电解电容、插座、开关的好坏。判断变容二极管的好坏及极性。

3. 贴片及焊接

参见图 12.40。
① 用焊膏印刷机在 SMB 板上丝印焊膏，并检查印刷情况。
② 按工序流程贴片。模拟工厂流水作业，不同的元器件放在不同的工位，按以下顺序在 SMB 板上依次装贴：C_1，R_1，C_2，R_2，C_3，V_1，C_4，V_2，C_5，R_3，SC1088，

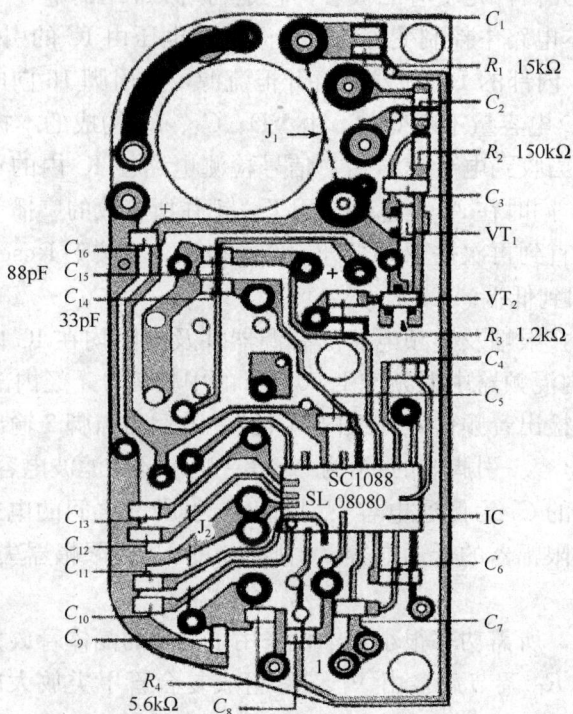

图 12.40　贴片焊接 SMB 图

C_7，C_8，R_4，C_9，C_{10}，C_{11}，C_{12}，C_{13}，C_{14}，C_{15}，C_{16}。

　　注意：SMC 和 SMD 不得用手拿；用镊子夹持元器件时不可夹到引线上；注意 SC1088 标记方向，贴片电容表面没有标志，一定要保证准确贴到指定位置。检查贴片数量及位置，确认无缺、漏和错误。使用小型台式再流焊机进行 SMC 和 SMD 的焊接，注意设备的正确操作方法，检查焊接质量及修补。

4. 安装 THT 元器件

安装位置参见图 12.41。

① 安装并焊接电位器 R_P，注意电位器与印制板平齐。

② 安装耳机插座 XS。

③ 安装轻触开关 SB_1、SB_2（可用剪下的组件引线）。

④ 安装变容二极管 VD（注意极性方向标记）、R_5、C_{17}。

⑤ 安装电感线圈 $L_1 \sim L_4$（磁环 L_1，红色 L_2，8 匝线圈 L_3，5 匝线圈 L_4）。

⑥ 安装 R_3、C_{17}、C_{18}、C_{19}，电解电容 C_{18}（100μF）要贴板装。

⑦ 安装发光二极管 VL，注意高度，极性。

⑧ 焊接电源连接线 J_3、J_4 注意正负连线颜色。

以上安装步骤见图 12.42 所示。

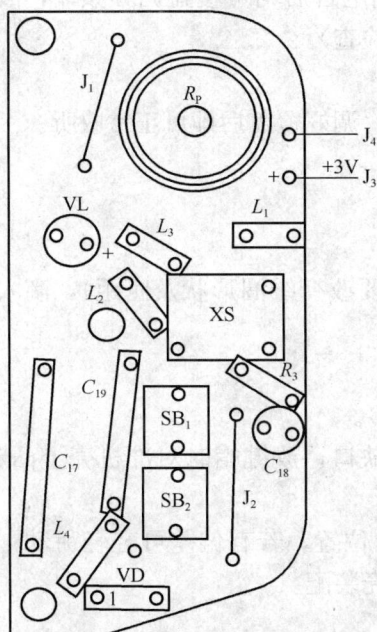

图 12.41　THT 元器件安装 SMB 图

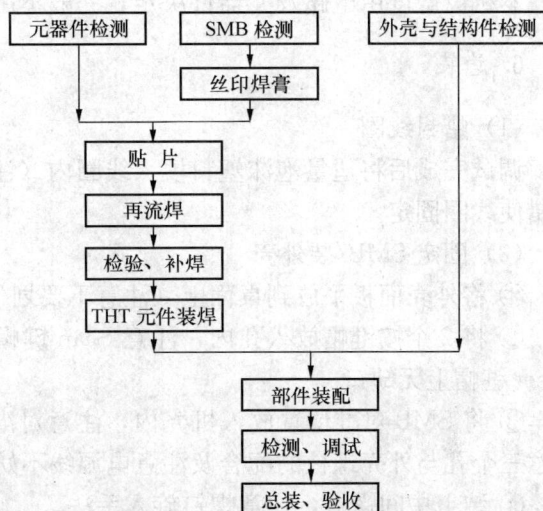

图 12.42　SMT 装配工艺流程

5. 调试

（1）所有元器件焊接完成后先目视检查

① 元器件：型号、规格、数量及安装位置、方向是否与图纸符合。

② 焊点检查：有无虚、漏焊及桥接、飞溅等缺陷。

（2）测整机总电流

① 检查无误后将电源线焊到电池片上。

② 在电位器开关断开的状态下装入电池。

③ 插入耳机。

④ 用万用表 200mA（数字表）或 50mA 挡（指针表）跨接在电源开关两端测电流，用指针表时注意表笔极性。正常电流应为 7～30mA（与电源电压有关）并且 LED 正常点亮。当电源电压为 3V 时，电流约为 24mA。如果电流为零或超过 35mA 应检查电路。

（3）搜索电台广播

如果电流在正常范围，可按 SB$_1$ 搜索电台广播。只要元器件质量完好，安装正确，焊接可靠，不用调任何部分即可收到电台广播。如果收不到广播应仔细检查电路，特别要检查有无错装、虚焊等缺陷。

（4）调接收频段（俗称调覆盖）

我国调频广播的频率范围为 87～108MHz，调试时可找一个当地频率最低的调频电台，适度改变 L$_4$ 匝间距，使按过 Reset 键后第一次按 Scan 键可收到这个电台。由于

SC1088 集成度高，元器件一致性较好，一般收到低端电台后均可覆盖调频频段，故可不调高端而仅做检查（可用一个成品调频收音机对照检查）。

（5）调灵敏度

本机灵敏度由电路及元器件决定，一般不用调整，调好覆盖后即可正常收听。

6．总装

（1）蜡封线圈

调试完成后将适量泡沫塑料填入线圈内（注意不要改变线圈形状及匝距），滴入适量蜡使线圈固定。

（2）固定 SMB/装外壳

① 将外壳面板平放到桌面上（注意不要划伤面板）。

② 将 2 个按键帽放入孔内，注意 Scan 键帽上有缺口，放键帽时对准机壳上凸起，Reset 键帽上无缺口。

③ 将 SMB 对准位置放入机壳内，注意对准 LED 位置，若有偏差可轻轻掰动，并注意三个孔与外壳螺柱的配合及注意电源线不妨碍机壳装配。

④ 装上中间螺钉，注意螺钉旋入手法。

⑤ 装电位器旋钮，注意旋钮上凹点位置。

⑥ 装后盖，上两边的两个螺钉，装卡子。

7．检查验收

总装完毕，装入电池，插入耳机进行检查试听。

要求：

① 电源开关手感良好。

② 音量正常可调。

③ 收听正常。

④ 表面无损伤。

六、实训报告

（1）画出本次实训的收音机电路原理详图、整机布局图、整机电路配线接线图。

（2）写出各部分电路的工作原理及性能分析。

（3）对出现的故障进行分析。

（4）测量数据，并填写报告。

附 录

附录1 电子电路中常用的二极管和三极管

1. 常用二极管的型号及主要参数

整流二极管	正向电流/A	反向耐压/V	整流二极管	正向电流/A	反向耐压/V
1N4001	1	50	1N6A01	6A	50
1N4002	1	100	1N6A02	6A	100
1N4003	1	200	1N6A03	6A	200
1N4004	1	400	1N6A04	6A	400
1N4005	1	600	1N6A05	6A	600
1N4006	1	800	1N6A06	6A	800
1N4007	1	1000	1N6A07	6A	1000

2. 常用稳压二极管的型号及主要参数

稳压二极管	稳压值/V	工作电流/mA	额定功耗/W
1N748	3.8～4.0	20	0.5
1N752	5.2～5.7	20	0.5
1N753	5.88～6.12	20	0.5
1N754	6.3～7.3	20	0.5
1N755	7.07～7.25	20	0.5
1N757	8.9～9.3	20	0.5
1N962	90.5～11.9	10	0.5
1N963	11.9～12.4	10	0.5
1N964	13.5～14.0	10	0.5
1N969	20.8～23.3	5.5	0.5

3. 常用三极管的型号及主要参数

型号＼参数	集电极最大允许电流 I_{CM}/mA	基极最大允许电流 $I_M/\mu A$	集电极最大允许功耗 P_{CM}/mW	集电极发射极耐压 U_{CEO}/V	电流放大系数 β	集电极发射极饱和电压 U_{CES}/V	集电极发射极反向电流 $I_{CEO}/\mu A$	双极型晶体管类型
9011	30	10	400	30	28～198	0.3	0.2	NPN
9012	500	100	625	−20	64～202	0.6	1	PNP
9013	500	100	625	20	64～202	0.6	1	NPN
9014	100	100	450	45	60～1000	0.3	1	NPN
9015	100	100	450	−45	60～600	0.7	1	PNP
9016	25	5	400	20	28～198	0.3	1	NPN
9018	50	10	400	15	28～198	0.5	0.1	NPN
8050	1 500	500	800	25	85～300	0.5	1	NPN
8550	1 500	500	800	−25	85～300	0.5	1	PNP

附录2　74LS系列集成电路逻辑功能速查表

74LS00 2输入四与非门
74LS01 2输入四与非门（OC）
74LS02 2输入四或非门
74LS03 2输入四与非门（OC）
74LS04 六倒相器
74LS05 六倒相器（OC）
74LS06 六高压输出反相缓冲器/驱动器（OC，30V）
74LS07 六高压输出缓冲器/驱动器（OC，30V）
74LS08 2输入四与门
74LS09 2输入四与门（OC）
74LS10 3输入三与非门
74LS11 3输入三与门
74LS12 3输入三与非门（OC）
74LS13 4输入双与非门（施密特触发）
74LS14 六倒相器（施密特触发）
74LS15 3输入三与门（OC）
74LS16 六高压输出反相缓冲器/驱动器（OC，15V）
74LS17 六高压输出缓冲器/驱动器（C，15V）
74LS18 4输入双与非门（施密特触发）
74LS19 六倒相器（施密特触发）
74LS20 4输入双与非门
74LS21 4输入双与门

74LS22 4输入双与非门（OC）
74LS23 双可扩展的输入或非门
74LS24 2输入四与门（施密特触发）
74LS25 4输入双或门（有选通）
74LS26 2输入四高电平接口与非缓冲器（OC，15V）
74LS27 3输入三或门
74LS28 2输入四或非缓冲器
74LS29 二路3-3输入，二路2-2输入与或非门
74LS30 8输入与非门
74LS31 延迟电路
74LS32 2输入四或门
74LS33 2输入四或非缓冲器（OC）
74LS34 六缓冲器
74LS35 六缓冲器（OC）
74LS36 2输入四或非门（有选通）
74LS37 2输入四与非缓冲器
74LS38 2输入四或非缓冲器（OC）
74LS39 2输入四或非缓冲器（OC）
74LS40 4输入双与非缓冲器
74LS41 BCD-十进制计数器
74LS42 4-10线译码器（BCD输入）
74LS43 4-10线译码器（余3码输入）

74LS44 4-10 线译码器（余 3 葛莱码输入）

74LS45 BCD-十进制译码器/驱动器

74LS46 BCD-七段译码器/驱动器

74LS47 BCD-七段译码器/驱动器

74LS48 BCD-七段译码器/驱动器

74LS49 BCD-七段译码器/驱动器（OC）

74LS50 双二路 2-2 输入与或非门（一门可扩展）

74LS51 双二路 2-2 输入与或非门

74LS52 四路 2-3-2-2 输入与或门（可扩展）

74LS53 四路 2-2-2-2 输入与或非门（可扩展）

74LS54 四路 2-2-2-2 输入与或非门

74LS55 二路 4-4 输入与或非门（可扩展）

74LS60 双 4 输入与扩展

74LS61 三 3 输入与扩展

74LS62 四路 2-3-3-2 输入与或扩展器

74LS63 六电流读出接口门

74LS64 四路 4-2-3-2 输入与或非门

74LS65 四路 4-2-3-2 输入与或非门（OC）

74LS70 与门输入上升沿 JK 触发器

74LS71 与输入 R-S 主从触发器

74LS72 与门输入主从 JK 触发器

74LS73 双 j-k 触发器（带清除端）

74LS74 正沿触发双 D 型触发器（带预置端和清除端）

74LS75 4 位双稳锁存器

74LS76 双 j-k 触发器（带预置端和清除端）

74LS77 4 位双稳态锁存器

74LS78 双 j-k 触发器（带预置端，公共清除端和公共时钟端）

74LS80 门控全加器

74LS81 16 位随机存取存储器

74LS82 2 位二进制全加器（快速进位）

74LS83 4 位二进制全加器（快速进位）

74LS84 16 位随机存取存储器

74LS85 4 位数字比较器

74LS86 2 输入四异或门

74LS87 4 位二进制原码/反码/OI 单元

74LS89 64 位读/写存储器

74LS90 十进制计数器

74LS91 8 位移位寄存器

74LS92 12 分频计数器（2 分频和 6 分频）

74LS93 4 位二进制计数器

74LS94 4 位移位寄存器（异步）

74LS95 4 位移位寄存器（并行 IO）

74LS96 5 位移位寄存器

74LS97 6 位同步二进制比率乘法器

74LS100 8 位双稳锁存器

74LS103 负沿触发双 j-k 主从触发器（带清除端）

74LS106 负沿触发双 j-k 主从触发器（带预置，清除，）

74LS107 双 j-k 主从触发器（带清除端）

74LS108 双 j-k 主从触发器（带预置，清除，时钟）

74LS109 双 j-k 触发器（带置位，清除，正触发）

74LS110 与门输入 j-k 主从触发器（带锁定）

74LS111 双 j-k 主从触发器（带数据锁定）

74LS112 负沿触发双 j-k 触发器（带预置清除端）

74LS113 负沿触发双 j-k 触发器（带预置端）

74LS114 双 j-k 触发器（带预置端，共清除端和时钟端）

74LS116 双 4 位锁存器

74LS120 双脉冲同步器/驱动器

74LS121 单稳态触发器（施密特触发）

74LS122 可再触发单稳态多谐振荡器（带清除端）

74LS123 可再触发双单稳多谐振荡器

74LS125 四总线缓冲门（三态输出）

74LS126 四总线缓冲门（三态输出）

74LS128 2 输入四或非线驱动器

74LS131 3-8 译码器

74LS132 2 输入四与非门（施密特触发）

74LS133 13 输入端与非门

74LS134 12 输入端与门（三态输出）

74LS135 四异或/异或非门

74LS136 2 输入四异或门（OC）

74LS137 8 选 1 锁存译码器/多路转换器

74LS138 3-8 线译码器/多路转换器

74LS139 双 2-4 线译码器/多路转换器

74LS140 双 4 输入与非线驱动器

74LS141 BCD-十进制译码器/驱动器

74LS142 计数器/锁存器/译码器/驱动器

74LS145 4-10 译码器/驱动器

74LS147 10-4 线优先编码器

74LS148 8-3 线八进制优先编码器

74LS150 16 选 1 数据选择器（反补输出）

74LS151 8 选 1 数据选择器（互补输出）

74LS152 8 选 1 数据选择器多路开关

74LS153 双 4 选 1 数据选择器/多路选择器

74LS154 4-16 线译码器

74LS155 双 2-4 译码器/分配器（图腾柱输出）

74LS156 双 2-4 译码器/分配器（OC）

74LS157 四 2 选 1 数据选择器/多路选择器

74LS158 四 2 选 1 数据选择器（反相输出）

74LS160 可预置 BCD 计数器（异步清除）

74LS161 可预置 4 位二进制计数器（并清除异步）

74LS162 可预置 BCD 计数器（异步清除）

74LS163 可预置四位二进制计数器（并清除异步）

74LS164 8 位并行输出串行移位寄存器

74LS165 并行输入 8 位移位寄存器（补码输出）

74LS166 8 位移位寄存器

74LS167 同步十进制比率乘法器

74LS168 4 位加/减同步计数器（十进制）

74LS169 同步二进制可逆计数器

74LS170 4 * 4 寄存器堆

74LS171 四 D 触发器（带清除端）

74LS172 16 位寄存器堆

74LS173 4 位 D 型寄存器（带清除端）

74LS174 六 D 触发器

74LS175 四 D 触发器

74LS176 十进制可预置计数器

74LS177 2-8-16 进制可预置计数器

74LS178 4 位通用移位寄存器

74LS179 4 位通用移位寄存器

74LS180 9 位奇偶产生/校验器

74LS181 算术逻辑单元/功能发生器

74LS182 先行进位发生器

74LS183 双保留进位全加器

74LS184 BCD-二进制转换器

74LS185 二进制-BCD 转换器

74LS190 同步可逆计数器（BCD，二进制）

74LS191 同步可逆计数器（BCD，二进制）

74LS192 同步可逆计数器（BCD，二进制）

74LS193 同步可逆计数器（BCD，二进制）

74LS194 4 位双向通用移位寄存器

74LS195 4 位通用移位寄存器

74LS196 可预置计数器/锁存器

74LS197 可预置计数器/锁存器（二进制）

74LS198 8 位双向移位寄存器

74LS199 8 位移位寄存器

74LS210 2-5-10 进制计数器

74LS213 2-n-10 可变进制计数器

74LS221 双单稳触发器

74LS230 八 3 态总线驱动器

74LS231 八 3 态总线反向驱动器

74LS240 八缓冲器/线驱动器/线接收器（反码三态输出）

74LS241 八缓冲器/线驱动器/线接收器（原码三态输出）

74LS242 八缓冲器/线驱动器/线接收器

74LS243 四同相三态总线收发器

74LS244 八缓冲器/线驱动器/线接收器

74LS245 八双向总线收发器

74LS246 4 线-七段译码/驱动器（30V）

74LS247 4 线-七段译码/驱动器（15V）

74LS248 4 线-七段译码/驱动器

74LS249 4 线-七段译码/驱动器

74LS251 8 选 1 数据选择器（三态输出）

74LS253 双 4 选 1 数据选择器（三态输出）

74LS256 双 4 位可寻址锁存器

74LS257 四 2 选 1 数据选择器（三态输出）

74LS258 四 2 选 1 数据选择器（反码三态输出）

74LS259 8 位可寻址锁存器

74LS260 双 5 输入或非门

74LS261 4 * 2 并行二进制乘法器

74LS266 2 输入四异或非门（OC）

74LS265 四互补输出元件

74LS270 2048 位 ROM（512 位四字节，OC）

74LS271 2048 位 ROM（256 位八字节，OC）

74LS273 八 D 触发器

74LS274 4 * 4 并行二进制乘法器

74LS275 7 位片式华莱士树乘法器

74LS276 四 JK 触发器

74LS278 4 位可级联优先寄存器

74LS279 四 S-R 锁存器

74LS280 9 位奇数/偶数奇偶发生器/校验器

74LS283 4 位二进制全加器

74LS290 十进制计数器

74LS291 32 位可编程模

74LS293 4 位二进制计数器

74LS294 16 位可编程模

74LS295 4 位双向通用移位寄存器

74LS298 四 2 输入多路转换器（带选通）

74LS299 8 位通用移位寄存器（三态输出）

74LS348 8-3 线优先编码器（三态输出）

74LS352 双 4 选 1 数据选择器/多路转换器

74LS353 双 4-1 线数据选择器（三态输出）

74LS354 8 输入端多路转换器/数据选择器/寄存器，三态补码输出

74LS355 8 输入端多路转换器/数据选择器/寄存器，三态补码输出

74LS356 8 输入端多路转换器/数据选择器/寄存器，三态补码输出

74LS357 8 输入端多路转换器/数据选择器/寄存器，三态补码输出

74LS365 6 总线驱动器

74LS366 六反向三态缓冲器/线驱动器

74LS367 六同向三态缓冲器/线驱动器

74LS368 六反向三态缓冲器/线驱动器

74LS373 八 D 锁存器

74LS374 八 D 触发器（三态同相）

74LS375 4 位双稳态锁存器

74LS377 带使能的八 D 触发器

74LS378 六 D 触发器

74LS379 四 D 触发器

74LS381 算术逻辑单元/函数发生器

74LS382 算术逻辑单元/函数发生器

74LS384 8 位 * 1 位补码乘法器

74LS385 四串行加法器/乘法器

74LS386 2 输入四异或门

74LS395 4 位通用移位寄存器

74LS390 双十进制计数器

74LS391 双 4 位二进制计数器

74LS396 8 位存储寄存器

74LS398 四 2 输入端多路开关（双路输出）

74LS399 四 2 输入多路转换器（带选通）

74LS422 单稳态触发器 74LS423 双单稳态触发器

74LS440 四 3 方向总线收发器，集电极开路

74LS441 四 3 方向总线收发器，集电极开路

74LS442 四 3 方向总线收发器，三态输出

74LS443 四 3 方向总线收发器，三态输出

74LS444 四 3 方向总线收发器，三态输出

74LS445 BCD-十进制译码器/驱动器，三态输出

74LS446 有方向控制的双总线收发器

74LS448 四 3 方向总线收发器，三态输出

74LS449 有方向控制的双总线收发器

74LS465 八 3 态线缓冲器

74LS466 八 3 态线反向缓冲器

74LS467 八 3 态线缓冲器

74LS468 八 3 态线反向缓冲器

74LS490 双十进制计数器

74LS540 8 位三态总线缓冲器（反向）

74LS541 8 位三态总线缓冲器

74LS589 有输入锁存的并入串出移位寄存器

74LS590 带输出寄存器的 8 位二进制计数器

74LS591 带输出寄存器的 8 位二进制计数器

74LS592 带输出寄存器的 8 位二进制计数器

74LS593 带输出寄存器的 8 位二进制计数器

74LS594 带输出锁存的 8 位串入并出移位寄存器

74LS595 8 位输出锁存移位寄存器

74LS596 带输出锁存的 8 位串入并出移位寄存器

74LS597 8 位输出锁存移位寄存器

74LS598 带输入锁存的并入串出移位寄存器

74LS599 带锁存 8 位串入并出移位寄存器

74LS604 双 8 位锁存器

74LS605 双 8 位锁存器

74LS606 双 8 位锁存器

74LS607 双 8 位锁存器

74LS620 8 位三态总线发送接收器（反相）

74LS621 8 位总线收发器

74LS622 8 位总线收发器

74LS623 8 位总线收发器

74LS640 反相总线收发器（三态输出）

74LS641 同相 8 总线收发器，集电极开路

74LS642 同相 8 总线收发器，集电极开路

74LS643 8 位三态总线发送接收器

74LS644 真值反相 8 总线收发器，集电极开路

74LS645 三态同相 8 总线收发器

74LS646 8 位总线收发器，寄存器

74LS647 8 位总线收发器，寄存器

74LS648 8 位总线收发器，寄存器

74LS649 8 位总线收发器，寄存器

74LS651 三态反相 8 总线收发器

74LS652 三态反相 8 总线收发器

74LS653 反相 8 总线收发器，集电极开路

74LS654 同相 8 总线收发器，集电极开路

74LS668 4 位同步加/减十进制计数器

74LS669 带先行进位 4 位同步二进制可逆计数器

74LS670 4 * 4 寄存器堆（三态）

74LS671 带输出寄 4 位并入并出移位寄存器

74LS672 带输出寄存的 4 位并入并出移位寄存器

74LS673 16 位并行输出存储器，16 位串入串出移位寄存器

74LS674 16 位并行输入串行输出移位寄存器

74LS681 4 位并行二进制累加器

74LS682 8 位数值比较器（图腾柱输出）

74LS683 8 位数值比较器（集电极开路）

74LS684 8 位数值比较器（图腾柱输出）

74LS685 8 位数值比较器（集电极开路）

74LS686 8 位数值比较器（图腾柱输出）

74LS687 8 位数值比较器（集电极开路）

74LS688 8 位数字比较器（OC 输出）

74LS689 8 位数字比较器

74LS690 同步十进制计数器/寄存器（带数选，三态输出，直接清除）

74LS691 计数器/寄存器（带多转换，三态输出）

74LS692 同步十进制计数器（带预置输入，同步清除）

74LS693 计数器/寄存器（带多转换，三态输出）

附录3　Protel 99 的元件库名中英文对照表

在用 Protel 99 绘制电路原理图的操作中，绘图者实际遇到的最大问题就是如何知道你需要的元件在哪个元件库中。Protel 99（包括 Protel 99SE）所提供的元件库名都是英文，并且大多数是几个英文单词的词头缩写，给大多数的绘图者带来不便。绘图者只好凭借经验进行寻找，费时又费力。附表里给出的资料，都经过实际的验证，提供了28 个可用于电路仿真的元件库的中文名字，以方便绘图者查找。

附表　元件库名字中英文对照表

序号	元件库英文名	元件库中文名	元件举例
1	TSEGDISP. LIB	各种颜色的七段译码器	TEDCC
2	74xx. LIB	TTL 系列门电路	74LS00
3	BJT	双极型晶体管	2N1893
4	BUFFER. LIB	缓冲器	LM6121
5	. CAMP. LIB	电流放大器	EL2020
6	. CMOS. LIB	CMOS 系列门电路	4511
7	. COMPARATOR. LIB	比较器、比较电路	LM339
8	CRYSTAL. LIB	石英晶振	
9	. DIODE. LIB	二极管、组件	1N4007
10	. IGBT. LIB	绝缘栅型场效应管	
11	JEFT. LIB	结型场效应管	
12	MATH. LIB	传递函数器件、全加器	
13	MOSFET. LIB	金属氧化物场效应管	
14	MISC. LIB	常用集成块	
15	MESFET. LIB	大功率场效应管	
16	. OPAMP. LIB	集成运放、功率放大器	LM324
17	OPTO. LIB	光电耦合器	4N25
18	. REGULATOR. LIB	稳压电源	78L05
19	TELAY. LIB	继电器、传送器	
20	SCR. LIB	晶闸管、可控硅	
21	Simulation Symbols. LIB	模拟电路常用器件	R、C、BX
22	SWITCH. LIB	电压/电流控制开关、按钮	
23	. T1MER. LIB	时基电路	555、556
24	. TRANSFORMER. LIB	变压器	
25	5. TRANSMISSION. LIB	传输线	
26	. TRIAC. LIB	特殊三极管	
27	. Tube. LIB	显像管、电子管	
28	UJT. LIB	单结晶体管	2N6077

参 考 文 献

陈梓城. 1999. 电子技术实训. 北京：机械工业出版社

邓木生. 2005. 电子技能训练. 北京：机械工业出版社

董儒胥. 2003. 电工电子实训. 北京：高等教育出版社

樊会生. 1999. 电子产品工艺. 北京：机械工业出版社

费小平. 2002. 电子整机装配实习. 北京：机械工业出版社

国家技术监督局. 1996. 中华人民共和国国家标准 GB/T4728.12

黄纯. 2001. 电子产品工艺. 北京：电子工业出版社

清华大学电子工艺实习教研组. 2003. 电子工艺实习. 北京：清华大学出版社

沈晋源，汤蕾. 2005. 大学生职业技能培训教材. 北京：高等教育出版社

王成安. 2005. 电子技术基本技能综合训练. 北京：人民邮电出版社

王成安. 2005. 模拟电子技术（实训篇）（第二版）. 大连：大连理工大学出版社

王港元. 2001. 电子技能基础. 成都：四川大学出版社

王海群. 2002. 电子技术实验与实训. 北京：机械工业出版社

王天曦，李鸿儒. 2000. 电子技术工艺基础. 北京：清华大学出版社

杨清学. 2004. 电子装配工艺. 北京：电子工业出版社

于淑萍. 2004. 电子技术实践. 北京：机械工业出版社

张永枫，李益民. 2002. 电子技术基础技能实训教程. 西安：西安电子科技大学出版社

周美珍，周昌彦. 2002. 电子技术基础实验与实习. 北京：水利水电出版社

朱国兴. 2000. 电子技能与训练. 北京：高等教育出版社